普/通/高/等/学/校/数/学/系/列/教/材

中国人民大学数学学院 组编

常微分方程

Ordinary Differential Equation

杨云雁 编著

中国人民大学出版社
·北京·

前　言

常微分方程是研究自然科学和社会科学中事物、物体和现象运动与变化规律的最基本的数学理论和方法. 牛顿运动定律、万有引力定律、能量守恒定律、人口发展规律、传染病模型、股票的涨跌趋势、银行利率的浮动、市场价格的变化等很多规律都可以用某种常微分方程来描述.

常微分方程发展初期是寻找各种解法. 1693 年, 荷兰数学家、物理学家惠更斯在《教师学报》上明确提出常微分方程; 雅克布・伯努利最早利用微积分求得常微分方程的解析解, 并在 1695 年提出伯努利方程, 他的弟弟约翰・伯努利在 1694 年的《教师学报》上系统研究了齐次方程, 并提出了全微分方程的概念; 莱布尼茨在 1694 年利用变量替换给出了一阶线性方程的解, 1696 年利用变量替换把伯努利方程化为线性方程; 1734—1750 年间, 瑞士数学家欧拉给出了全微分方程的条件, 并给出了线性微分方程和欧拉方程的解法; 1841 年, 刘维尔证明一类形式非常简单的黎卡提方程不能用初等积分法求解, 这促使人们寻求新的研究常微分方程的方法. 19 世纪末 20 世纪初, 庞加莱的一系列开创性工作奠定了现代动力系统的基础.

作者多年来在中国人民大学为数学学院、统计学院、财政金融学院、商学院、环境学院等院系的本科生讲授常微分方程课程, 本书是在授课讲稿的基础上参考国内外同类教材编写而成的.

对一些学校和很多专业来说, 这门课学时短、要求高. 本教材用简单直接的方式介绍常微分方程的主要问题和求解方法, 对每一种求解方法都配有充足的例题, 教师在准备教案时可选用其中的一部分, 其余的留给读者自学. 关于理论部分, 虽然解的存在唯一性定理的证明很重要, 但我们更强调对它的直观理解和灵活运用. 例如在求微分方程解的存在区间及线性微分方程组的基解矩阵 e^{At} 的表达式时, 我们多次应用解的存在唯一性定理. 对于非线性微分方程的稳定性理论, 由于课时的限制, 我们只介绍最基本的理论和方法. 打开读者的思路, 使读者学会如何用以往学过的数学分析和高等代数知识解决微分方程问题, 为将来进一步的学习做准备, 这是编写本教材的另一个考虑. 我们在求解微分方程时, 有时会给出不同的解法, 而这些解法大都基于认真的观察. 我国的常微分方程研究始于 20 世纪中叶, 很多数学家在这一领域做出了重要贡献, 我们搜集整理了这方面的材料供读者阅读. 这些阅读材料将有助于培养读者对这门课的兴趣, 积极进取、勇攀高峰的精神, 以及为国争光的自豪感和自信心.

第 1 章介绍了常微分方程的基本概念, 并给出了一些简单的例子, 读者可以通过这些例子体会常微分方程是什么, 以及求解常微分方程的整个过程. 最后我们提供了关于希尔伯特第十六问题的拓展阅读, 介绍了 20 世纪常微分方程的研究主题.

第 2 章介绍了一阶常微分方程的各种求解方法, 例如分离变量法、常数变易法、通过求积分因子将微分方程化为恰当微分方程, 以及隐式微分方程的求解. 我们强调对微分方程具体形式的认真观察和这些求解方法的灵活运用. 本章的拓展阅读介绍了叶颜谦教授对我国常微分方程研究事业的开创性贡献.

第 3 章主要研究了一阶常微分方程初值问题解的存在唯一性、解的延拓和存在区间、解对初值和参数的光滑性等. 这里最基础的是解的存在唯一性定理, 从条件与结论到证明方法, 读者都要反复阅读、仔细体会. 在最后的拓展阅读中, 我们介绍了著名数学家陈维桓教授早年对积分因子存在性的一个初等证明.

第 4 章介绍了高阶线性微分方程的一般理论 (包括解的存在唯一性、解空间的结构等) 以及一些具体解法, 如线性非齐次微分方程的常数变易法、常系数线性齐次微分方程的特征根法、常系数线性非齐次微分方程的比较系数法和拉普拉斯变换法、一些特殊的线性微分方程的降阶法和幂级数解法. 本章的理论部分与方程的具体求解方法同等重要. 在最后的拓展阅读中, 我们介绍了另一位对我国常微分方程研究事业做出重大贡献的数学家张芷芬教授.

第 5 章研究了一阶线性微分方程组的一般理论和常系数线性微分方程组的求解方法. 由于本章与高阶线性微分方程的知识体系相似, 读者学习时应注意与第 4 章相应知识点的比较. 最后, 我们介绍了我国近现代常微分方程领域的著名数学家.

与线性常微分方程不同, 非线性常微分方程一般没有显式解, 如何从方程本身的结构出发判断解的性态问题即为常微分方程的稳定性和定性理论. 第 6 章介绍了常微分方程组解的李雅普诺夫稳定性的概念, 并给出了稳定性的基本判别方法.

向田教授阅读了书稿并提出了很多建设性的意见. 在本书的编写过程中, 我的研究生虞彭秀、赵娟和助教梁策搜集了我国在常微分方程领域的数学家的素材. 在 LaTeX 作图和排版方面张梦杰博士给了我很大帮助. 中国人民大学教务处对本书的编写给予了资助, 中国人民大学出版社的李文重编辑在本书的编写过程中给予了关心和支持. 在此表示衷心的感谢. 我们在本书的内容安排上参考了兄弟院校的优秀教材, 如参考文献 [5] [8] [10] 等, 在此一并表示感谢.

由于专业水平有限, 书中的错误在所难免, 恳请读者批评指正.

杨云雁

中国人民大学数学学院

目　录

/ 第 1 章 /

绪　论

常微分方程诞生于 17 世纪末, 几乎与微积分同时产生. 微积分作为解决自然科学问题的重要工具, 清楚地描述着自然科学中的规律. 当一个科学问题中出现一些函数及其变化率之间的关系时, 这个问题往往归结为微分方程的问题. 未知函数只含一个变量的微分方程称为常微分方程. 常微分方程是现代数学的重要组成部分, 也是微积分解决问题的重要工具. 很多问题都跟微分方程有关, 如测地线问题、封闭曲线包围区域的面积、行星的运行轨道、文物年代、传染病模型等. 本章介绍常微分方程及其解的基本概念.

1.1　一阶常微分方程

微分方程指含有未知函数及其导函数的方程. 如果方程中的未知函数是多元函数, 就称这类方程为**偏微分方程**. 如果方程中的函数是单变量函数, 就称这种方程为**常微分方程**. 在本书中我们只考虑常微分方程.

首先讨论一阶常微分方程, 即只含未知函数及其一阶导函数的方程, 形如

$$F(t, x, x') = 0, \tag{1.1}$$

其中 t 是自变量, x 是 t 的一元函数, $x' = \mathrm{d}x/\mathrm{d}t$ 是 x 关于 t 的导函数, 且 F 是一个三元函数. 当函数 $x = \varphi(t)$ 在区间 (a, b) 上有定义, 且

$$F(t, \varphi(t), \varphi'(t)) \equiv 0, \quad \forall t \in (a, b)$$

时, 就称函数 $x = \varphi(t)$ 是**常微分方程** (1.1) **的解**, 区间 (a, b) 为**解** $\varphi(t)$ **的定义区间**. 特别地, 当 $t \in (a, b)$ 时, $(t, \varphi(t), \varphi'(t))$ 属于 F 的定义域.

关系式 (1.1) 有三个变量 t, x 和 x'. 在某些情形下, 例如 $F_3(t, x, x') \neq 0$, F_3 表示三元函数 F 关于第三个变量的偏导数, 可以把 x' 确定为变量 t 和 x 的函数, 即

$$x' = f(t, x). \tag{1.2}$$

我们称方程 (1.2) 为已解出导函数的常微分方程, 与常微分方程 (1.1) 相比, 它在某些方面更容易处理. 现在我们讨论常微分方程 (1.2), 且不再认为它是由方程 (1.1) 解出来的, 而是由两个自变量 t, x 给定的函数 $f(t, x)$, 下面以此作为出发点.

为了从几何直观上理解常微分方程 (1.2), 我们引入关于变量 t, x 的坐标平面 Σ, 横坐标轴表示自变量 t, 纵坐标轴表示变量 x. f 可能不是对所有 t, x 都有定义, 今后总假定 f 的定义域是开的. 此外还假设 $f, \partial f/\partial x$ 是连续的二元函数. 于是常微分方程 (1.2) 的解 $x = \varphi(t)$ 在平面 Σ 上的几何表示就是曲线 $x = \varphi(t)$. 这条曲线处处有切线, 而且完全落在 f 的定义域内. 这些曲线称为常微分方程 (1.2) 的**积分曲线**.

假设 $f(t, x)$ 在平面 Σ 的某个开子集 D 内有定义, 且在整个 D 内 f 和 $\partial f/\partial x$ 都是 t, x 的连续函数, 我们在第 3 章将证明解的局部存在唯一性定理: 对任一点 $(t_0, x_0) \in D$, 常微分方程 (1.2) 都存在唯一的解 $x = \varphi(t)$, 定义于某个区间 (a, b) 上, 满足

$$\varphi(t_0) = x_0. \tag{1.3}$$

我们称 x_0 为**解 $x = \varphi(t)$ 的初值**, 而式 (1.3) 称为这个**解的初值条件**. 当我们说解 $x = \varphi(t)$ 满足初值条件式 (1.3) 时, 总假定此解的定义区间内含有 t_0. 于是集合 D 内任一点 (t_0, x_0) 可视为常微分方程 (1.2) 的某一解的初值, 且两个具有相同初值的解是完全一样的. 从几何上看, 集合 D 内的每一点 (t_0, x_0) 有且只有常微分方程 (1.2) 的一条积分曲线通过.

除了存在于区间 (a_1, b_1) 上的解 $x = \varphi(t)$ 之外, 还可能存在区间 (a_2, b_2) 上的解 $x = \psi(t)$, 它也满足常微分方程 (1.2) 以及相同的初值 (t_0, x_0). 根据解的局部存在唯一性定理, 过集合 D 的每一点 (t_0, x_0) 只有一条积分曲线. 若 $\varphi(t)$ 和 $\psi(t)$ 的公共定义区间为 (a, b), 则 $\varphi(t) \equiv \psi(t)$, $t \in (a, b)$. 若 $(a_1, b_1) \subset (a_2, b_2)$, 则 $x = \psi(t)$ 称为**解 $x = \varphi(t)$ 的延拓**. 既不能向左延拓又不能向右延拓的解称为**饱和解**. 常微分方程 (1.2) 的几何解释如下: 过集合 D 的每一点 (t, x) 作一条斜率为 $f(x, t)$ 的直线 $\ell_{t, \varphi(t)}$, 就得到了对应于**常微分方程 (1.2) 的方向场**. 任一积分曲线 $x = \varphi(t)$ 在 $(t, \varphi(t))$ 处与直线 $\ell_{t, \varphi(t)}$ 相切.

在本书中, 常微分方程经常简称微分方程或方程.

【例 1】 求解微分方程

$$x' = -\frac{t}{x}. \tag{1.4}$$

解: 方程两边同乘以 x, 得

$$xx' = -t.$$

两边求不定积分, 得

$$\frac{x^2}{2} = -\frac{t^2}{2} + \frac{c}{2},$$

所以方程的解为

$$x^2 + t^2 = c,$$

其中 c 为任意非负常数. 过固定点 (t_0, x_0) 的积分曲线为

$$\varphi(t) = \begin{cases} \sqrt{x_0^2 + t_0^2 - t^2}, & x_0 > 0 \\ -\sqrt{x_0^2 + t_0^2 - t^2}, & x_0 < 0 \end{cases},$$

其中 $-\sqrt{x_0^2 + t_0^2} < t < \sqrt{x_0^2 + t_0^2}$.

【例 2】 求解微分方程

$$x' = -tx. \tag{1.5}$$

解: 方程两边同除以 x, 得

$$\frac{x'}{x} = -t.$$

两边求不定积分, 得

$$\ln |x| = -\frac{t^2}{2} + c.$$

所以方程的解为

$$x = c e^{-\frac{t^2}{2}},$$

其中我们把不同的常数用同一个记号 c 表示. 另外, $x = 0$ 也是原方程的解, 从而 c 可以取 0 值. 过 (t_0, x_0) 的积分曲线为

$$\varphi(t) = x_0 e^{\frac{t_0^2}{2}} e^{-\frac{t^2}{2}},$$

其中 $-\infty < t < +\infty$.

【例 3】 求微分方程

$$x' + tx'^2 - x = 0$$

的直线积分曲线.

解: 设直线积分曲线为 $x = at + b, a, b \in \mathbb{R}$. 将它代入原方程, 得

$$a - b + a(a - 1)t = 0.$$

因此有 $a = b = 0$ 或 $a = b = 1$, 所求直线积分曲线为 $x = 0$ 或 $x = t + 1, -\infty < t < +\infty$.

习题 1.1

1. 说明下列方程的自变量和未知函数:

(1) $\dfrac{\mathrm{d}x}{\mathrm{d}t} = t^2 x + t^5$;

(2) $x(x'(t))^2 + 3x'(t) = 1 + t$;

(3) $\left(\dfrac{\mathrm{d}y}{\mathrm{d}x}\right)^2 - y = 0$;

(4) $\dfrac{\mathrm{d}\varphi}{\mathrm{d}t} = \cos\varphi$.

2. 验证

$$x = \begin{cases} 1, & t \geqslant \dfrac{\pi}{2} \\ \sin t, & t \in \left[-\dfrac{\pi}{2}, \dfrac{\pi}{2}\right] \\ -1, & t \leqslant -\dfrac{\pi}{2} \end{cases}$$

是微分方程 $\dfrac{\mathrm{d}x}{\mathrm{d}t} = \sqrt{1-x^2}$ 的解.

1.2　常微分方程组和高阶常微分方程

用两个及两个以上的关系式表示的微分方程称为微分方程组. 形如

$$\begin{cases} \dfrac{\mathrm{d}x_1}{\mathrm{d}t} = f_1(t, x_1, x_2, \cdots, x_n) \\ \dfrac{\mathrm{d}x_2}{\mathrm{d}t} = f_2(t, x_1, x_2, \cdots, x_n) \\ \cdots\cdots \\ \dfrac{\mathrm{d}x_n}{\mathrm{d}t} = f_n(t, x_1, x_2, \cdots, x_n) \end{cases} \tag{1.6}$$

的微分方程组称为标准的微分方程组, 其中 t 是自变量, $x_1, x_2, \cdots, x_n$ 是 t 的未知函数, f_1, $f_2, \cdots, f_n$ 是 $n+1$ 元函数. 假设

$$f_i(t, x_1, x_2, \cdots, x_n), \quad \frac{\partial f_i}{\partial x_j}(t, x_1, x_2, \cdots, x_n)$$

在 $\mathbb{R}^{n+1}$ 中某个开集 D 内存在且连续, $i, j = 1, 2, \cdots, n$. 对于微分方程组 (1.6), 也有类似于一阶微分方程的解的存在唯一性定理, 即在任何初值 $(t_0, x_{1,0}, x_{2,0}, \cdots, x_{n,0}) \in D$ 附近存在唯一的解 $x_i = \varphi_i(t)$, $i = 1, 2, \cdots, n$, 满足 $\varphi_i(t_0) = x_{i,0}$, $i = 1, 2, \cdots, n$.

一般形式的方程可写为

$$F(t, x, x', \cdots, x^{(n)}) = 0, \tag{1.7}$$

其中 t 是自变量; x 是 t 的未知函数; $x^{(j)}$ 是 x 的 j 阶导函数, $j = 1, 2, \cdots, n$; F 是给定的 $n+2$ 元函数. 如果微分方程 (1.7) 中导函数的最高阶数为 n, 就称该微分方程是 n 阶的. 设有自变量 t 的两个未知函数 x 和 y, 由两个微分方程构成的方程组形如

$$\begin{cases} F(t, x, x', \cdots, x^{(m)}, y, y', \cdots, y^{(n)}) = 0 \\ G(t, x, x', \cdots, x^{(m)}, y, y', \cdots, y^{(n)}) = 0 \end{cases}. \tag{1.8}$$

如果出现在方程组 (1.8) 中的函数 x 的导数的最高阶数等于 m, 函数 y 的导数的最高阶数等于 n, 就称方程组 (1.8) 关于 x 为 m 阶, 关于 y 为 n 阶, 而方程组 (1.8) 的阶数为 $m+n$.

可以证明, 任何已解出最高阶导数的 n 阶微分方程或方程组都可以化为标准的微分方程组. 下面举两个例子.

【例 1】 设

$$y^{(n)} = f(t, y, y', \cdots, y^{(n-1)}) \tag{1.9}$$

是一个已解出最高阶导数的 n 阶微分方程. 试将它转化为标准的微分方程组.

解: 令

$$x_1 = y, \quad x_2 = y', \quad \cdots, \quad x_n = y^{(n-1)}$$

为 t 的 n 个未知函数. 则微分方程 (1.9) 可以化为标准的微分方程组

$$\begin{cases} x_1' = x_2 \\ x_2' = x_3 \\ \cdots\cdots \\ x_{n-1}' = x_n \\ x_n' = f(t, x_1, x_2, \cdots, x_n) \end{cases} \tag{1.10}$$

【例 2】 将微分方程组

$$\begin{cases} u'' = f(t, u, u', v, v') \\ v'' = g(t, u, u', v, v') \end{cases} \tag{1.11}$$

化为标准的微分方程组.

解: 令

$$x_1 = u, \quad x_2 = u', \quad x_3 = v, \quad x_4 = v'$$

为 t 的 4 个未知函数. 则微分方程组 (1.11) 可以化为标准的微分方程组

$$\begin{cases} x_1' = x_2 \\ x_2' = f(t, x_1, x_2, x_3, x_4) \\ x_3' = x_4 \\ x_4' = g(t, x_1, x_2, x_3, x_4) \end{cases}$$

若微分方程 (1.7) 的左边为 $x, x', \cdots, x^{(n)}$ 的一次有理整式, 则称方程 (1.7) 为 n 阶**线性微分方程**. 不是线性微分方程的方程称为**非线性微分方程**. 例如, 方程 (1.4) 为非线性微分方程, 而方程 (1.5) 为线性微分方程. 我们把含有 n 个独立常数 $c_1, c_2, \cdots, c_n$ 的解

$$x = \varphi(t, c_1, c_2, \cdots, c_n)$$

称为 n 阶微分方程 (1.7) 的**通解**, 这里常数的独立性指雅可比行列式

$$\frac{\partial(\varphi, \varphi', \cdots, \varphi^{(n-1)})}{\partial(c_1, c_2, \cdots, c_n)} \neq 0.$$

类似可定义**隐式通解**, 即关系式 $\Phi(t, x, c_1, c_2, \cdots, c_n) = 0$, 它确定的函数

$$x = \psi(t, c_1, c_2, \cdots, c_n)$$

是方程 (1.7) 的解. 为了确定微分方程的某个特定的解, 我们需要给出**定解条件**. 常见的定解条件是初值条件, 例如方程 (1.7) 的初值条件为

$$x(t_0) = x_0, \quad x'(t_0) = x_0', \quad \cdots, \quad x^{(n-1)}(t_0) = x_0^{(n-1)},$$

其中 $x_0, x_0', \cdots, x_0^{n-1}$ 为任意给定的 n 个常数.

习题 1.2

1. 给定一阶微分方程 $x'(t) = x(t)$, 求:

(1) 通解;

(2) 通过点 $(0, 2)$ 的特解;

(3) 与直线 $x = t$ 相切的解;

(4) 满足 $\displaystyle\int_0^1 x(t)\mathrm{d}t = 1$ 的解.

2. 求微分方程 $x''(t) = -t$ 的通解, 并求解初值问题

$$\begin{cases} x''(t) = -t \\ x(0) = x'(0) = 1 \end{cases}.$$

【拓展阅读】

希尔伯特第十六问题

/ 第 2 章 /

一阶微分方程的初等解法

一阶微分方程的初等解法是研究微分方程的基础. 对于一般的一阶微分方程, 不存在普遍的初等解法. 本章针对不同类型的微分方程, 介绍相应的初等解法, 包括分离变量法、变量替换法、常数变易法、积分因子法, 以及参数表示法等.

2.1 分离变量法

2.1.1 变量分离方程

形如

$$x'(t) = \frac{\mathrm{d}x}{\mathrm{d}t} = f(t)g(x) \tag{2.1}$$

的一阶微分方程, 称为变量分离方程, 这里 $f(t)$ 和 $g(x)$ 分别是 t 与 x 的连续函数. 如果 $g(x) \neq 0$, 我们将方程 (2.1) 化为

$$\frac{\mathrm{d}x}{g(x)} = f(t)\mathrm{d}t,$$

两边求不定积分, 得

$$\int \frac{\mathrm{d}x}{g(x)} = \int f(t)\mathrm{d}t + c, \tag{2.2}$$

其中 c 为积分常数, $\int f(t)\mathrm{d}t$ 和 $\int \frac{\mathrm{d}x}{g(x)}$ 分别视为 $f(t)$ 和 $\frac{1}{g(x)}$ 的某个原函数, 不含任意常数. 因此式 (2.2) 是微分方程 (2.1) 的通解.

如果 $g(x)$ 存在零点 x_0, 即 $g(x_0) = 0$, 直接验证知 $x = x_0$ 也是方程 (2.1) 的解. 因此除了通解式 (2.2) 之外, 一阶微分方程 (2.1) 还有特解 $x = x_0$.

【例 1】 求解微分方程

$$t\frac{\mathrm{d}x}{\mathrm{d}t} + x = x^2.$$

解: 当 $x^2 - x \neq 0$ 时, 分离变量, 得

$$\frac{\mathrm{d}t}{t} = \frac{\mathrm{d}x}{x^2 - x} = \left(\frac{1}{x-1} - \frac{1}{x}\right)\mathrm{d}x.$$

两边积分, 得

$$\ln|x-1| - \ln|x| = \ln|t| + c,$$

即 $\dfrac{x-1}{x} = ct$ 或 $(1-ct)x = 1$. 因此原方程的通解为 $(1-ct)x = 1$, 其中 c 为任意常数.

当 $x^2 - x = 0$, 即 $x = 0$ 或 $x = 1$ 时, 原方程也成立. 所以原方程除了上述通解之外, 还有特解 $x = 0$ 和 $x = 1$.

【例 2】 求解微分方程

$$\frac{\mathrm{d}x}{\mathrm{d}t} = \frac{x(a_1 + a_2 t)}{t(b_1 + b_2 x)}, \quad t > 0, x \geqslant 0, a_1, a_2, b_1, b_2 \in \mathbb{R}.$$

解: 当 $x > 0$ 时, 分离变量, 得

$$\left(\frac{b_1}{x} + b_2\right)\mathrm{d}x = \left(\frac{a_1}{t} + a_2\right)\mathrm{d}t.$$

两边积分, 得

$$b_1 \ln|x| + b_2 x = a_1 \ln|t| + a_2 t + c.$$

因此原方程的通解为

$$|x|^{b_1}|t|^{-a_1}\mathrm{e}^{b_2 x - a_2 t} = \mathrm{e}^c,$$

其中 c 为任意常数. 此外, 原方程还有特解 $x = 0$.

【例 3】 求解微分方程

$$\frac{\mathrm{d}x}{\mathrm{d}t} = \frac{1 + x^2}{tx + t^2 x}.$$

解: 分离变量, 得

$$\frac{x\mathrm{d}x}{1 + x^2} = \frac{\mathrm{d}t}{t(t+1)} = \left(\frac{1}{t} - \frac{1}{1+t}\right)\mathrm{d}t.$$

两边积分, 得

$$\frac{1}{2}\ln(1 + x^2) = \ln|t| - \ln|1+t| + c.$$

因此原方程的通解为

$$\sqrt{1 + x^2} = \left|\frac{t}{1+t}\right| + c,$$

其中 c 为任意正数.

【例 4】　设函数 $f(t)$ 在区间 $(-\infty, +\infty)$ 上连续, 且满足

$$f(t) \int_0^t f(s)\mathrm{d}s = \mathrm{e}^t - 1, \tag{2.3}$$

求 $f(t)$ 的表达式.

解: 令 $x(t) = \displaystyle\int_0^t f(s)\mathrm{d}s$. 由 f 的连续性知 $x \in C^1(-\infty, +\infty)$, $x(0) = 0$ 以及

$$x'(t) = f(t).$$

因此式 (2.3) 化为

$$x(t)\, x'(t) = \mathrm{e}^t - 1,$$

即

$$\left(\frac{x^2(t)}{2}\right)' = \mathrm{e}^t - 1.$$

两边关于自变量从 0 到 t 积分, 注意到 $x(0) = 0$, 利用牛顿–莱布尼茨公式, 得

$$\frac{x^2(t)}{2} = \int_0^t (\mathrm{e}^s - 1)\mathrm{d}s = \mathrm{e}^t - t.$$

因此 $x(t) = \sqrt{2(\mathrm{e}^t - t)}$ 或 $x(t) = -\sqrt{2(\mathrm{e}^t - t)}$, $t \in (-\infty, +\infty)$, 从而有

$$f(t) = x'(t) = \frac{\mathrm{e}^t - 1}{\sqrt{2(\mathrm{e}^t - t)}}$$

或

$$f(t) = x'(t) = -\frac{\mathrm{e}^t - 1}{\sqrt{2(\mathrm{e}^t - t)}}.$$

注意 $\mathrm{e}^t - t > 0$ 对所有的 $t \in (-\infty, +\infty)$ 成立.

【例 5】　求微分方程

$$\frac{\mathrm{d}x}{\mathrm{d}t} = P(t)x \tag{2.4}$$

的通解, 其中 $P(t)$ 是 t 的连续函数.

解: 分离变量, 得

$$\frac{\mathrm{d}x}{x} = P(t)\mathrm{d}t.$$

两边积分, 得

$$\ln|x| = \int P(t)\mathrm{d}t + c,$$

因此

$$|x| = \mathrm{e}^{\int P(t)\mathrm{d}t + c}.$$

原方程的通解为

$$x(t) = c\mathrm{e}^{\int P(t)\mathrm{d}t}, \tag{2.5}$$

其中 c 为任意非零常数. 我们经常用同一个符号 c 表示不同的常数.

此外, $x = 0$ 也是方程 (2.4) 的解. 如果式 (2.5) 中的常数 c 允许取 0, 则 $x = 0$ 也包括在式 (2.5) 中. 因此原方程的通解为式 (2.5), 其中 c 为任意常数.

2.1.2 可化为变量分离方程的类型

有些微分方程本身不是变量分离方程, 但经过适当的变量替换可以化为变量分离方程. 我们分别讨论以下几种类型.

类型 1. 形如

$$\frac{\mathrm{d}x}{\mathrm{d}t} = f\left(\frac{x}{t}\right)$$

的方程, 称为齐次微分方程, 其中 f 是一元连续函数.

作变量替换

$$y = \frac{x}{t}.$$

直接计算得

$$\frac{\mathrm{d}x}{\mathrm{d}t} = t\frac{\mathrm{d}y}{\mathrm{d}t} + y.$$

原方程可以化为

$$\frac{\mathrm{d}y}{\mathrm{d}t} = \frac{f(y) - y}{t},$$

从而化为变量分离方程.

【例 6】 求解微分方程

$$\frac{\mathrm{d}x}{\mathrm{d}t} = \frac{x}{t} + \tan\frac{x}{t}.$$

解: 令

$$y = \frac{x}{t}.$$

则

$$\frac{\mathrm{d}x}{\mathrm{d}t} = t\frac{\mathrm{d}y}{\mathrm{d}t} + y.$$

原方程化为

$$t\frac{\mathrm{d}y}{\mathrm{d}t} = \tan y. \tag{2.6}$$

分离变量, 得

$$\frac{\mathrm{d}y}{\tan y} = \frac{\mathrm{d}t}{t}.$$

两边积分, 得

$$\ln|\sin y| = \ln|t| + c.$$

因此方程 (2.6) 的通解为

$$\sin y = ct, \tag{2.7}$$

其中 c 为任意非零常数.

此外, 方程 (2.6) 还有解 $\sin y = 0$. 如果允许 $c = 0$, 那么式 (2.7) 包括方程 (2.6) 所有的解. 代回原来的变量, 得到原方程的通解

$$\sin \frac{x}{t} = ct,$$

其中 c 为任意常数.

【例 7】 求解微分方程

$$t\frac{\mathrm{d}x}{\mathrm{d}t} - 2\sqrt{tx} = x, \quad t < 0.$$

解: 原方程化为

$$\frac{\mathrm{d}x}{\mathrm{d}t} = \frac{x}{t} + 2\sqrt{\frac{x}{t}}, \quad t < 0.$$

令 $x = ty$, 则

$$\frac{\mathrm{d}x}{\mathrm{d}t} = t\frac{\mathrm{d}y}{\mathrm{d}t} + y = y + 2\sqrt{y}.$$

分离变量, 得

$$\frac{\mathrm{d}y}{2\sqrt{y}} = \frac{\mathrm{d}t}{t}. \tag{2.8}$$

方程 (2.8) 的通解为

$$\sqrt{y} = \ln(-t) + c,$$

其中 c 为任意常数. 代回原来的变量, 得到原方程的通解

$$x = t(\ln(-t) + c)^2,$$

其中 c 为任意常数, $x(t)$ 的定义区间为 $(-\infty, -\mathrm{e}^{-c})$. 此外, 原方程还有特解 $x = 0$.

类型 2. 形如

$$\frac{\mathrm{d}x}{\mathrm{d}t} = \frac{a_1 t + b_1 x + c_1}{a_2 t + b_2 x + c_2} \tag{2.9}$$

的方程, 其中 $a_1, a_2, b_1, b_2, c_1, c_2$ 均为常数.

情形 1: $\dfrac{a_1}{a_2} = \dfrac{b_1}{b_2} = \dfrac{c_1}{c_2} = k$ (常数).

方程化为

$$\frac{\mathrm{d}x}{\mathrm{d}t} = k.$$

此时有通解 $x = kt + c$, 其中 c 为任意常数.

情形 2: $\dfrac{a_1}{a_2} = \dfrac{b_1}{b_2} = k \neq \dfrac{c_1}{c_2}$.

令 $y = a_2 t + b_2 x$, 则方程 (2.9) 化为

$$\frac{\mathrm{d}y}{\mathrm{d}t} = a_2 + b_2 \frac{\mathrm{d}x}{\mathrm{d}t} = a_2 + b_2 \frac{ky + c_1}{y + c_2}.$$

这是一个变量分离方程, 问题已解决.

情形 3: $\dfrac{a_1}{a_2} \neq \dfrac{b_1}{b_2}$.

如果方程 (2.9) 中 c_1, c_2 不全为 0, 则线性方程组

$$\begin{cases} a_1 t + b_1 x + c_1 = 0 \\ a_2 t + b_2 x + c_2 = 0 \end{cases} \tag{2.10}$$

有唯一的解 $t = \alpha, x = \beta$. 令

$$\begin{cases} T = t - \alpha \\ X = x - \beta \end{cases},$$

则方程组 (2.10) 化为

$$\begin{cases} a_1 T + b_1 X = 0 \\ a_2 T + b_2 X = 0 \end{cases},$$

从而方程 (2.9) 化为

$$\frac{\mathrm{d}X}{\mathrm{d}T} = \frac{a_1 T + b_1 X}{a_2 T + b_2 X} = f\left(\frac{X}{T}\right). \tag{2.11}$$

求解此齐次微分方程, 再代回原来的变量即得原方程的解.

如果方程 (2.9) 中 $c_1 = c_2 = 0$, 则方程 (2.9) 已经是一个齐次微分方程, 按照类型 1 的方法求解.

类型 3. 形如

$$\frac{\mathrm{d}x}{\mathrm{d}t} = f\left(\frac{a_1 t + b_1 x + c_1}{a_2 t + b_2 x + c_2}\right)$$

的方程. 我们以 $\dfrac{a_1}{a_2} \neq \dfrac{b_1}{b_2}$ 且 $(c_1, c_2) \neq (0, 0)$ 为例. 类似于方程 (2.11), 我们得到

$$\frac{\mathrm{d}X}{\mathrm{d}T} = f\left(\frac{a_1 T + b_1 X}{a_2 T + b_2 X}\right) = f\left(\frac{a_1 + b_1 X/T}{a_2 + b_2 X/T}\right).$$

这是齐次微分方程, 问题已解决.

类型 4. 形如

$$\frac{\mathrm{d}x}{\mathrm{d}t} = f(at + bx + c)$$

的方程. 令 $y = at + bx + c$, 则原方程可化为变量分离方程

$$\frac{\mathrm{d}y}{\mathrm{d}t} = a + bf(y).$$

类型 5. 形如

$$xf(tx)\mathrm{d}t + tg(tx)\mathrm{d}x = 0$$

的方程. 令 $y = tx$, 则 $\mathrm{d}y = x\mathrm{d}t + t\mathrm{d}x$. 原方程化为

$$0 = f(y)\mathrm{d}y - f(y)t\mathrm{d}x + g(y)t\mathrm{d}x = f(y)\mathrm{d}y - (f(y) - g(y))t\mathrm{d}x.$$

注意到 $t\mathrm{d}x = \dfrac{y}{x}\mathrm{d}x$, 我们得到

$$f(y)\mathrm{d}y = (f(y) - g(y))\frac{y}{x}\mathrm{d}x,$$

这是变量分离方程.

类型 6. 形如

$$x^2\frac{\mathrm{d}y}{\mathrm{d}x} = f(xy)$$

的方程. 令 $xy = t$, 则 $x\mathrm{d}y + y\mathrm{d}x = \mathrm{d}t$. 原方程可化为变量分离方程

$$x\frac{\mathrm{d}t}{\mathrm{d}x} = t + f(t).$$

类型 7. 形如

$$\frac{\mathrm{d}x}{\mathrm{d}t} = tf\left(\frac{x}{t^2}\right)$$

的方程. 令 $y = \dfrac{x}{t^2}$, 则 $\mathrm{d}y = \dfrac{\mathrm{d}x}{t^2} - \dfrac{2x}{t^3}\mathrm{d}t$. 原方程可化为变量分离方程

$$t\frac{\mathrm{d}y}{\mathrm{d}t} = f(y) - 2y.$$

【例 8】 求解微分方程

$$\frac{\mathrm{d}x}{\mathrm{d}t} = \frac{t-x+1}{t+x-3}. \tag{2.12}$$

解: 方程组

$$\begin{cases} t-x+1=0 \\ t+x-3=0 \end{cases}$$

有解 $t=1, x=2.$ 令

$$\begin{cases} T=t-1 \\ X=x-2 \end{cases}, \tag{2.13}$$

代入方程 (2.12), 得到

$$\frac{\mathrm{d}X}{\mathrm{d}T} = \frac{T-X}{T+X}. \tag{2.14}$$

令 $Y=\dfrac{X}{T}$, 则方程 (2.14) 化为

$$\frac{\mathrm{d}T}{T} = \frac{1+Y}{1-2Y-Y^2}\mathrm{d}Y.$$

两边积分, 得

$$\ln T^2 = -\ln|Y^2+2Y-1| + c.$$

代回变量 X, T, 得

$$X^2 + 2TX - T^2 = c,$$

其中 c 为任意非零常数. 再代回原来的变量 x, t, 得

$$(x-2)^2 + 2(t-1)(x-2) - (t-1)^2 = c.$$

此外, 容易验证

$$X^2 + 2TX - T^2 = 0$$

也是方程 (2.14) 的解. 因此方程 (2.12) 的通解为

$$x^2 + 2tx - t^2 - 6x - 2t = c,$$

其中 c 为任意常数.

【例 9】 求下列微分方程的解:

(1) $\dfrac{\mathrm{d}x}{\mathrm{d}t} = (t+x)^2;$ 　　　　　(2) $\dfrac{\mathrm{d}x}{\mathrm{d}t} = \dfrac{1}{(t+x)^2};$

(3) $\dfrac{\mathrm{d}x}{\mathrm{d}t} = \dfrac{t-x+5}{t-x-2};$ 　　　　　(4) $\dfrac{\mathrm{d}x}{\mathrm{d}t} = \dfrac{2t-x+1}{t-2x+1}.$

解: 我们只给出变换, 而把求解的过程留给读者.

(1) 令 $y = t + x$; (2) 令 $y = t + x$; (3) 令 $y = t - x$; (4) 用例 8 的方法.

【例 10】 求解微分方程

$$\frac{\mathrm{d}x}{\mathrm{d}t} = (t+1)^2 + (4x+1)^2 + 8tx + 1.$$

解: 原方程化为

$$\frac{\mathrm{d}x}{\mathrm{d}t} = (t + 4x + 1)^2 + 2. \tag{2.15}$$

令 $y = t + 4x + 1$, 则 $\dfrac{\mathrm{d}y}{\mathrm{d}t} = 1 + 4\dfrac{\mathrm{d}x}{\mathrm{d}t}$. 方程 (2.15) 可化为变量分离方程

$$\frac{\mathrm{d}y}{4y^2 + 9} = \mathrm{d}t,$$

即

$$\frac{\mathrm{d}\left(\dfrac{2}{3}y\right)}{1 + \left(\dfrac{2}{3}y\right)^2} = 6\mathrm{d}t.$$

两边积分, 得

$$\arctan\left(\frac{2}{3}y\right) = 6t + c.$$

代回原来的变量, 得原方程的通解

$$\arctan\left(\frac{2}{3}(t + 4x + 1)\right) = 6t + c,$$

其中 c 为任意常数.

【例 11】 求解微分方程

$$\frac{\mathrm{d}x}{\mathrm{d}t} = \frac{x^6 - 2t^2}{2tx^5 + t^2x^2}.$$

解: 令 $y = x^3$, 则

$$\frac{\mathrm{d}y}{\mathrm{d}t} = \frac{3y^2 - 6t^2}{2ty + t^2}.$$

右边是齐次分式, 令 $y = zt$, 得

$$\frac{\mathrm{d}t}{t} = \left(\frac{7}{5}\frac{1}{z-3} + \frac{3}{5}\frac{1}{z+2}\right)\mathrm{d}z.$$

两边积分, 得

$$|z-3|^7|z+2|^3 = c|t|^5,$$

其中 c 为任意正的常数. 代回原来的变量得原方程的通解为

$$|x^3-3t|^7|x^3+2t|^3 = c|t|^{15},$$

其中 c 为任意正的常数.

【例 12】　求解微分方程

$$\frac{\mathrm{d}x}{\mathrm{d}t} = \frac{2t^3+3tx^2+t}{3t^2x+2x^3-x}.$$

解: 方程可以改写为

$$\frac{\mathrm{d}(x^2+1)}{\mathrm{d}(t^2-1)} = \frac{2(t^2-1)+3(x^2+1)}{3(t^2-1)+2(x^2+1)}.$$

作变换

$$\begin{cases} y = x^2+1 \\ s = t^2-1 \end{cases},$$

原方程变为

$$\frac{\mathrm{d}y}{\mathrm{d}s} = \frac{2s+3y}{3s+2y}.$$

再令 $y=zs$, 得到

$$\left(\frac{1}{2(1+z)} + \frac{5}{2(1-z)}\right)\mathrm{d}z = \frac{2}{s}\mathrm{d}s.$$

两边积分, 得

$$|z+1| = cs^4|z-1|^5,$$

其中 c 为任意正的常数. 因此有

$$|y+s| = c|y-s|^5,$$

从而原方程的通解为

$$x^2+t^2 = c|x^2-t^2+2|^5,$$

其中 c 为任意正的常数.

习题 2.1

1. 求下列方程的解:

(1) $x' = 2tx$, 并求满足初值条件 $t_0 = 0$, $x = 1$ 的特解;

(2) $x^2\mathrm{d}t + (t+1)\mathrm{d}x = 0$, 并求满足初值条件 $t_0 = 0$, $x = 1$ 的特解;

(3) $(t+x)\mathrm{d}x + (t-x)\mathrm{d}t = 0$;

(4) $tx' - x + \sqrt{t^2 - x^2} = 0$;

(5) $x' = \mathrm{e}^{t-x}$.

2. 求下列方程的解:

(1) $x' = (t+x)^{-2}$;

(2) $\dfrac{\mathrm{d}x}{\mathrm{d}t} = \dfrac{2t - x + 1}{t - 2x + 1}$;

(3) $\dfrac{\mathrm{d}x}{\mathrm{d}t} = \dfrac{4x^6 - t^2}{tx^5 + t^2x^2}$.

3. 求下列方程的解:

(1) $x(1 + t^2x^2)\mathrm{d}t = t\mathrm{d}x$;

(2) $tx' = \dfrac{2x + t^2x^3}{2 - t^2x^2}$.

2.2　常数变易法

在本节中, 我们考虑线性微分方程

$$\frac{\mathrm{d}x}{\mathrm{d}t} = P(t)x + Q(t), \tag{2.16}$$

其中 $P(t)$, $Q(t)$ 是所考虑区间上的连续函数. 当 $Q(t) \equiv 0$ 时, 方程 (2.16) 成为

$$\frac{\mathrm{d}x}{\mathrm{d}t} = P(t)x. \tag{2.17}$$

方程 (2.17) 称为一阶线性齐次微分方程, 方程 (2.16) 称为一阶线性非齐次微分方程. 方程 (2.17) 是变量分离方程, 其通解为

$$x = c\mathrm{e}^{\int P(t)\mathrm{d}t},$$

其中 c 为任意常数. 我们猜测方程 (2.16) 有如下形式的解

$$x(t) = c(t)\mathrm{e}^{\int P(t)\mathrm{d}t}. \tag{2.18}$$

将式 (2.18) 代入方程 (2.16), 得

$$c'(t) = Q(t)\mathrm{e}^{-\int P(t)\mathrm{d}t}.$$

因此有

$$c(t) = \int Q(t)\mathrm{e}^{-\int P(t)\mathrm{d}t}\mathrm{d}t + c,$$

其中 c 为任意常数. 代回式 (2.18), 得到方程 (2.16) 的通解

$$x = \mathrm{e}^{\int P(t)\mathrm{d}t}\left(\int Q(t)\mathrm{e}^{-\int P(t)\mathrm{d}t}\mathrm{d}t + c\right).$$

这种求解方法称为**常数变易法**.

【**例 1**】 求线性非齐次微分方程 $x' = x + \sin t$ 的解.

解: 对应的齐次微分方程 $x' = x$ 的通解为 $x = c\mathrm{e}^t$. 将 $x = c(t)\mathrm{e}^t$ 代入原方程, 得

$$c'(t) = \mathrm{e}^{-t}\sin t.$$

因此有

$$c(t) = \int \mathrm{e}^{-t}\sin t\mathrm{d}t + c = \frac{1}{2}\mathrm{e}^{-t}(-\sin t - \cos t) + c.$$

原方程的通解为

$$x = -\frac{1}{2}(\sin t + \cos t) + c\mathrm{e}^t,$$

其中 c 为任意常数.

【**例 2**】 求线性非齐次微分方程 $x' - \dfrac{n}{t}x = \mathrm{e}^t t^n$ 的解, 其中 $t > 0, n$ 为常数.

解: 齐次微分方程 $x' - \dfrac{n}{t}x = 0$ 的通解为

$$x = ct^n, \quad t > 0.$$

将 $x(t) = c(t)t^n$ 代入原方程, 得

$$c'(t) = \mathrm{e}^t.$$

因此 $c(t) = \mathrm{e}^t + c$, 原方程的通解为

$$x = t^n(\mathrm{e}^t + c),$$

其中 c 为任意常数.

【**例 3**】 求解微分方程

$$x' = \frac{x}{2t - x^2}.$$

解: 原微分方程可化为

$$\frac{\mathrm{d}t}{\mathrm{d}x} = \frac{2t}{x} - x. \tag{2.19}$$

将 x 视为自变量, t 视为未知函数. 对应的齐次微分方程为 $\dfrac{\mathrm{d}t}{\mathrm{d}x} = \dfrac{2t}{x}$, 其通解为 $t = cx^2$. 将 $t(x) = c(x)x^2$ 代入方程 (2.19), 得 $c'(x) = -1/x$, 从而有 $c(x) = -\ln|x| + c$. 因此原方程的通解为

$$t = x^2(-\ln|x| + c),$$

其中 c 是任意常数.

此外, $x = 0$ 也是原方程的解, 此时把 t 视为自变量.

下面考虑可以转化为线性非齐次微分方程的一类方程. 形如

$$x' = P(t)x + Q(t)x^n, \tag{2.20}$$

称为**伯努利 (Bernoulli) 方程**, 其中 $P(t), Q(t)$ 是 t 的连续函数, $n \neq 0, 1$.

对于 $x \neq 0$, 用 x^{-n} 乘微分方程 (2.20) 的两边, 得

$$x^{-n}x' = P(t)x^{1-n} + Q(t).$$

令 $y = x^{1-n}$, 则

$$y' = (1-n)P(t)y + (1-n)Q(t).$$

这是一个线性非齐次微分方程, 从而可以用常数变易法求解.

【**例 4**】　求微分方程

$$x' = -x + tx^{\frac{3}{2}}$$

的通解.

解: 这是 $n = \dfrac{3}{2}$ 的伯努利方程. 令 $y = x^{-\frac{1}{2}}$, 原方程可化为

$$y' = \frac{1}{2}y - \frac{1}{2}t.$$

这是一个线性非齐次微分方程, 利用常数变易法, 得到

$$\begin{aligned} y &= \mathrm{e}^{\int \frac{1}{2}\mathrm{d}t}\left(-\int \frac{1}{2}t\mathrm{e}^{-\frac{1}{2}t}\mathrm{d}t + c\right) \\ &= c\mathrm{e}^{\frac{1}{2}t} + t + 2. \end{aligned}$$

代回原来的变量, 得

$$x = (c\mathrm{e}^{\frac{1}{2}t} + t + 2)^{-2},$$

其中 c 为任意常数. 此外, 原方程还有特解 $x = 0$.

【**例 5**】　求解方程

$$x' = \frac{6x}{t} - tx^2.$$

解: 这是 $n = 2$ 的伯努利方程. 令 $y = x^{-1}$, 原方程可化为

$$y' = -\frac{6y}{t} + t. \tag{2.21}$$

对应的齐次微分方程 $y' = -\frac{6y}{t}$ 的解为 $y = ct^{-6}$. 将 $y(t) = c(t)t^{-6}$ 代入式 (2.21), 得

$$c'(t) = t^7.$$

因此 $c(t) = \frac{1}{8}t^8 + c$, 方程 (2.21) 的通解为

$$y = \frac{1}{8}t^2 + ct^{-6}.$$

从而原微分方程的通解为

$$\frac{1}{x} = \frac{c}{t^6} + \frac{t^2}{8},$$

其中 c 为任意常数. 此外, 原微分方程还有特解 $x = 0$.

设 $P(t) \not\equiv 0$, 形如

$$x' = P(t)x^2 + Q(t)x + R(t) \tag{2.22}$$

的方程称为**黎卡提 (Riccati) 方程**. 当 $R(t) \equiv 0$ 时, 黎卡提方程就是一个伯努利方程. 如果能够找到方程 (2.22) 的一个特解 $x = \varphi(t)$, 令 $X(t) = x(t) - \varphi(t)$, 则有

$$\frac{\mathrm{d}X(t)}{\mathrm{d}t} = P(t)X^2(t) + [2P(t)\varphi(t) + Q(t)]X(t).$$

这是一个伯努利方程, 黎卡提方程的求解问题就解决了.

【例 6】 已知 $x = t$ 是黎卡提方程 $x' = x^2 + 2tx - 3t^2 + 1$ 的一个特解, 求此方程的通解.

解: 令 $y = x - t$, 则

$$\frac{\mathrm{d}y}{\mathrm{d}t} = y^2 + 4ty.$$

这是一个伯努利方程, 可以求得

$$y = \frac{\mathrm{e}^{2t^2}}{c + \displaystyle\int_0^t \mathrm{e}^{2s^2}\mathrm{d}s}.$$

因此原方程的通解为

$$x = t + \frac{\mathrm{e}^{2t^2}}{c + \displaystyle\int_0^t \mathrm{e}^{2s^2}\mathrm{d}s},$$

其中 c 为任意常数.

习题 2.2

1. 求下列方程的解:

(1) $x' = e^{2t} - 3x$;

(2) $x' = -t\cos t + \sin t$;

(3) $(t+1)x' = nx + e^t(t+1)^{n+1}$, 其中 n 是常数;

(4) $x' = \dfrac{x}{t + x^2}$;

(5) $(x\ln t - 2)x\mathrm{d}t = t\mathrm{d}x$.

2. 求下列方程的解:

(1) $t(t^2-1)x' - (2t^2-1)x + t^3 = 0$;

(2) $x'\sin t\cos t - x - \sin^3 t = 0$.

3. 求下列方程的解:

(1) $t\dfrac{\mathrm{d}x}{\mathrm{d}t} - 4x = t\sqrt{x}$;

(2) $t\dfrac{\mathrm{d}x}{\mathrm{d}t} + x = tx^2\ln t$.

4. 验证 $x = 3t$ 是方程 $t\dfrac{\mathrm{d}x}{\mathrm{d}t} + x^2 - x = 9t^2$ 的特解, 并求此方程的通解.

2.3　恰当微分方程

恰当微分方程是一类特殊的微分方程, 它的通解可以明确地表示出来. 在本节中, 我们探讨求恰当微分方程通解的一般方法, 以及通过积分因子将一些微分方程转化为恰当微分方程的方法.

2.3.1　恰当微分方程

将微分方程

$$x' = f(t,x)$$

写成微分的等式

$$f(t,x)\mathrm{d}t - \mathrm{d}x = 0.$$

更一般地, 我们考虑如下形式的微分方程

$$M(t,x)\mathrm{d}t + N(t,x)\mathrm{d}x = 0, \tag{2.23}$$

其中 M, N 关于 t,x 有连续的一阶偏导数. 如果式 (2.23) 的左端恰好是某个二元函数 $u(t,x)$ 的全微分, 即

$$M(t,x)\mathrm{d}t + N(t,x)\mathrm{d}x = \mathrm{d}u(t,x),$$

则称式 (2.23) 为恰当微分方程. 此时式 (2.23) 的通解为 $u(t,x)=c$, 其中 c 为任意常数.

我们现在考虑两个问题: 如何判断式 (2.23) 是恰当微分方程; 如何求 $u(t,x)$. 先看一个必要条件. 当式 (2.23) 是恰当微分方程时, 有

$$\begin{cases} \dfrac{\partial u}{\partial t} = M \\ \dfrac{\partial u}{\partial x} = N \end{cases}. \tag{2.24}$$

因此有

$$\frac{\partial^2 u}{\partial x \partial t} = \frac{\partial M}{\partial x}, \quad \frac{\partial^2 u}{\partial t \partial x} = \frac{\partial N}{\partial t}.$$

由于 M, N 关于 t, x 的一阶偏导数连续, 所以 $\dfrac{\partial^2 u}{\partial x \partial t} = \dfrac{\partial^2 u}{\partial t \partial x}$, 从而有

$$\frac{\partial M}{\partial x} = \frac{\partial N}{\partial t}. \tag{2.25}$$

这是方程 (2.23) 为恰当微分方程的必要条件. 下证它也是充分条件, 只要在式 (2.25) 成立的条件下找到 $u(t,x)$, 即由方程组 (2.24) 解出 $u(t,x)$. 由方程组 (2.24) 的第一个等式, 得

$$u(t,x) = \int M(t,x)\mathrm{d}t + \varphi(x), \tag{2.26}$$

其中 $\varphi(x)$ 是任何与 t 无关的具有连续导数的函数. 再由方程组 (2.24) 的第二个等式, 得

$$\frac{\mathrm{d}}{\mathrm{d}x}\varphi(x) = N(t,x) - \frac{\partial}{\partial x}\int M(t,x)\mathrm{d}t. \tag{2.27}$$

注意到

$$\begin{aligned} &\frac{\partial}{\partial t}\left(N(t,x) - \frac{\partial}{\partial x}\int M(t,x)\mathrm{d}t\right) \\ &= \frac{\partial N}{\partial t} - \frac{\partial}{\partial t}\left(\frac{\partial}{\partial x}\int M(t,x)\mathrm{d}t\right) \\ &= \frac{\partial N}{\partial t} - \frac{\partial M}{\partial x} \\ &= 0, \end{aligned}$$

我们知道等式 (2.27) 的右端与变量 t 无关, 从而有

$$\varphi(x) = \int\left(N(t,x) - \frac{\partial}{\partial x}\int M(t,x)\mathrm{d}t\right)\mathrm{d}x.$$

将 $\varphi(x)$ 代入等式 (2.26), 得

$$u(t,x) = \int M(t,x)\mathrm{d}t + \int\left(N(t,x) - \frac{\partial}{\partial x}\int M(t,x)\mathrm{d}t\right)\mathrm{d}x.$$

这就证明了式 (2.25) 是方程 (2.23) 为恰当微分方程的充分条件. 因此方程 (2.23) 为恰当微分方程当且仅当式 (2.25) 成立. 这样, 我们不仅给出了方程 (2.23) 为恰当微分方程的充要条件, 而且给出了方程 (2.23) 为恰当微分方程时的通解, 即

$$\int M(t,x)\mathrm{d}t + \int \left(N(t,x) - \frac{\partial}{\partial x} \int M(t,x)\mathrm{d}t \right) \mathrm{d}x = c,$$

其中 c 为任意常数.

【例 1】　求解微分方程

$$(3t^2 + 6tx^2)\mathrm{d}t + (6t^2x + 4x^3)\mathrm{d}x = 0. \tag{2.28}$$

解: 使用前面的记号, 有

$$M(t,x) = 3t^2 + 6tx^2, \quad N(t,x) = 6t^2x + 4x^3,$$

得到

$$\frac{\partial M}{\partial x} = 12tx, \quad \frac{\partial N}{\partial t} = 12tx.$$

因此原方程是恰当微分方程. 下面求 $u(t,x)$, 它满足

$$\frac{\partial u}{\partial t} = 3t^2 + 6tx^2, \tag{2.29}$$

$$\frac{\partial u}{\partial x} = 6t^2x + 4x^3. \tag{2.30}$$

对式 (2.29) 两边关于 t 积分, 得

$$u = t^3 + 3t^2x^2 + \varphi(x). \tag{2.31}$$

代入式 (2.30), 得

$$\frac{\mathrm{d}}{\mathrm{d}x}\varphi(x) = 4x^3,$$

所以 $\varphi(x) = x^4$, 这里我们不妨取某个确定的原函数. 代回式 (2.31), 求出

$$u = t^3 + 3t^2x^2 + x^4.$$

因此原方程的通解为

$$t^3 + 3t^2x^2 + x^4 = c,$$

其中 c 为任意常数.

　　在我们判断一个微分方程为恰当微分方程以后, 很多情况下不是采用上述一般方法求 $u(t,x)$, 而是采用分项组合的方法求 $u(t,x)$. 常用的凑微分公式如下:

$$x\mathrm{d}t + t\mathrm{d}x = \mathrm{d}(tx),$$

$$\frac{x\mathrm{d}t - t\mathrm{d}x}{x^2} = \mathrm{d}\left(\frac{t}{x}\right),$$

$$\frac{-x\mathrm{d}t + t\mathrm{d}x}{t^2} = \mathrm{d}\left(\frac{x}{t}\right),$$

$$\frac{x\mathrm{d}t - t\mathrm{d}x}{tx} = \mathrm{d}\ln\left|\frac{t}{x}\right|,$$

$$\frac{x\mathrm{d}t - t\mathrm{d}x}{t^2 + x^2} = \mathrm{d}\left(\arctan\frac{t}{x}\right),$$

$$\frac{x\mathrm{d}t - t\mathrm{d}x}{t^2 - x^2} = \frac{1}{2}\mathrm{d}\ln\left|\frac{t-x}{t+x}\right|.$$

【例 2】 用分项组合的方法求解例 1 中的微分方程 (2.28).

解: 方程 (2.28) 可化为

$$3t^2\mathrm{d}t + 4x^3\mathrm{d}x + 6tx^2\mathrm{d}t + 6t^2x\mathrm{d}x = 0.$$

凑微分, 得

$$\mathrm{d}t^3 + \mathrm{d}x^4 + 3x^2\mathrm{d}t^2 + 3t^2\mathrm{d}x^2 = 0.$$

再凑微分, 得

$$\mathrm{d}t^3 + \mathrm{d}x^4 + 3\mathrm{d}(t^2x^2) = 0.$$

因此

$$\mathrm{d}(t^3 + x^4 + 3t^2x^2) = 0.$$

方程 (2.28) 的通解为

$$t^3 + x^4 + 3t^2x^2 = c,$$

其中 c 为任意常数.

【例 3】 求微分方程

$$\left(\cos t + \frac{1}{x}\right)\mathrm{d}t + \left(\frac{1}{x} - \frac{t}{x^2}\right)\mathrm{d}x = 0$$

的通解.

解: 注意到

$$M(t,x) = \cos t + \frac{1}{x}, \quad N(t,x) = \frac{1}{x} - \frac{t}{x^2},$$

我们有

$$\frac{\partial M}{\partial x} = -\frac{1}{x^2} = \frac{\partial N}{\partial t}.$$

因此原方程为恰当微分方程. 下面用分项组合的方法求解.

$$\left(\cos t + \frac{1}{x}\right)\mathrm{d}t + \left(\frac{1}{x} - \frac{t}{x^2}\right)\mathrm{d}x$$

$$= \cos t\mathrm{d}t + \frac{1}{x}\mathrm{d}x + \frac{1}{x}\mathrm{d}t + t\mathrm{d}\left(\frac{1}{x}\right)$$

$$= \mathrm{d}\left(\sin t + \ln|x| + \frac{t}{x}\right).$$

因此, 原方程的通解为

$$\sin t + \ln|x| + \frac{t}{x} = c,$$

其中 c 为任意常数.

2.3.2 积分因子

如果存在处处非零的连续可微函数 $\mu = \mu(t,x)$, 使得方程

$$\mu(t,x)M(t,x)\mathrm{d}t + \mu(t,x)N(t,x)\mathrm{d}x = 0$$

为恰当微分方程, 则称 $\mu(t,x)$ 为方程

$$M(t,x)\mathrm{d}t + N(t,x)\mathrm{d}x = 0 \tag{2.32}$$

的积分因子. 显然, 积分因子如果存在, 则存在无穷多个. 可以证明, 只要方程有解, 就必有积分因子. 在具体问题的求解过程中, 由于求出的积分因子不同, 因此通解具有不同的形式. 例如微分方程 $x\mathrm{d}t - t\mathrm{d}x = 0$ 有 x^{-2}, $(tx)^{-1}$, $(t^2+x^2)^{-1}$, $(t^2-x^2)^{-1}$ 等积分因子, 对应的通解分别为 $t/x = c$, $\ln|t/x| = c$, $\arctan(tx^{-1}) = c$, $\ln|(t-x)/(t+x)| = c$ 等.

容易看出, 函数 $\mu(t,x)$ 为积分因子的充要条件是

$$\frac{\partial(\mu M)}{\partial x} = \frac{\partial(\mu N)}{\partial t},$$

即

$$N\frac{\partial \mu}{\partial t} - M\frac{\partial \mu}{\partial x} = \left(\frac{\partial M}{\partial x} - \frac{\partial N}{\partial t}\right)\mu. \tag{2.33}$$

这是一个偏微分方程, 一般不能由此方程求出 $\mu(t,x)$. 但在某些特殊情况下可以求出一些特解. 我们在这里举两个例子. 如果存在只与 t 有关的积分因子 $\mu = \mu(t)$, 则 $\partial\mu/\partial x = 0$, 方程 (2.33) 简化为

$$N\frac{\mathrm{d}\mu}{\mathrm{d}t} = \left(\frac{\partial M}{\partial x} - \frac{\partial N}{\partial t}\right)\mu,$$

即

$$\frac{\mathrm{d}\mu}{\mu} = \frac{\dfrac{\partial M}{\partial x} - \dfrac{\partial N}{\partial t}}{N}\mathrm{d}t.$$

由此可知, 方程 (2.32) 有只与 t 有关的积分因子当且仅当

$$\frac{\dfrac{\partial M}{\partial x} - \dfrac{\partial N}{\partial t}}{N} = \psi(t)$$

为仅与 t 有关的函数. 此时有

$$\mu(t) = \mathrm{e}^{\int \psi(t)\mathrm{d}t}.$$

类似地, 方程 (2.32) 有只与 x 有关的积分因子当且仅当

$$\frac{\dfrac{\partial M}{\partial x} - \dfrac{\partial N}{\partial t}}{-M} = \varphi(x)$$

为仅与 x 有关的函数. 此时有

$$\mu(x) = \mathrm{e}^{\int \varphi(x)\mathrm{d}x}.$$

【例 4】 用积分因子法求解线性非齐次微分方程

$$x' = P(t)x + Q(t).$$

解: 原方程化为

$$[P(t)x + Q(t)]\mathrm{d}t - \mathrm{d}x = 0. \tag{2.34}$$

记 $M(t,x) = P(t)x + Q(t), N(t,x) = -1,$ 则

$$\frac{\dfrac{\partial M}{\partial x} - \dfrac{\partial N}{\partial t}}{N} = -P(t).$$

积分因子为

$$\mu(t) = \mathrm{e}^{-\int P(t)\mathrm{d}t}.$$

用 $\mu(t) = \mathrm{e}^{-\int P(t)\mathrm{d}t}$ 乘式 (2.34) 的两边, 得

$$P(t)\mathrm{e}^{-\int P(t)\mathrm{d}t}x\mathrm{d}t - \mathrm{e}^{-\int P(t)\mathrm{d}t}\mathrm{d}x + Q(t)\mathrm{e}^{-\int P(t)\mathrm{d}t}\mathrm{d}t = 0.$$

此方程可化为

$$-x\mathrm{d}\mathrm{e}^{-\int P(t)\mathrm{d}t} - \mathrm{e}^{-\int P(t)\mathrm{d}t}\mathrm{d}x + Q(t)\mathrm{e}^{-\int P(t)\mathrm{d}t}\mathrm{d}t = 0,$$

即

$$-\mathrm{d}\left(x\mathrm{e}^{-\int P(t)\mathrm{d}t}\right) + Q(t)\mathrm{e}^{-\int P(t)\mathrm{d}t}\mathrm{d}t = 0.$$

因此式 (2.34) 的通解为

$$x\mathrm{e}^{-\int P(t)\mathrm{d}t} - \int Q(t)\mathrm{e}^{-\int P(t)\mathrm{d}t}\mathrm{d}t = c,$$

原方程的通解为

$$x = \mathrm{e}^{\int P(t)\mathrm{d}t}\left(\int Q(t)\mathrm{e}^{-\int P(t)\mathrm{d}t}\mathrm{d}t + c\right),$$

其中 c 为任意常数.

积分因子一般不易求得, 可从最基本的凑微分开始.

【例 5】　利用积分因子法求解微分方程

$$x' = -t/x + \sqrt{1 + (t/x)^2}, \quad x > 0.$$

解: 原方程化为

$$t\mathrm{d}t + x\mathrm{d}x = \sqrt{t^2 + x^2}\,\mathrm{d}t.$$

两边同除以 $\sqrt{t^2 + x^2}$, 得

$$\frac{t\mathrm{d}t + x\mathrm{d}x}{\sqrt{t^2 + x^2}} = \mathrm{d}t.$$

凑微分, 得

$$\mathrm{d}\sqrt{t^2 + x^2} = \mathrm{d}t.$$

原方程的通解为

$$\sqrt{t^2 + x^2} = t + c,$$

其中 c 为任意常数.

【例 6】　求微分方程

$$x\mathrm{d}t + (x - t)\mathrm{d}x = 0$$

的通解.

解: 我们将用几种不同的方法求解.

方法 1: 积分因子法.

注意到 $M = x$, $N = x - t$, 有

$$\frac{\dfrac{\partial M}{\partial x} - \dfrac{\partial N}{\partial t}}{-M} = -\frac{2}{x}.$$

因此存在只与 x 有关的积分因子

$$\mu(x) = \mathrm{e}^{\int(-\frac{2}{x})\mathrm{d}x} = \mathrm{e}^{-2\ln|x|} = \frac{1}{x^2}.$$

用 $\mu(x) = 1/x^2$ 同乘原微分方程的两边, 得

$$\frac{1}{x}\mathrm{d}t + \frac{1}{x}\mathrm{d}x - \frac{t}{x^2}\mathrm{d}x = 0,$$

因此

$$\frac{1}{x}\mathrm{d}x + \mathrm{d}\left(\frac{t}{x}\right) = 0.$$

原方程的通解为

$$\frac{t}{x} + \ln|x| = c,$$

其中 c 为任意常数.

方法 2: 凑微分法.

原微分方程可化为

$$x\mathrm{d}t + x\mathrm{d}x - t\mathrm{d}x = 0. \tag{2.35}$$

注意到

$$\frac{1}{x^2}(x\mathrm{d}t - t\mathrm{d}x) = \frac{1}{x}\mathrm{d}t + t\mathrm{d}\left(\frac{1}{x}\right) = \mathrm{d}\left(\frac{t}{x}\right).$$

用 $1/x^2$ 乘式 (2.35) 的两边, 得

$$\frac{1}{x}\mathrm{d}x + \mathrm{d}\left(\frac{t}{x}\right) = 0.$$

原方程的通解为

$$\ln|x| + \frac{t}{x} = c,$$

其中 c 为任意常数.

方法 3: 变量替换法.

原方程可化为

$$\frac{\mathrm{d}x}{\mathrm{d}t} = \frac{x}{t-x}.$$

令 $y = x/t$, 则有 $\mathrm{d}x = y\mathrm{d}t + t\mathrm{d}y$. y 和 t 满足的微分方程为

$$\frac{1-y}{y^2}\mathrm{d}y = \frac{\mathrm{d}t}{t}.$$

两边积分, 得

$$-\frac{1}{y} - \ln|y| = \ln|t| - c.$$

原方程的通解为

$$\frac{t}{x} + \ln|x| = c,$$

其中 c 为任意常数.

方法 4: 常数变易法.

原微分方程可化为

$$\frac{\mathrm{d}t}{\mathrm{d}x} = \frac{t}{x} - 1. \tag{2.36}$$

对应的齐次微分方程 $\mathrm{d}t/\mathrm{d}x = t/x$ 的通解为 $t = cx$, 其中 c 为任意非零常数. 将常数 c 变为函数, 并把 $t = c(x)x$ 代入式 (2.36), 得

$$c'(x) = -\frac{1}{x}.$$

两边积分, 得

$$c(x) = -\ln|x| + c.$$

因此原微分方程的通解为

$$\frac{t}{x} + \ln|x| = c,$$

其中 c 为任意常数.

　　除了通解之外, 原微分方程还有特解 $x = 0$.

习题 2.3

　　1. 判断下列方程是否为恰当微分方程, 并求解.

(1) $(x - 3t^2)\mathrm{d}t - (4x - t)\mathrm{d}x = 0$;

(2) $\left(\frac{1}{x}\sin\frac{t}{x} - \frac{x}{t^2}\cos\frac{x}{t} + 1\right)\mathrm{d}t + \left(\frac{1}{t}\cos\frac{x}{t} - \frac{t}{x^2}\sin\frac{t}{x} + \frac{1}{x^2}\right)\mathrm{d}x = 0$.

　　2. 求下列方程的解:

(1) $2t(xe^{t^2} - 1)\mathrm{d}t + e^{t^2}\mathrm{d}x = 0$;

(2) $2tx\mathrm{d}t + (t^2 + 1)\mathrm{d}x = 0$;

(3) $[t\cos(t + x) + \sin(t + x)]\mathrm{d}t + t\cos(t + x)\mathrm{d}x = 0$;

(4) $t(4x\mathrm{d}t + 2t\mathrm{d}x) + x^3(3x\mathrm{d}t + 5t\mathrm{d}x) = 0$.

　　3. (1) 证明齐次微分方程 $M(t,x)\mathrm{d}t + N(t,x)\mathrm{d}x = 0$ 当 $tM + xN \neq 0$ 时有积分因子

$$\mu = \frac{1}{tM + xN}.$$

这里齐次指 $M(t,tx) = t^m M(1,x)$, $N(t,tx) = t^m N(1,x)$, m 为常数.

　　(2) 假设问题 (1) 中的方程还是恰当的, 证明它的通解可表示为

$$tM(t,x) + xN(t,x) = c,$$

其中 c 为任意常数.

2.4　隐式微分方程

对于一般的一阶微分方程

$$F(t, x, x') = 0,$$

如果能从中解出 x', 即

$$x' = f(t, x),$$

则可以采用前三节中的方法求解. 如果难以解出 x', 或表达式相当复杂, 则可以通过引入参数使之变为导数可解出的方程类型. 我们分别讨论以下类型的方程:

(1) $x = f(t, x')$;
(2) $t = f(x, x')$;
(3) $F(t, x') = 0$;
(4) $F(x, x') = 0$.

2.4.1　可以解出 x 或 t 的方程

类型 1. 形如

$$x = f(t, x') \tag{2.37}$$

的方程, 其中二元函数 f 有连续的偏导数. 引入参数 $p = x'$, 则式 (2.37) 变为

$$x = f(t, p). \tag{2.38}$$

将式 (2.38) 两边关于 t 求导, 并将 $p = x'$ 代入, 得

$$p = \frac{\partial f}{\partial t} + \frac{\partial f}{\partial p}\frac{\mathrm{d}p}{\mathrm{d}t}. \tag{2.39}$$

若从式 (2.39) 中解出 $p = \varphi(t, c)$, 把它代入式 (2.38), 得

$$x = f(t, \varphi(t, c)),$$

这就是式 (2.37) 的通解.

若从式 (2.39) 中解出 $t = \psi(p, c)$, 则式 (2.37) 的参数形式的通解为

$$\begin{cases} t = \psi(p, c) \\ x = f(\psi(p, c), p) \end{cases}.$$

若式 (2.39) 的通解形式为

$$\Phi(t, p, c) = 0,$$

则方程 (2.37) 的参数形式的通解为

$$\begin{cases} \varPhi(t,p,c) = 0 \\ x = f(t,p) \end{cases},$$

其中 p 是参数, c 为任意常数.

【例 1】　求解微分方程

$$(x')^3 + 2tx' - x = 0.$$

解: 令 $p = x'$, 则由原方程, 得

$$x = p^3 + 2tp. \tag{2.40}$$

两边对 t 求导, 得

$$p = 3p^2 \frac{\mathrm{d}p}{\mathrm{d}t} + 2t \frac{\mathrm{d}p}{\mathrm{d}t} + 2p,$$

即

$$3p^2\mathrm{d}p + 2t\mathrm{d}p + p\mathrm{d}t = 0.$$

当 $p \neq 0$ 时, 上式乘以 p, 得

$$3p^3\mathrm{d}p + t\mathrm{d}p^2 + p^2\mathrm{d}t = 0.$$

此方程的通解为

$$\frac{3}{4}p^4 + tp^2 = c.$$

因此原方程参数形式的通解为

$$\begin{cases} t = \dfrac{c - \dfrac{3}{4}p^4}{p^2} \\ x = p^3 + \dfrac{2\left(c - \dfrac{3}{4}p^4\right)}{p} \end{cases},$$

其中 p 是参数, c 为任意常数. 此外, 当 $p = 0$ 时, 由式 (2.40) 知, $x = 0$ 是原方程的特解.

【例 2】　求如下方程的解:

$$x = (x')^2 - tx' + \frac{t^2}{2}.$$

解: 令 $p = x'$, 原方程化为

$$x = p^2 - tp + \frac{t^2}{2}. \tag{2.41}$$

两边对 t 求导数, 得

$$p = 2p\frac{\mathrm{d}p}{\mathrm{d}t} - p - t\frac{\mathrm{d}p}{\mathrm{d}t} + t,$$

即

$$\left(\frac{\mathrm{d}p}{\mathrm{d}t} - 1\right)(2p - t) = 0.$$

由 $\dfrac{\mathrm{d}p}{\mathrm{d}t} - 1 = 0$ 得 $p = t + c$, 代入式 (2.41) 知原方程的通解为

$$x = \frac{t^2}{2} + ct + c^2. \tag{2.42}$$

由 $2p - t = 0$ 得 $p = \dfrac{t}{2}$, 代入式 (2.41) 知原方程还有一个特解 $x = \dfrac{t^2}{4}$. 注意这个特解与通解 (2.42) 中的每条积分曲线均相切, 这样的解称为奇解.

类型 2. 形如

$$t = f(x, x') \tag{2.43}$$

的方程, 其求解方法与类型 1 的求解方法完全类似.

令 $p = x'$, 则方程 (2.43) 变为

$$t = f(x, p). \tag{2.44}$$

将式 (2.44) 两边关于 x 求导, 注意到 $\mathrm{d}t/\mathrm{d}x = 1/p$, 因此有

$$\frac{1}{p} = \frac{\partial f}{\partial x} + \frac{\partial f}{\partial p}\frac{\partial p}{\partial x}. \tag{2.45}$$

方程 (2.45) 是关于 x, p 的一阶微分方程, 但它的导数 $\mathrm{d}p/\mathrm{d}x$ 已解出. 于是按照以前的方法可求出通解

$$\Phi(x, p, c) = 0.$$

因此方程 (2.43) 的通解为

$$\begin{cases} t = f(x, p) \\ \Phi(x, p, c) = 0 \end{cases},$$

其中 p 是参数, c 为任意常数.

【例 3】 求解例 1 中的微分方程

$$(x')^3 + 2tx' - x = 0.$$

解: 令 $p = x'$, 则原方程变为

$$t = \frac{x - p^3}{2p}, \quad p \neq 0. \tag{2.46}$$

两边关于 x 求导, 得

$$\frac{1}{p} = \frac{p\left(1 - 3p^2\dfrac{\mathrm{d}p}{\mathrm{d}x}\right) - (x - p^3)\dfrac{\mathrm{d}p}{\mathrm{d}x}}{2p^2},$$

即

$$p\mathrm{d}x + x\mathrm{d}p + 2p^3\mathrm{d}p = 0.$$

两边积分, 得 $2xp + p^4 = c$, 因而有

$$x = \frac{c - p^4}{2p}.$$

将它代入方程 (2.46), 得

$$t = \frac{c - 3p^4}{4p^2}.$$

原方程的通解为

$$\begin{cases} t = \dfrac{c}{4p^2} - \dfrac{3}{4}p^2 \\ x = \dfrac{c}{2p} - \dfrac{p^3}{2} \end{cases},$$

其中 $p \neq 0$ 是参数, c 为任意常数.

此外, 原方程还有特解 $x = 0$.

2.4.2　不显含 x 或 t 的方程

类型 1. 形如

$$F(t, x') = 0 \tag{2.47}$$

的方程, 其解法与 2.4.1 节的两种类型略有不同.

令 $p = x' = \mathrm{d}x/\mathrm{d}t$. 在很多情形下, $F(t, p) = 0$ 表示 tOp 平面上的一条曲线, 其参数方程可写作

$$\begin{cases} t = \varphi(s) \\ p = \psi(s) \end{cases}. \tag{2.48}$$

沿着式 (2.47) 的任何一条积分曲线, 恒有

$$\mathrm{d}x = p\mathrm{d}t.$$

将式 (2.48) 代入上式即得

$$\mathrm{d}x = \psi(s)\varphi'(s)\mathrm{d}s.$$

两边积分, 得

$$x = \int \psi(s)\varphi'(s)\mathrm{d}s + c.$$

因此方程 (2.47) 的通解为

$$\begin{cases} t = \varphi(s) \\ x = \displaystyle\int \psi(s)\varphi'(s)\mathrm{d}s + c \end{cases},$$

其中 s 为参数, c 为任意常数.

【例 4】 求解微分方程

$$t^3 + (x')^3 - 3tx' = 0.$$

解: 令 $p = x'$, 原方程化为

$$F(t,p) = t^3 + p^3 - 3tp = 0,$$

这是 tOp 平面上的一条曲线. 记 $p = ts$, 得到这条曲线的参数方程为

$$\begin{cases} t = \dfrac{3s}{1+s^3} \\ p = \dfrac{3s^2}{1+s^3} \end{cases}.$$

于是

$$\mathrm{d}x = p\mathrm{d}t = \frac{9(1-2s^3)s^2}{(1+s^3)^3}\mathrm{d}s.$$

两边积分, 得

$$x = \frac{3(1+4s^3)}{2(1+s^3)^2} + c.$$

原方程的通解为

$$\begin{cases} t = \dfrac{3s}{1+s^3} \\ x = \dfrac{3(1+4s^3)}{2(1+s^3)^2} + c \end{cases},$$

其中 s 是参数, c 为任意常数.

类型 2. 形如

$$F(x, x') = 0 \tag{2.49}$$

的方程, 其解法与 2.4.2 节中类型 1 类似.

令 $p = x'$, 则原方程的解曲线为 $F(x,p) = 0$, 其参数方程记为

$$\begin{cases} x = \varphi(s) \\ p = \psi(s) \end{cases}.$$

沿着式 (2.49) 的积分曲线, 有 $\mathrm{d}x = p\mathrm{d}t$, 从而有

$$\varphi'(s)\mathrm{d}s = \psi(s)\mathrm{d}t,$$

即

$$\mathrm{d}t = \frac{\varphi'(s)}{\psi(s)}\mathrm{d}s.$$

两边积分, 得

$$t = \int \frac{\varphi'(s)}{\psi(s)}\mathrm{d}s + c.$$

于是原方程的通解为

$$\begin{cases} t = \int \dfrac{\varphi'(s)}{\psi(s)}\mathrm{d}s + c \\ x = \varphi(s) \end{cases},$$

其中 s 是参数, c 为任意常数. 此外, 若 $F(x,0)=0$ 有实根 $x=k$, 则 $x=k$ 也是原方程的解.

【例 5】　求微分方程

$$x^2(1 - x') = (2 - x')^2$$

的通解.

解: 令 $2 - x' = xs$, 则有

$$x^2(xs - 1) = x^2 s^2.$$

因此

$$x = s + \frac{1}{s},$$

且

$$x' = \frac{\mathrm{d}x}{\mathrm{d}t} = 2 - xs = 1 - s^2.$$

沿着积分曲线, 得

$$\mathrm{d}t = \frac{\mathrm{d}x}{x'} = \frac{1}{1 - s^2}\left(1 - \frac{1}{s^2}\right)\mathrm{d}s = -\frac{1}{s^2}\mathrm{d}s.$$

两边积分, 得

$$t = \frac{1}{s} + c.$$

原方程的通解为

$$\begin{cases} t = \dfrac{1}{s} + c \\ x = \dfrac{1}{s} + s \end{cases},$$

其中 s 是参数, c 为任意常数. 消去参数 s, 得到

$$x = t + \frac{1}{t-c} - c.$$

此外, 如果 $x' = 0$, 原方程化简为 $x^2 = 4$. 因此 $x = 2$ 或 $x = -2$ 也是原方程的解.

习题 2.4

1. 求下列方程的通解:

(1) $t(x')^3 = 1 + x'$;

(2) $x = (x')^2 \mathrm{e}^{x'}$;

(3) $4t^2(x' - x^2) = 1$;

(4) $x' = (t-1)x^2 + (1-2t)x + t$;

(5) $x'\mathrm{e}^{-t} + x^2 - 2x\mathrm{e}^t = 1 - \mathrm{e}^{2t}$.

2. (1) 求解克莱罗方程

$$x = tx' + f(x'),$$

其中 f 是一个一阶导数不恒为零的连续可微函数;

(2) 求微分方程

$$x = (x')^2 - tx' + \frac{1}{2}t^2$$

的通解.

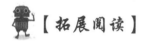【拓展阅读】

人物小传——叶彦谦

/第 3 章/

解的存在唯一性定理

在第 2 章, 我们给出了不同类型的一阶微分方程的初等解法. 必须指出, 能用初等解法求出通解的方程类型很少. 本章研究一般情况下, 一阶微分方程初值问题解的存在唯一性、解的存在区间的估计, 以及解对初值和参数的光滑性.

3.1　存在唯一性定理

首先考虑标准形式的一阶微分方程

$$x' = f(t,x), \tag{3.1}$$

其中 $f(t,x)$ 为矩形区域

$$\mathcal{R} = \left\{(t,x) \in \mathbb{R}^2 : |t - t_0| \leqslant a, |x - x_0| \leqslant b\right\} \tag{3.2}$$

上的连续函数. 如果存在常数 $L > 0$, 使得不等式

$$|f(t,x_1) - f(t,x_2)| \leqslant L|x_1 - x_2|$$

对所有的 $(t,x_1), (t,x_2) \in \mathcal{R}$ 都成立, 就称函数 $f(t,x)$ 在 $\mathcal{R}$ 上关于 x 满足利普希茨 (Lipschitz) 条件, 称 L 为利普希茨常数.

定理 3.1　假设 $\mathcal{R}$ 为式 (3.2) 的矩形区域, 函数 $f(t,x)$ 在 $\mathcal{R}$ 上连续且关于 x 满足利普希茨条件, 则方程 (3.1) 存在唯一的解 $x = \varphi(t)$, 定义于区间 $[t_0 - h, t_0 + h]$ 上, 连续且满足初值条件 $\varphi(t_0) = x_0$, 其中 $h = \min\{a, b/M\}$, $M = \max\limits_{(t,x) \in \mathcal{R}} |f(t,x)|$.

在给出定理的证明之前, 我们对定理做一些注记.

注 1　由于函数的利普希茨条件不好验证, 常用 $f(t,x)$ 在 $\mathcal{R}$ 上有关于变量 x 的连续偏导数代替利普希茨条件. 事实上, 由于 $\partial f/\partial x$ 在有界闭区域 $\mathcal{R}$ 上连续, 从而有界, 即存在一个常数 L 使得 $|\partial f/\partial x| \leqslant L$ 在 $\mathcal{R}$ 上成立. 由微分中值公式, 得

$$|f(t,x_1) - f(t,x_2)| = |(\partial f/\partial x)(t,\xi)||x_1 - x_2| \leqslant L|x_1 - x_2|$$

对所有的 $(t, x_1), (t, x_2) \in \mathcal{R}$ 成立, 其中 ξ 介于 x_1 和 x_2 之间. 反之不然, 满足利普希茨条件的函数未必有连续的偏导数, 例如 $f(t,x) = |x|$ 在任何区域都满足利普希茨条件, 但它在 $x = 0$ 处不可导.

注 2　h 的几何意义需要解释一下. 方程 (3.1) 的积分曲线 $x = \varphi(t)$ 的定义区间为 $[t_0 - h, t_0 + h]$. 由 $x' = f(t, x)$ 知, $|\varphi'(t)| \leqslant M$ 对所有的 $t \in [t_0 - h, t_0 + h]$ 均成立. 因此有

$$|\varphi(t) - \varphi(t_0)| \leqslant M|t - t_0| \leqslant Mh, \quad \forall t \in [t_0 - h, t_0 + h].$$

注意到 $x_0 - b \leqslant \varphi(t) \leqslant x_0 + b$, 当我们取 $h = \min\{a, b/M\}$ 时, 积分曲线 $x = \varphi(t)$ 完全落在矩形区域 $\mathcal{R}$ 内.

注 3　设式 (3.1) 是线性微分方程, 即

$$x' = P(t)x + Q(t).$$

当 $P(t), Q(t)$ 在区间 $[a, b]$ 上连续时, 任一由初值 $x(t_0) = x_0$, $t_0 \in [a, b]$ 确定的解在整个区间 $[a, b]$ 上都有定义. 注意, 右端项 $f(t, x)$ 的定义域 $\mathcal{R}$ 为带形区域 $[a, b] \times (-\infty, +\infty)$. 上述断言是下一节中解的延拓定理的直接推论.

注 4　如果 $f(t, x)$ 关于 x 不满足利普希茨条件, 则定理 3.1 的结论一般不成立. 例如

$$f(t, x) = 2\sqrt{|x|}, \quad \forall (t, x) \in \mathcal{R} = [-1, 1] \times [-1, 1].$$

一方面, 可以验证 f 在 $\mathcal{R}$ 上关于 x 不满足利普希茨条件. 事实上, 对于充分小的正数 ε, 取定两个点 $x_{2,\varepsilon} = 2\varepsilon$, $x_{1,\varepsilon} = \varepsilon$. 则当 ε 趋于 0 时,

$$\frac{|f(t, x_{2,\varepsilon}) - f(t, x_{1,\varepsilon})|}{|x_{2,\varepsilon} - x_{1,\varepsilon}|} = \frac{2(\sqrt{2} - 1)}{\sqrt{\varepsilon}}$$

趋于正无穷大, 从而知 f 关于 x 不满足利普希茨条件. 另一方面, 方程

$$x' = f(t, x) = 2\sqrt{|x|}$$

过 $(0, 0)$ 点的解有无穷多个, 不满足唯一性. 事实上, 函数

$$x = \begin{cases} -(t + \varepsilon)^2, & t \in [-1, -\varepsilon) \\ 0, & t \in [-\varepsilon, \varepsilon] \\ (t - \varepsilon)^2, & t \in (\varepsilon, 1] \end{cases}$$

都是过 $(0, 0)$ 点且定义于区间 $[-1, 1]$ 上的解, 其中 ε 是任一满足 $0 < \varepsilon < 1$ 的数.

下面描述解的存在唯一性定理证明的主要思想.

第一步, 把微分方程的求解问题转化为积分方程的求解问题.

设 $x = \varphi(t)$ 为微分方程 (3.1) 定义在区间 $[t_0 - h, t_0 + h]$ 上的某个解, 则它满足

$$\begin{cases} \varphi'(t) = f(t, \varphi(t)) \\ \varphi(t_0) = x_0 \end{cases}. \tag{3.3}$$

于是, 根据牛顿–莱布尼茨公式, 我们将上述方程两边关于 t 积分, 即知 $\varphi(t)$ 在整个区间 $[t_0 - h, t_0 + h]$ 上满足积分等式

$$\varphi(t) = x_0 + \int_{t_0}^{t} f(s, \varphi(s)) \mathrm{d}s. \tag{3.4}$$

反之, 如果某个连续函数 $\varphi(t)$ 在区间 $[t_0 - h, t_0 + h]$ 上满足积分等式 (3.4), 则函数 $\varphi(t)$ 可微且满足式 (3.3), 即 $\varphi(t)$ 为微分方程 (3.1) 满足初值条件 $\varphi(t_0) = x_0$ 的解.

第二步, 利用皮卡 (Picard) 逐步逼近法证明解的存在性.

任取一个连续函数 $\varphi_0(t)$ 替代式 (3.4) 右边的 $\varphi(s)$, 得到函数

$$\varphi_1(t) = x_0 + \int_{t_0}^{t} f(s, \varphi_0(s)) \mathrm{d}s.$$

显然 $\varphi_1(t)$ 连续可微. 如果在区间 $[t_0 - h, t_0 + h]$ 上 $\varphi_1(t) \equiv \varphi_0(t)$, 则 $\varphi_0(t)$ 即为微分方程 (3.1) 满足初值条件 $\varphi_0(t_0) = x_0$ 的解. 否则, 我们用 $\varphi_1(t)$ 替代式 (3.4) 右边的 $\varphi(s)$, 得到函数

$$\varphi_2(t) = x_0 + \int_{t_0}^{t} f(s, \varphi_1(s)) \mathrm{d}s.$$

如果 $\varphi_2(t) \equiv \varphi_1(t)$, 则 $\varphi_1(t)$ 即为微分方程 (3.1) 满足初值条件 $\varphi_1(t_0) = x_0$ 的解. 否则继续这一步骤. 一般地, 我们构造连续可微的函数列

$$\varphi_n(t) = x_0 + \int_{t_0}^{t} f(s, \varphi_{n-1}(s)) \mathrm{d}s. \tag{3.5}$$

如果 $\varphi_n(t) \equiv \varphi_{n-1}(t)$, 则 $\varphi_{n-1}(t)$ 即为微分方程 (3.1) 满足初值条件 $\varphi_{n-1}(t_0) = x_0$ 的解. 如果始终不发生这种情况, 可以证明函数列 $\{\varphi_n(t)\}$ 关于 $t \in [t_0 - h, t_0 + h]$ 一致收敛. 记

$$\varphi(t) = \lim_{n \to \infty} \varphi_n(t).$$

在积分等式 (3.5) 中令 n 趋于无穷, 得

$$\varphi(t) = x_0 + \int_{t_0}^{t} f(s, \varphi(s)) \mathrm{d}s,$$

即 $\varphi(t)$ 为微分方程 (3.1) 满足初值条件 $\varphi(t_0) = x_0$ 的解.

第三步, 利用皮卡近似解序列证明解的唯一性.

假设 $\psi(t)$ 是初值问题 (3.3) 在区间 $[t_0 - h, t_0 + h]$ 上的另一个解, 则 $\psi(t)$ 也是积分方程 (3.4) 的解, 注意到式 (3.5), 我们有

$$\varphi_n(t) - \psi(t) = \int_{t_0}^t [f(s, \varphi_{n-1}(s)) - f(s, \psi(s))]\mathrm{d}s.$$

利用此递推公式可以证明, $\{\varphi_n(t)\}$ 关于 $t \in [t_0 - h, t_0 + h]$ 一致收敛于 $\psi(t)$, 从而 $\psi(t)$ 在区间 $[t_0 - h, t_0 + h]$ 上恒等于 $\varphi(t)$. 唯一性得证.

下面我们给出定理 3.1 的详细证明.

定理 3.1 的证明:

第一步, 将微分方程的求解转化为积分方程的求解.

设 $x = \varphi(t)$ 为方程 (3.1) 定义在区间 $[t_0 - h, t_0 + h]$ 上满足初值条件 $\varphi(t_0) = x_0$ 的某个解. 利用牛顿–莱布尼茨公式, 得

$$\varphi(t) - \varphi(t_0) = \int_{t_0}^t x'(s)\mathrm{d}s = \int_{t_0}^t f(s, \varphi(s))\mathrm{d}s,$$

即 $\varphi(t)$ 满足积分方程 (3.4). 反之, 如果某个连续函数 $\varphi(t)$ 在区间 $[t_0 - h, t_0 + h]$ 上满足方程 (3.4), 则根据变上限定积分的性质, 函数 $\varphi(t)$ 可微且满足式 (3.3), 即 $\varphi(t)$ 为微分方程 (3.1) 满足初值条件 $\varphi(t_0) = x_0$ 的解.

第二步, 证明解的存在性.

取 $\varphi_0(t) = x_0$, 构造皮卡逼近函数列

$$\begin{cases} \varphi_0(t) = x_0 \\ \cdots\cdots \\ \varphi_n(t) = x_0 + \int_{t_0}^t f(s, \varphi_{n-1}(s))\mathrm{d}s \end{cases}, \quad t \in [t_0 - h, t_0 + h], \quad n = 1, 2, \cdots. \tag{3.6}$$

首先证明当 $t \in [t_0 - h, t_0 + h]$ 且 $h = \min\{a, b/M\}$ 时, 有

$$|\varphi_n(t) - x_0| \leqslant b, \quad n = 1, 2, \cdots. \tag{3.7}$$

用归纳法证明这个结论. 由于 $|f(t, x)| \leqslant M$ 对所有 $(t, x) \in \mathcal{R}$ 成立, 我们有

$$|\varphi_1(t) - x_0| \leqslant \left| \int_{t_0}^t |f(s, x_0)|\mathrm{d}s \right| \leqslant M|t - t_0| \leqslant Mh \leqslant b.$$

假设 $|\varphi_n(t) - x_0| \leqslant b$ 对任何 $t \in [t_0 - h, t_0 + h]$ 成立, 则有 $|f(t, \varphi_n(t))| \leqslant M$, 且

$$|\varphi_{n+1}(t) - x_0| \leqslant M|t - t_0| \leqslant Mh \leqslant b.$$

由归纳法知式 (3.7) 成立.

其次证明 $\{\varphi_n(t)\}$ 在区间 $[t_0-h, t_0+h]$ 上一致收敛. 根据函数项级数一致收敛与前 n 项和函数列一致收敛的等价性, 只需证明函数项级数

$$\varphi_0(t) + \sum_{j=1}^{\infty}[\varphi_j(t) - \varphi_{j-1}(t)] \tag{3.8}$$

在区间 $[t_0-h, t_0+h]$ 上一致收敛. 事实上, 由式 (3.6) 得

$$|\varphi_1(t) - \varphi_0(t)| \leqslant \left|\int_{t_0}^t |f(s, \varphi_0(s))|\mathrm{d}s\right| \leqslant M|t-t_0|, \tag{3.9}$$

并由式 (3.9) 以及 $f(t,x)$ 关于 x 满足利普希茨条件推出

$$\begin{aligned}
|\varphi_2(t) - \varphi_1(t)| &\leqslant \left|\int_{t_0}^t |f(s, \varphi_1(s)) - f(s, \varphi_0(s))|\mathrm{d}s\right| \\
&\leqslant L\left|\int_{t_0}^t |\varphi_1(s) - \varphi_0(s)|\mathrm{d}s\right| \\
&\leqslant L\left|\int_{t_0}^t M|s-t_0|\mathrm{d}s\right| \\
&= \frac{ML}{2!}|t-t_0|^2.
\end{aligned}$$

假设对正整数 n, 不等式

$$|\varphi_n(t) - \varphi_{n-1}(t)| \leqslant \frac{ML^{n-1}}{n!}|t-t_0|^n$$

成立, 则由 $f(t,x)$ 关于 x 满足利普希茨条件, 得

$$\begin{aligned}
|\varphi_{n+1}(t) - \varphi_n(t)| &\leqslant \left|\int_{t_0}^t |f(s, \varphi_n(s)) - f(s, \varphi_{n-1}(s))|\mathrm{d}s\right| \\
&\leqslant L\left|\int_{t_0}^t |\varphi_n(s) - \varphi_{n-1}(s)|\mathrm{d}s\right| \\
&\leqslant \frac{ML^n}{n!}\left|\int_{t_0}^t |s-t_0|^n\mathrm{d}s\right| \\
&= \frac{ML^n}{(n+1)!}|t-t_0|^{n+1}.
\end{aligned}$$

因此, 由数学归纳法知, 对所有的正整数 j, 如下估计成立:

$$|\varphi_j(t) - \varphi_{j-1}(t)| \leqslant \frac{ML^{j-1}}{j!}h^j, \quad \forall t \in [t_0-h, t_0+h]. \tag{3.10}$$

由于正项级数

$$\sum_{j=1}^{\infty} \frac{ML^{j-1}}{j!} h^j$$

收敛, 根据魏尔斯特拉斯 (Weierstrass) 判别法, 式 (3.10) 蕴含了函数项级数式 (3.8) 在区间 $[t_0 - h, t_0 + h]$ 上一致收敛. 因而函数列 $\{\varphi_n(t)\}$ 在区间 $[t_0 - h, t_0 + h]$ 上一致收敛.

记

$$\lim_{n \to \infty} \varphi_n(t) = \varphi(t).$$

由 $\{\varphi_n(t)\}$ 一致收敛知 $\varphi(t)$ 在区间 $[t_0 - h, t_0 + h]$ 上连续, 再由式 (3.7) 知

$$|\varphi(t) - x_0| \leqslant b.$$

最后证明 $\varphi(t)$ 就是积分方程 (3.4) 的解, 从而是微分方程 (3.1) 满足初值条件 $\varphi(t_0) = x_0$ 的解. 事实上, 由 $\varphi_n(t)$ 一致收敛于 $\varphi(t)$ 及 $f(t, x)$ 关于 x 满足利普希茨条件, 知

$$|f(t, \varphi_n(t)) - f(t, \varphi(t))| \leqslant L|\varphi_n(t) - \varphi(t)|,$$

从而 $f(t, \varphi_n(t))$ 在区间 $[t_0 - h, t_0 + h]$ 上一致收敛于 $f(t, \varphi(t))$. 在式 (3.6) 的第二个等式中令 n 趋于无穷, 得

$$\varphi(t) = x_0 + \int_{t_0}^{t} \lim_{n \to \infty} f(s, \varphi_{n-1}(s)) \mathrm{d}s = x_0 + \int_{t_0}^{t} f(s, \varphi(s)) \mathrm{d}s.$$

这样, φ 是积分方程 (3.4) 的解, 第二步完成.

第三步, 证明解的唯一性.

设 $\psi(t)$ 是初值问题式 (3.4) 定义于区间 $[t_0 - h, t_0 + h]$ 上的另一个连续解, $\{\varphi_n(t)\}$ 是由式 (3.6) 定义的皮卡逼近函数列, 我们要证明 $\psi(t)$ 也是 $\{\varphi_n(t)\}$ 的一致收敛极限函数. 再由极限的唯一性知, $\psi(t) \equiv \varphi(t)$ 在区间 $[t_0 - h, t_0 + h]$ 上成立, 解的唯一性得证. 现在只需要证明 $\{\varphi_n(t)\}$ 一致收敛于 $\psi(t)$. 为此, 我们有如下估计:

$$|\varphi_0(t) - \psi(t)| \leqslant \left| \int_{t_0}^{t} |f(s, \psi(s))| \mathrm{d}s \right| \leqslant M|t - t_0|,$$

$$|\varphi_1(t) - \psi(t)| \leqslant \left| \int_{t_0}^{t} |f(s, \varphi_0(s)) - f(s, \psi(s))| \mathrm{d}s \right|$$

$$\leqslant L \left| \int_{t_0}^{t} |\varphi_0(s) - \psi(s)| \mathrm{d}s \right|$$

$$\leqslant ML \left| \int_{t_0}^{t} |s - t_0| \mathrm{d}s \right|$$

$$= \frac{ML}{2!} |t - t_0|^2.$$

假设 $|\varphi_{n-1}(t) - \psi(t)| \leqslant \dfrac{ML^{n-1}}{n!}|t - t_0|^n$, 则有

$$
\begin{aligned}
|\varphi_n(t) - \psi(t)| &\leqslant \left| \int_{t_0}^t |f(s, \varphi_{n-1}(s)) - f(s, \psi(s))| \mathrm{d}s \right| \\
&\leqslant L \left| \int_{t_0}^t |\varphi_{n-1}(s) - \psi(s)| \mathrm{d}s \right| \\
&\leqslant \frac{ML^n}{n!} \left| \int_{t_0}^t |s - t_0|^n \mathrm{d}s \right| \\
&= \frac{ML^n}{(n+1)!} |t - t_0|^{n+1}.
\end{aligned}
$$

由数学归纳法知

$$
|\varphi_n(t) - \psi(t)| \leqslant \frac{ML^n}{(n+1)!} |t - t_0|^{n+1}
$$

对所有正整数 n 成立. 因此有

$$
|\varphi_n(t) - \psi(t)| \leqslant \frac{ML^n}{(n+1)!} h^{n+1}, \quad \forall t \in [t_0 - h, t_0 + h], \ n = 1, 2, \cdots.
$$

注意到当 n 趋于无穷时, $\dfrac{ML^n}{(n+1)!} h^{n+1}$ 趋于 0, 我们推出 $\{\varphi_n(t)\}$ 在区间 $[t_0 - h, t_0 + h]$ 上一致收敛于 $\psi(t)$. 这就完成了第三步的证明, 定理证毕. □

其次考虑一阶隐式微分方程

$$
F(t, x, x') = 0. \tag{3.11}
$$

我们有类似于定理 3.1 的存在唯一性定理, 即定理 3.2.

定理 3.2 设 Ω 为 $\mathbb{R}^3$ 中的一个开区域, $F(t, x, y)$ 为定义于 Ω 内的三元函数, 它对每个变量都有连续的一阶偏导数. 如果某一点 $(t_0, x_0, y_0) \in \Omega$ 满足

$$
F(t_0, x_0, y_0) = 0, \quad \frac{\partial F}{\partial y}(t_0, x_0, y_0) \neq 0, \tag{3.12}
$$

则存在充分小的正数 h, 依赖于函数 F 和点 (t_0, x_0, y_0) 到 Ω 边界的距离, 使得方程 (3.11) 存在唯一的解 $x = x(t)$, $|t - t_0| \leqslant h$, 满足初值条件 $x(t_0) = x_0$, $x'(t_0) = y_0$.

证明: 注意到条件式 (3.12), 根据隐函数存在定理, 存在 (t_0, x_0) 的某邻域 $U \subset \mathbb{R}^2$ 和充分小的正数 δ, 使得 $U \times (y_0 - \delta, y_0 + \delta) \subset \Omega$, 方程 (3.11) 确定函数

$$
x' = f(t, x), \quad (t, x) \in U, \tag{3.13}
$$

其中 $f(t, x)$ 关于 t, x 有连续的一阶偏导数, 且满足 $x'(t_0) = y_0$. 此外还有

$$
\frac{\partial F}{\partial y} \neq 0, \quad \forall (t, x, y) \in U \times (y_0 - \delta, y_0 + \delta)
$$

以及

$$F(t, x, f(t, x)) = 0, \quad \forall (t, x) \in U.$$

上式两边关于 x 求导, 得

$$\frac{\partial F}{\partial x} + \frac{\partial F}{\partial y} \frac{\partial f}{\partial x} = 0,$$

从而 $\partial f / \partial x = -\dfrac{\partial F}{\partial x} \Big/ \dfrac{\partial F}{\partial y}$ 在 U 内有界 (如有必要, 用更小的邻域代替 U 即可), $f(t, x)$ 关于 x 满足利普希茨条件. 应用定理 3.1, 即知存在充分小的正数 h, 使得式 (3.13) 存在唯一的解 $x = x(t)$, $|t - t_0| \leqslant h$, 满足初值条件 $x(t_0) = x_0$. 定理得证.   □

最后, 我们指出存在唯一性定理除了保证解的局部存在唯一性之外, 其证明方法 (即皮卡逐步逼近法) 在实际应用方面也是求微分方程近似解的一种方法. 第 n 次近似解 $\varphi_n(t)$ 与真实解在区间 $[t_0 - h, t_0 + h]$ 内的误差估计公式为

$$|\varphi_n(t) - \varphi(t)| \leqslant \frac{ML^n}{(n+1)!} h^{n+1}. \tag{3.14}$$

【例 1】   在正方形区域 $\mathcal{R} = \{(t, x) : |t| \leqslant 1, |x| \leqslant 1\}$ 上考虑微分方程 $x' = t^2 + x^2$. 试利用存在唯一性定理确定经过点 $(0, 0)$ 的解的存在区间, 并求在此区间上与真实解的误差不超过 0.05 的近似解的表达式.

解: 我们先计算

$$M = \max_{\mathcal{R}} |f(t, x)| = 2, \ h = \min\{1, 1/2\} = 1/2, \ L = \max_{\mathcal{R}} |\partial f / \partial x| = 2.$$

由式 (3.14) 知

$$|\varphi_n(t) - \varphi(t)| \leqslant \frac{ML^n}{(n+1)!} h^{n+1} = \frac{1}{(n+1)!}.$$

要使误差不超过 0.05, 只需取 $n = 3$. 事实上,

$$\frac{1}{4!} = \frac{1}{24} < \frac{1}{20} = 0.05.$$

我们求出如下近似解:

$$\varphi_0(t) = 0,$$
$$\varphi_1(t) = \int_0^t [s^2 + \varphi_0^2(s)] \mathrm{d}s = \frac{t^3}{3},$$
$$\varphi_2(t) = \int_0^t [s^2 + \varphi_1^2(s)] \mathrm{d}s = \frac{t^3}{3} + \frac{t^7}{63},$$
$$\varphi_3(t) = \int_0^t [s^2 + \varphi_2^2(s)] \mathrm{d}s = \frac{t^3}{3} + \frac{t^7}{63} + \frac{2t^{11}}{2\,079} + \frac{t^{15}}{59\,535}.$$

$\varphi_3(t)$ 就是所求的近似解. 在区间 $[-1/2, 1/2]$ 上, 这个解与真实解的误差不超过 0.05.

习题 3.1

1. 求方程 $x' = t - x^2$ 通过点 $(0,0)$ 的第三次近似解.

2. 在矩形区域 $\mathcal{R} = \{(t,x) : |t+1| \leqslant 1, |x| \leqslant 1\}$ 上, 考虑初值问题

$$\begin{cases} x' = t^2 - x^2 \\ x(-1) = 0 \end{cases}.$$

求解的存在区间、第二次近似解, 以及解在存在区间的误差估计.

3. 如果函数 $f(t,x)$ 在带形区域 $\{(t,x) \in \mathbb{R}^2 : a \leqslant t \leqslant b\}$ 上连续且关于 x 满足利普希茨条件, 证明方程 (3.1) 满足初值条件 $x(t_0) = x_0$ 的解在整个区间 $[a,b]$ 上存在且唯一.

4. 讨论微分方程 $x' = x^{1/3}$ 在什么区域满足解的存在唯一性定理的条件, 并求过点 $(0,0)$ 的所有解.

3.2　解的延拓定理

设 $f(t,x)$ 定义在矩形区域

$$\mathcal{R} = \left\{ (t,x) \in \mathbb{R}^2 : |t - t_0| \leqslant a, |x - x_0| \leqslant b \right\}, \tag{3.15}$$

关于 (t,x) 二元连续, 且关于 x 满足利普希茨条件. 解的存在唯一性定理 (定理 3.1) 告诉我们, 初值问题

$$\begin{cases} x' = f(t,x) \\ x(t_0) = x_0 \end{cases}$$

存在唯一解 $x = \varphi(t)$, 它的定义区间至少为 $[t_0 - h, t_0 + h]$, 其中 $h = \min\{a, b/M\}$, $M = \max\limits_{\mathcal{R}} |f(t,x)|$. 可能出现这样的情况, 即随着 $f(t,x)$ 定义域的增大, 定理 3.1 给出的解的存在区间反而缩小. 例如 3.1 节例 1, 当定义域 $\mathcal{R} = \{(t,x) : |t| \leqslant 1, |x| \leqslant 1\}$ 时, $h = 1/2$; 而当定义域 $\mathcal{R} = \{(t,x) : |t| \leqslant 2, |x| \leqslant 2\}$ 时, $M = 8$, $h = \min\{2, 2/8\} = 1/4$. 这种局部性很不合理, 在实际应用中也要求解的存在区间尽量扩大, 解的延拓的概念就自然产生了. 通过延拓, 我们可以将存在唯一性定理的局部结果变为大范围的结果.

假设方程 (3.1) 右端项 $f(t,x)$ 在某一开区域 $\mathcal{D}$ 内关于变量 x 满足局部利普希茨条件, 即对于区域 $\mathcal{D}$ 内的每一点 (t,x), 存在一个中心在 (t,x) 的完全包含于 $\mathcal{D}$ 的闭矩形 $\mathcal{R}$, 使得在闭矩形 $\mathcal{R}$ 上 f 关于 x 满足利普希茨条件. 注意, 在局部利普希茨条件中, 对于不同的点 (t,x), 闭矩形 $\mathcal{R}$ 的大小和利普希茨常数 L 可能不同. 设微分方程 (3.1) 满足初值条件 $x(t_0) = x_0$ 的解 $x = \varphi(t)$ 已定义在区间 $[t_0 - h, t_0 + h]$ 上. 记 $t_1 = t_0 + h$, $x_1 = \varphi(t_0 + h)$. 作一个以 (t_1, x_1) 为中心且完全包含于区域 $\mathcal{D}$ 的闭矩形 $\mathcal{R}_1$. 再次应用存在唯一性定理, 我们知道存在 $h_1 > 0$, 使得在区间 $[t_1 - h_1, t_1 + h_1]$ 上, 微分方程 (3.1) 存在唯一解 $x = \psi(t)$ 满足

初值条件 $\psi(t_1) = x_1 = \varphi(t_1)$. 不妨设 $t_1 - h_1 > t_0 - h$. 由于满足同一初值条件 $x(t_1) = x_1$ 的解是唯一的, 我们知道在解 $x = \psi(t)$ 和 $x = \varphi(t)$ 都有定义的公共区间 $[t_1 - h_1, t_1]$ 上, $\psi(t) \equiv \varphi(t)$. 但是在区间 $[t_1, t_1 + h_1]$ 上, 解 $x = \psi(t)$ 仍有定义, 我们把它称为原先定义在 区间 $[t_0 - h, t_1]$ 上的解 $x = \varphi(t)$ 向右方的延拓. 这样一来, 我们就在区间 $[t_0 - h, t_1 + h_1]$ 上确定了方程的一个解

$$x = \begin{cases} \varphi(t), & t \in [t_0 - h, t_0 + h] \\ \psi(t), & t \in [t_0 + h, t_1 + h_1] \end{cases},$$

即把方程的解延拓到更大的区间 $[t_0 - h, t_1 + h_1]$ 上. 再记 $t_2 = t_1 + h_1$, $x_2 = \psi(t_1 + h_1)$. 因 为 (t_2, x_2) 在区域 $\mathcal{D}$ 的内部, 我们又可以取以 (t_2, x_2) 为中心且完全落在区域 $\mathcal{D}$ 内部的闭 矩形 $\mathcal{R}_2$, 并将解延拓到更大的区间 $[t_0 - h, t_2 + h_2]$ 上, 其中 h_2 是某个正数. 对于 t 减小的 一边可以用同样的方法, 使解向左方延拓. 从几何上讲, 解的延拓就是在原积分曲线的两端 各接上一段积分曲线 (见图 3.1). 上述解的延拓行为还可以继续进行, 最后我们将得到一个 解 $x = \widetilde{\varphi}(t)$, 它再也不能向左方和右方延拓了, 这样的解称为**饱和解**. 任一饱和解 $x = \widetilde{\varphi}(t)$ 的最大存在区间必定是一个开区间 $\alpha < t < \beta$. 这是因为如果这个区间的右端是闭的, 则 β 是有限数, 且 $(\beta, \widetilde{\varphi}(\beta))$ 在区域 $\mathcal{D}$ 的内部. 这样一来, 解 $x = \widetilde{\varphi}(t)$ 还能继续向右方延拓, 从 而它是非饱和的. 对左端点 α 情况相同.

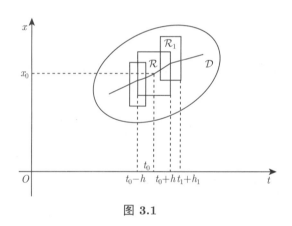

图 3.1

事实上, 我们已经证明了如下解的延拓定理.

定理 3.3 如果函数 $f(t, x)$ 在有界区域 $\mathcal{D}$ 内连续, 且在 $\mathcal{D}$ 内关于 x 满足局部利普希 茨条件, 那么微分方程 (3.1) 通过 $\mathcal{D}$ 内任何一点 (t_0, x_0) 的解 $x = \varphi(t)$ 可以延拓, 直到点 $(t, \varphi(t))$ 任意接近区域 $\mathcal{D}$ 的边界. 以向 t 增大方向的延拓来说, 如果 $x = \varphi(t)$ 只能延拓到 区间 $t_0 \leqslant t < d$ 上, 则当 t 从左侧趋于 d 时, $(t, \varphi(t))$ 趋于区域 $\mathcal{D}$ 的边界.

对于无界区域, 我们也有相应的延拓定理.

定理 3.4 设 $\mathcal{D}$ 是无界区域, 函数 $f(t, x)$ 在 $\mathcal{D}$ 内连续, 且在 $\mathcal{D}$ 内关于 x 满足局部 利普希茨条件, 则微分方程 (3.1) 通过 $\mathcal{D}$ 内任何一点 (t_0, x_0) 的解 $x = \varphi(t)$ 可以延拓. 以

向 t 增大方向的延拓来说, 如下两种情形之一必然发生: (1) 解 $x = \varphi(t)$ 可以延拓到区间 $[t_0, +\infty)$; (2) 解 $x = \varphi(t)$ 只能延拓到区间 $[t_0, d)$, 其中 d 是有限数, 则当 t 从左侧趋于 d 时, 要么 $x = \varphi(t)$ 无界, 要么 $(t, \varphi(t))$ 趋于区域 $\mathcal{D}$ 的边界.

证明: 假设情形 (1) 不发生, 则解 $x = \varphi(t)$ 只能延拓到区间 $[t_0, d)$, 其中 d 是有限数. 如果解 $x = \varphi(t)$ 有界且点 $(t, \varphi(t))$ 不趋于区域 $\mathcal{D}$ 的边界, 记 $A = \{(t, \varphi(t)) : t \in [t_0, d)\}$, 则集合 A 的闭包 $\overline{A}$ 完全包含在区域 $\mathcal{D}$ 的内部. 对任意给定的正数 ε, $0 < \varepsilon < \mathrm{dist}(A, \partial \mathcal{D})$, 令

$$A_\varepsilon = \bigcup_{(t,x) \in A} B_\varepsilon(t, x),$$

其中 $B_\varepsilon(t, x) = \{(s, y) : (s - t)^2 + (y - x)^2 < \varepsilon\}$ 表示以 (t, x) 为圆心、ε 为半径的圆. 由于

$$\overline{A} \subset A_\varepsilon \subset \overline{A_\varepsilon} \subset \mathcal{D},$$

因此 $f(t, x)$ 在集合 A_ε 上有界. 注意到当 t_1, t_2 充分靠近 d 时, 联结 $(t_1, \varphi(t_1))$ 和 $(t_2, \varphi(t_2))$ 的线段完全落在 A_ε 内部. 而微分中值公式蕴含

$$\varphi(t_2) - \varphi(t_1) = \varphi'(\xi)(t_2 - t_1) = f(\xi, \varphi(\xi))(t_2 - t_1),$$

其中 ξ 介于 t_1, t_2 之间. 因此, 根据函数极限存在的柯西 (Cauchy) 准则, 我们推出当 t 从左侧趋于 d 时, $\varphi(t)$ 的极限存在. 记 $\varphi(d) = \lim\limits_{t \to d-0} \varphi(t)$. 再利用解的存在唯一性定理, 我们可以将解 $\varphi(t)$ 延拓至 d 的右方. 这与 $\varphi(t)$ 只能延拓到区间 $[t_0, d)$ 矛盾. 定理证毕. □

【例 1】 讨论微分方程 $x' = \dfrac{x^2 - 1}{2}$ 分别通过点 $(0, 0)$, $(\ln 2, -3)$ 的解的存在区间.

解: 原方程右端项 $f(t, x) = (x^2 - 1)/2$ 在整个 tOx 平面上满足解的存在唯一性定理及延拓定理的条件. 这是变量分离方程, 容易求得通解

$$x = \frac{1 + ce^t}{1 - ce^t}.$$

因此通过 $(0, 0)$ 的解为 $x = (1 - e^t)/(1 + e^t)$, 此解的最大存在区间为 $(-\infty, +\infty)$. 当满足初值 $x(\ln 2) = -3$ 时, 解为 $x = (1 + e^t)/(1 - e^t)$. 注意到该解向右方可延拓至 $+\infty$, 而当 $x \to 0 + 0$ 时, $x(t) \to -\infty$. 由此可知该解的最大存在区间为 $(0, +\infty)$.

【例 2】 讨论方程 $x' = 1 + \ln t$ 满足初值条件 $x(1) = 0$ 的解的存在区间.

解: 方程右端函数 $f(t, x) = 1 + \ln t$ 在右半平面 $t > 0$ 上有定义, 且满足解的存在唯一性定理及延拓定理的条件. 这里区域 $\mathcal{D} = \{(t, x) \in \mathbb{R}^2 : t > 0\}$ 是无界区域, x 轴是它的边界. 容易求得原方程的通解为 $x = t \ln t + c$, 其中 c 为任意常数. 满足初值条件 $x(1) = 0$ 的解为 $x = t \ln t$. 它在区间 $(0, +\infty)$ 上有定义、连续, 且当 $t \to 0 + 0$ 时 $x(t) \to 0$, 即所求问题的解向右方可延拓至 $+\infty$, 向左方只能延拓至 0, 且当 $t \to 0 + 0$ 时积分曲线上的点 (t, x) 趋于区域 $\mathcal{D}$ 的边界, 这对应于解的延拓定理 (定理 3.4) 结论 (2) 的第二种情形.

【例 3】 如果函数 $f(t,x)$ 在整个 tOx 平面上有定义、连续、有界, 且关于 x 有连续的偏导数, 则方程 (3.1) 的任一解均可延拓至区间 $(-\infty, +\infty)$.

证明: 对于 tOx 平面上的任一点 (t_0, x_0), 由解的存在唯一性定理知, 微分方程 (3.1) 存在唯一解 $x = \varphi(t)$ 满足初值条件 $\varphi(t_0) = x_0$. 注意到

$$\varphi'(t) = f(t, \varphi(t)),$$

因为 $f(t,x)$ 在整个 tOx 平面上有界, 我们推断出 $\varphi'(t)$ 在其存在区间内有界. 假设解 $x = \varphi(t)$ 向 t_0 右方延拓的最大区间为 $[t_0, \beta)$, β 为有限数, 根据定理 3.4, 我们知道当 $t \to \beta - 0$ 时, $\varphi(t) \to \infty$. 然而这与

$$\varphi(t) = \varphi(t_0) + \varphi'(\xi)(t - t_0)$$

在区间 $[t_0, \beta)$ 上有界矛盾. 故 $\varphi(t)$ 向右方延拓的最大区间为 $[t_0, +\infty)$. 同理可证 $\varphi(t)$ 向左方延拓的最大区间为 $(-\infty, t_0]$. 因此 $\varphi(t)$ 可延拓至 $(-\infty, +\infty)$.

习题 3.2

1. 讨论方程 $x' = -\dfrac{t}{x}$ 分别通过点 $(1,1)$, $(1,-1)$ 的解的存在区间.
2. 讨论方程 $x' = \dfrac{3}{2} x^{\frac{1}{3}}$ 通过点 $(1,1)$ 的解的存在区间.

3.3 解的最大存在区间估计

我们回顾解的存在唯一性定理 (定理 3.1), 其假设条件为: (1) $f(t,x)$ 在矩形区域

$$\mathcal{R} : |t - t_0| \leqslant a, |x - x_0| \leqslant b$$

内连续; (2) $f(t,x)$ 在 $\mathcal{R}$ 内关于 x 满足利普希茨条件. 结论是初值问题

$$\begin{cases} x' = f(t,x) \\ x(t_0) = x_0 \end{cases} \tag{3.16}$$

存在唯一解 $x = \varphi(t)$, 它的定义区间至少为 $[t_0 - h, t_0 + h]$, 其中 $h = \min\{a, b/M\}$, $M = \max\limits_{\mathcal{R}} |f(t,x)|$. 注意, 假设条件 (2) 保证解是唯一的. 如果 $f(t,x)$ 仅仅满足条件 (1), 则上述初值问题的解仍然存在, 只是唯一性不能满足, 即有如下的存在性定理.

定理 3.5 若函数 $f(t,x)$ 在矩形区域 $\mathcal{R}$ 内连续, 则初值问题 (3.16) 在区间 $[t_0 - h, t_0 + h]$ 上至少存在一个解, 其中 $h = \min\{a, b/M\}$, $M = \max\limits_{\mathcal{R}} |f(t,x)|$.

　　这个存在性定理的证明描述如下: 先把微分方程转化为积分方程, 然后利用欧拉折线构造积分方程的近似解序列, 再使用阿尔泽拉-阿斯科利 (Arzela–Ascoli) 定理 (参考文献 [16], 定理 1.3.15), 证明这个近似解序列存在一致收敛的子列, 其极限函数即为积分方程的解, 从而也是初值问题 (3.16) 的解. 具体证明参阅参考文献 [8] 的定理 2.2.

　　类似于定理 3.3, 我们有如下的延拓定理.

　　定理 3.6　如果函数 $f(t,x)$ 在有界区域 $\mathcal{D}$ 内连续, (t_0,x_0) 是区域 $\mathcal{D}$ 内任意给定的一点, 且 $x=\varphi(t)$ 是初值问题 (3.16) 的解, 则解对应的积分曲线 $\gamma(t)=(t,\varphi(t))$ 在区域 $\mathcal{D}$ 内延伸到边界 $\partial\mathcal{D}$.

　　这里, 积分曲线 $\gamma(t)$ 延伸到边界 $\partial\mathcal{D}$ 指, 对于任何包含 (t_0,x_0) 的有界区域 $\mathcal{D}_1\subset\mathcal{D}$, $\gamma(t)$ 可以延拓到 $\mathcal{D}_1$ 之外. 设积分曲线 $\gamma(t)$ 的**右侧最大存在区间**为 $[t_0,b)$, 则或者 $b=+\infty$, 即**右侧解** (定义在 t_0 右侧的解) 整体存在; 或者 $b<+\infty$ 且 $\limsup\limits_{t\to b-0}|\varphi(t)|=+\infty$, 即解在有限区间内趋于无穷; 或者 $b<+\infty$ 且

$$\liminf_{t\to b-0}\operatorname{dist}(\partial\mathcal{D},\gamma(t))=0.$$

对**左侧解**可以同样理解.

　　定理 3.6 的证明方法与定理 3.3 的证明方法完全类似, 只需要把定理 3.3 的证明中用到的解的存在唯一性定理替换为解的存在性定理, 即定理 3.5. 我们把证明的细节留给读者.

　　微分方程解的最大存在区间问题十分重要, 这可以通过解的延拓定理解决 (定理 3.3、定理 3.4 和定理 3.6 统称为解的延拓定理), 但只依靠解的延拓定理远远不够. 在本节中, 我们研究关于微分方程解的最大存在区间估计的比较定理.

　　定理 3.7 (第一比较定理)　给定平面区域 $\mathcal{D}$ 上的两个二元连续函数 $f(t,x)$, $F(t,x)$, 满足

$$f(t,x)<F(t,x),\quad\forall(t,x)\in\mathcal{D}. \tag{3.17}$$

设函数 $x=\psi(t)$ 和 $x=\varphi(t)$ 分别是微分方程

$$x'=f(t,x) \tag{3.18}$$

和

$$x'=F(t,x) \tag{3.19}$$

在区间 $[t_0,b)$ 上满足同一初值条件 $x(t_0)=x_0$ 的解, 则当 $t\in(t_0,b)$ 时, 有

$$\psi(t)<\varphi(t).$$

　　证明: 令 $\phi(t)=\psi(t)-\varphi(t)$, $t\in[t_0,b)$. 根据式 (3.17) 至式 (3.19), 有

$$\phi'(t_0)=f(t_0,\psi(t_0))-F(t_0,\varphi(t_0))=f(t_0,x_0)-F(t_0,x_0)<0.$$

由于 $\phi \in C^1[t_0, b)$, 存在充分小的 $\delta > 0$, 使得 $\phi'(t) < 0$, $\forall t \in [t_0, t_0 + \delta)$, 从而 $\phi(t)$ 在区间 $[t_0, t_0 + \delta)$ 上严格单调递减. 因此

$$\phi(t) < \phi(t_0) = \psi(t_0) - \varphi(t_0) = 0, \quad \forall t \in (t_0, t_0 + \delta). \tag{3.20}$$

假设定理的结论不成立, 则存在 $t_1 \in (t_0, b)$, 使得 $\phi(t_1) = 0$. 记

$$t_* = \inf\{\tau : \phi(\tau) = 0, t_0 < \tau < b\}.$$

由式 (3.20) 和 $t_1 \in (t_0, b)$ 容易推出 $t_0 < t_0 + \delta \leqslant t_* \leqslant t_1 < b$, 以及 $0 = \phi(t_*) = \psi(t_*) - \varphi(t_*)$. 一方面, 根据式 (3.17) 至式 (3.19), 有

$$\phi'(t_*) = \psi'(t_*) - \varphi'(t_*) = f(t_*, \psi(t_*)) - F(t_*, \varphi(t_*)) < 0. \tag{3.21}$$

另一方面, 注意到 $\phi(t_*) = 0$, $\phi(t) < 0$, $\forall t \in [t_0, t_*)$, 有

$$\phi'(t_*) = \lim_{t \to t_* - 0} \frac{\phi(t) - \phi(t_*)}{t - t_*} \geqslant 0. \tag{3.22}$$

这与式 (3.21) 矛盾. 定理证毕. $\qquad\qquad\qquad\qquad\qquad\qquad\qquad\qquad\qquad\qquad\quad\square$

第一比较定理有如下更一般的版本.

定理 3.8 设 $f(t, x)$, $F(t, x)$ 为平面区域 $\mathcal{D}$ 上的两个二元连续函数, 且满足式 (3.17). 若在区间 $[x_0, b)$ 上函数 $x = \psi(t)$ 和 $x = \varphi(t)$ 分别是微分方程 (3.18) 和 (3.19) 的解, 且初值满足

$$\psi(t_0) \leqslant x_0 \leqslant \varphi(t_0), \tag{3.23}$$

则 $\psi(t) < \varphi(t)$, $\forall t \in (t_0, b)$; 若在区间 $(a, t_0]$ 上函数 $x = \psi(t)$ 和 $x = \varphi(t)$ 分别是微分方程 (3.18) 和 (3.19) 的解, 且初值满足

$$\psi(t_0) \geqslant x_0 \geqslant \varphi(t_0), \tag{3.24}$$

则当 $t \in (a, t_0)$ 时满足 $\psi(t) > \varphi(t)$.

证明: 设式 (3.23) 成立, 则有两种可能: (1) $\psi(t_0) = \varphi(t_0)$; (2) $\psi(t_0) < \varphi(t_0)$. 若 (1) 满足, 则由定理 3.7 知 $\psi(t) < \varphi(t)$, $\forall t \in (t_0, b)$. 若 (2) 满足, 由连续函数的保号性知, 存在 $\delta_1 > 0$, 使得当 $t \in [t_0, t_0 + \delta_1)$ 时, $\psi(t) < \varphi(t)$. 假设 $\psi(t) < \varphi(t)$ 在 $[t_0, b)$ 上不恒成立, 令

$$t_1^* = \inf\{\tau : \psi(\tau) = \varphi(\tau)\}.$$

用定理 3.7 的证明方法, 可得 $\psi'(t_1^*) - \varphi'(t_1^*) \geqslant 0$, 这与

$$\psi'(t_1^*) - \varphi'(t_1^*) = f(t_1^*, \psi(t_1^*)) - F(t_1^*, \varphi(t_1^*)) < 0$$

矛盾.

同理可证, 在条件式 (3.24) 下, $\psi(t) > \varphi(t)$ 在 (a, t_0) 上恒成立. □

我们现在引入微分方程的**右侧下解**和**右侧上解**的概念. 如果函数 $v(t)$ 在区间 $[t_0, b)$ 上满足

$$\begin{cases} v'(t) < f(t, v(t)), \\ v(t_0) \leqslant x_0 \end{cases},$$

则称函数 $v(t)$ 是初值问题

$$\begin{cases} x'(t) = f(t, x(t)) \\ x(t_0) = x_0 \end{cases} \tag{3.25}$$

的一个右侧下解. 如果函数 $u(t)$ 在区间 $[t_0, b)$ 上满足

$$\begin{cases} u'(t) > f(t, u(t)), \\ u(t_0) \geqslant x_0 \end{cases},$$

则称函数 $u(t)$ 是初值问题 (3.25) 的一个右侧上解.

关于初值问题的下解、解、上解之间的关系, 我们有如下结论.

定理 3.9 设函数 $f(t, x)$ 是一个二元连续函数, $v(t)$ 和 $u(t)$ 分别是初值问题 (3.25) 的右侧下解和右侧上解, $x = x(t)$ 是初值问题 (3.25) 的一个解, 且它们的公共存在区间为 $[t_0, b)$, 则在区间 (t_0, b) 上比较关系 $v(t) < x(t) < u(t)$ 成立.

证明: 令 $h(t) = v'(t) - f(t, v(t))$, $H(t, x) = f(t, x) + h(t)$. 由右侧下解的定义知, $h(t) < 0$, $H(t, x) < f(t, x)$, $\forall t \in (t_0, b)$. 显然 $v(t)$ 在区间 (t_0, b) 上满足

$$\begin{cases} v'(t) = H(t, v(t)), \\ v(t_0) \leqslant x_0 \end{cases},$$

且 $x(t)$ 在区间 (t_0, b) 上满足

$$\begin{cases} x'(t) = f(t, x(t)) \\ x(t_0) = x_0 \end{cases}.$$

从而由定理 3.8 知, $v(t) < x(t)$, $\forall t \in (t_0, b)$.

另一个不等式同理可证. □

寻找右侧下解和右侧上解的一个方法是对函数 $f(t, x)$ 作小扰动, 然后找到函数 $f_1(t, x)$, $f_2(t, x)$, 使得 $f_1(t, x) < f(t, x) < f_2(t, x)$, 由它们对应的微分方程 $x' = f_j(t, x)$ ($j = 1, 2$) 可以求出解的表达式.

如果在区间 $[t_0, b)$ 上有初值问题 (3.25) 的两个解 $w(t)$ 和 $y(t)$, 使得初值问题的任何其他可能的解 $x = x(t)$ 都满足不等式

$$w(t) \leqslant x(t) \leqslant z(t), \quad \forall t \in [t_0, b),$$

则称 $x = w(t)$, $x = z(t)$ 分别为初值问题的 **右侧最小解** 和 **右侧最大解**. 显然, 右侧最小解或右侧最大解如果存在, 则必唯一. 而关于右侧最小解和右侧最大解的存在性, 我们有如下定理.

定理 3.10 设 $f(t, x)$ 在矩形区域 $\mathcal{D} = \{(t, x) : t \in [t_0, t_0 + a], |x - x_0| \leqslant b\}$ 内连续, 则初值问题 (3.25) 在区间 $[t_0, t_0 + h]$ 上有右侧最小解和右侧最大解, 其中 $h < \min\{a, b/M\}$, $M = \max\limits_{\mathcal{D}} |f(t, x)|$.

证明: 考虑初值问题

$$\begin{cases} x' = f(t, x) + \varepsilon_n, \\ x(t_0) = x_0 \end{cases}, \tag{3.26}$$

其中 $\{\varepsilon_n\}$ 是单调递减且趋于零的数列. 我们先证明当 $\varepsilon_1 > 0$ 充分小时, 初值问题 (3.26) 有解. 为此, 在区间 $[t_0, t_0 + h]$ 上, 取 $x_{n,0}(t) \equiv x_0$, 并令

$$x_{n,j}(t) = x_0 + \int_{t_0}^{t} [f(s, x_{n,j-1}(s)) + \varepsilon_n] \mathrm{d}s, \quad \forall j = 1, 2, \cdots. \tag{3.27}$$

选取 $\varepsilon_1 > 0$ 充分小, 使得 $(M + \varepsilon_1)h < b$. 注意到

$$|x_{n,j}(t) - x_0| \leqslant (M + \varepsilon_n)h \leqslant (M + \varepsilon_1)h < b,$$

即对于任何自然数 n, j, 有 $(t, x_{n,j}(t)) \in \mathcal{D}$. 进一步, 对任何 $t_1, t_2 \in [t_0, t_0 + h]$, 有

$$|x_{n,j}(t_1) - x_{n,j}(t_2)| \leqslant \left| \int_{t_1}^{t_2} [f(s, x_{n,j-1}(s)) + \varepsilon_n] \mathrm{d}s \right| \leqslant (M + \varepsilon_1)|t_1 - t_2|.$$

因此当 n 固定时, 函数列 $\{x_{n,j}(t)\}_{j=0}^{\infty}$ 在区间 $[t_0, t_0 + h]$ 上一致有界且等度连续. 根据阿尔泽拉-阿斯科利定理, 存在收敛的函数子列 (仍记为) $\{x_{n,j}(t)\}_{j=0}^{\infty}$. 记 $x_n(t)$ 为极限函数, $t \in [t_0, t_0 + h]$. 在式 (3.27) 中令 j 趋于无穷, 得

$$x_n(t) = x_0 + \int_{t_0}^{t} [f(s, x_n(s)) + \varepsilon_n] \mathrm{d}s, \quad \forall t \in [t_0, t_0 + h].$$

同理可证 $\{x_n(t)\}_{n=1}^{\infty}$ 在区间 $[t_0, t_0 + h]$ 上一致有界且等度连续. 再次应用阿尔泽拉-阿斯科利定理, 我们得到子列 (仍记为) $\{x_n(t)\}_{n=1}^{\infty}$ 在区间 $[t_0, t_0 + h]$ 上一致收敛于某个函数 $\varphi(t)$, 且有

$$\varphi(t) = x_0 + \int_{t_0}^{t} f(s, \varphi(s)) \mathrm{d}s, \quad \forall t \in [t_0, t_0 + h].$$

易知 $\varphi(t)$ 是初值问题 (3.25) 在区间 $[t_0, t_0 + h]$ 上的解. 设 $x(t)$ 为初值问题 (3.25) 的任一解, 由定理 3.8 知 $x(t) < x_n(t)$, $\forall t \in (t_0, t_0 + h]$, $n \in \mathbb{N}$. 令 $n \to \infty$, 得 $x(t) \leqslant \varphi(t)$, $\forall t \in [t_0, t_0 + h]$.

在初值问题 (3.26) 中用 $-\varepsilon_n$ 代替 ε_n, 我们用同样的方法可以得到右侧最小解.　□

可以证明, 如果 $f(t,x)$ 是一个连续函数, 则初值问题 (3.25) 只有唯一右侧解的充要条件是初值问题的右侧最大解和右侧最小解重合; 如果初值问题 (3.25) 的解不唯一, 则在右侧最大解和右侧最小解之间存在无数个初值问题 (3.25) 的其他右侧解.

结合第一比较定理和定理 3.10, 我们有如下定理.

定理 3.11 (第二比较定理)　设 $f(t,x)$, $F(t,x)$ 为平面区域 $\mathcal{D}$ 内的连续函数, 且 $f(t,x) \leqslant F(t,x)$. 又设函数 $x = w(t)$ 是初值问题

$$\begin{cases} x'(t) = f(t,x) \\ x(t_0) = x_0 \end{cases}$$

的右侧最小解, 函数 $x = y(t)$ 是初值问题

$$\begin{cases} x'(t) = F(t,x) \\ x(t_0) = x_0 \end{cases}$$

的右侧最大解, 则在公共区间 $[t_0, b)$ 上, $w(t) \leqslant y(t)$.

证明: 取单调递减趋于零的正数列 ε_n. 令 $x = \varphi_n(t)$ 为初值问题

$$\begin{cases} x'(t) = f(t, x(t)) - \varepsilon_n \\ x(t_0) = 0 \end{cases}$$

的解. 对任意固定的 $\tau < b$, 由定理 3.10 的证明知, 存在子列 (仍记为) $\{\varphi_n(t)\}$ 在区间 $[t_0, \tau]$ 上一致收敛于右侧最小解 $w(t)$. 注意到 $f(t,x) - \varepsilon_n < F(t,x)$ 在区域 $\mathcal{D}$ 内成立. 根据定理 3.8, 得 $\varphi_n(t) < y(t)$, $\forall t \in (t_0, \tau)$. 令 $n \to \infty$, 我们推出 $w(t) \leqslant y(t)$ 在区间 (t_0, τ) 内成立. 再由 τ 的任意性知, 在区间 $[t_0, b)$ 上, $w(t) \leqslant y(t)$.　□

下面的定理是我们利用上下解来估计解的最大存在区间的理论基础.

定理 3.12　设 $f(t,x)$ 为平面区域 $\mathcal{D} = [t_0, b) \times (-\infty, +\infty)$ 内的连续函数, $(t_0, x_0) \in \mathcal{D}$, 记 $[t_0, \alpha_1)$ 为初值问题 (3.25) 右侧解 $x(t)$ 的最大存在区间.

(1) 若初值问题有右侧上解 $\varphi(t)$ 和右侧下解 $\psi(t)$, 它们的公共存在区间为 $[t_0, \alpha)$, 则 $\alpha_1 \geqslant \alpha$ (见图 3.2);

(2) 若初值问题有右侧下解 $\psi(t)$ (或右侧上解 $\varphi(t)$), 它的右侧最大存在区间为 $[t_0, \alpha)$, 且当 $t \to \alpha - 0$ 时, 有 $\psi(t) \to +\infty$ (或 $\varphi(t) \to -\infty$), 则 $\alpha_1 \leqslant \alpha$ (见图 3.3).

证明: (1) 假设初值问题 (3.25) 右侧解 $x(t)$ 的最大存在区间为 $[t_0, \alpha_1)$, 且 $\alpha_1 < \alpha$. 根据定理 3.9, $\psi(t) < x(t) < \varphi(t)$, $\forall t \in (t_0, \alpha_1)$. 显然, 存在积分曲线段 $(t, x(t))$, $t \in [t_0, \alpha_1)$ 的管状邻域 $\mathcal{T} \subset \mathcal{D}$, 使得 $f(t,x)$ 在 $\mathcal{T}$ 内有界. 从而利用解的延拓定理可知, 积分曲线可延拓至 $[t_0, \alpha_1]$ 的右侧, 这与 α_1 的定义矛盾.

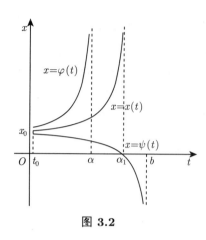

图 3.2

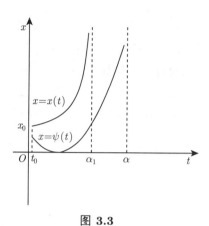

图 3.3

(2) 假设 $\alpha_1 > \alpha$. 根据定理 3.9, $\psi(t) < x(t) < \varphi(t)$, $\forall t \in (t_0, \alpha)$. 若当 $t \to \alpha - 0$ 时, $\psi(t) \to +\infty$ (或 $\varphi(t) \to -\infty$), 我们也有 $x(t) \to +\infty$ (或 $x(t) \to -\infty$). 根据解的延拓定理, 知 $x(t)$ 的右侧最大存在区间为 $[t_0, \alpha)$, 这与它的定义区间为 $[t_0, \alpha_1)$ 矛盾. $\qquad\square$

类似于右侧上解和右侧下解, 在区间 (a, t_0) 上初值问题 (3.25) 的左侧上解 $v(t)$ 和左侧下解 $w(t)$ 分别是初值问题

$$
\begin{cases}
v'(t) < f(t, v(t)) \\
v(t_0) \geqslant x_0
\end{cases}
$$

和

$$
\begin{cases}
w'(t) > f(t, w(t)) \\
w(t_0) \leqslant x_0
\end{cases}
$$

的解. 对于左侧上解和左侧下解, 可以证明有类似于定理 3.10 和定理 3.11 的结果, 具体细节留作练习.

【例 1】 试证微分方程 $x'(t) = x\cos(tx)$ 每个解的存在区间都是 $(-\infty, +\infty)$.

证明: $\forall (t_0, x_0) \in \mathbb{R}^2$, 令

$$
\varphi(t) = (1 + |x_0|)\mathrm{e}^{t-t_0} - 1, \quad \psi(t) = -(1 + |x_0|)\mathrm{e}^{t-t_0} + 1,
$$

则在区间 $[t_0, +\infty)$ 上 $\varphi(t)$ 和 $\psi(t)$ 分别满足

$$
\begin{cases}
\varphi'(t) = |\varphi(t)| + 1 \\
\varphi(t_0) = |x_0| \geqslant x_0
\end{cases}
$$

和

$$
\begin{cases}
\psi'(t) = -|\psi(t)| - 1 \\
\psi(t_0) = -|x_0| \leqslant x_0
\end{cases}.
$$

由 $|x\cos(tx)| < 1 + |x|$ 可知, 函数 $\varphi(t)$ 和 $\psi(t)$ 分别是初值问题

$$\begin{cases} x'(t) = x\cos(tx) \\ x(t_0) = x_0 \end{cases} \tag{3.28}$$

的右侧上解和右侧下解, 且它们的公共存在区间是 $[t_0, +\infty)$. 根据定理 3.12, 初值问题 (3.28) 的解的最大右侧存在区间为 $[t_0, +\infty)$. 同理可证, 初值问题 (3.28) 的解的最大左侧存在区间为 $(-\infty, t_0]$. 因此, 初值问题 (3.28) 的解的最大存在区间为 $(-\infty, +\infty)$.

【例 2】　试证初值问题

$$\begin{cases} x'(t) = (t-x)e^{tx^2} \\ x(0) = x_0 \in \mathbb{R} \end{cases} \tag{3.29}$$

的右侧解的最大存在区间为 $[0, +\infty)$.

证明: 记 $f(t,x) = (t-x)e^{tx^2}$. 令

$$\varphi(t) = t + |x_0|, \quad \psi(t) = -t - |x_0|.$$

容易验证, $\varphi(t)$ 和 $\psi(t)$ 在区间 $[0, +\infty)$ 上分别满足

$$\begin{cases} \varphi'(t) = 1 > f(t, \varphi(t)) \\ \varphi(0) \geqslant x_0 \end{cases}$$

和

$$\begin{cases} \psi'(t) = -1 < f(t, \psi(t)) \\ \psi(0) \leqslant x_0 \end{cases}.$$

因此, $\varphi(t)$ 和 $\psi(t)$ 分别是初值问题 (3.29) 的右侧上解和右侧下解, 它们的公共存在区间为 $[0, +\infty)$. 根据定理 3.12, 初值问题 (3.29) 的右侧解的最大存在区间为 $[0, +\infty)$.

【例 3】　试证微分方程 $x' = t^2 + x^2$ 的任一解的最大存在区间都是有限的.

证明: 由方程右端项的对称性, 只需证明任一右侧解的最大存在区间有限. 设 $x(t)$ 是初值问题

$$\begin{cases} x' = t^2 + x^2 \\ x(t_0) = x_0 \end{cases} \tag{3.30}$$

的一个解, 且它的右侧最大存在区间为 $[t_0, b)$. 我们只考虑 $t_0 > 1$ 的情形, 其他情形类似. 注意到初值问题

$$\begin{cases} x' = 1 + x^2 \\ x(t_0) = x_0 \end{cases}$$

有唯一解

$$\psi(t) = \tan((t - t_0) + \arctan x_0).$$

令 $t^* = t_0 + \dfrac{\pi}{2} - \arctan x_0$. 则当 $t \to t^* - 0$ 时, $\psi(t) \to +\infty$, 而当 $t \in [t_0, t^*)$ 时, $\psi(t)$ 连续. 因此, $\psi(t)$ 的右侧存在区间为 $[t_0, t^*)$. 显然, $\psi(t)$ 是初值问题 (3.30) 的右侧下解. 根据定理 3.12, 初值问题 (3.30) 的右侧解的最大存在区间 $[t_0, b) \subset [t_0, t^*)$, 即 $b \leqslant t^*$.

习题 3.3

1. 求初值问题

$$\begin{cases} x' = 2\sqrt{x} \\ x(0) = 0 \end{cases}$$

的右侧最大解和右侧最小解.

2. 设 $f(t, x)$ 在整个 $\mathbb{R}^2$ 上连续且有界, 证明: $\forall t_0$, 只要 $|x_0|$ 充分小, 初值问题

$$\begin{cases} x' = (x^2 - e^t) f(t, x) \\ x(t_0) = x_0 \end{cases}$$

的右侧解的最大存在区间就必为 $[t_0, +\infty)$.

3. (1) 求初值问题

$$\begin{cases} x' = (1 + x)^2 \\ x(0) = 0 \end{cases}$$

和

$$\begin{cases} x' = 1 + (1 + x)^2 \\ x(0) = 0 \end{cases}$$

的解;

(2) 证明: 若初值问题

$$\begin{cases} x' = t^2 + (1 + x)^2 \\ x(0) = 0 \end{cases}$$

的右侧解的最大存在区间为 $[0, b)$, 则 $b \geqslant \dfrac{\pi}{4}$.

4. 已知 $f(t, x)$ 为二元连续函数, 试证初值问题

$$\begin{cases} x' = f(t, x) \\ x(t_0) = x_0 \end{cases}$$

存在唯一的右侧解当且仅当初值问题的右侧最大解与右侧最小解相同.

3.4　解对初值的连续可微性

在解的存在唯一性定理 (定理 3.1) 中, 我们把初值 (t_0, x_0) 看作固定的. 假如初值变动, 相应初值问题的解也会随之变动. 也就是说, 初值问题的解不只依赖于自变量 t, 也依赖于初值 (t_0, x_0). 因此, 当初值变动时, 微分方程 (3.1) 的解可以看作一个三元函数

$$x = \varphi(t; t_0, x_0),$$

它满足初值条件 $x_0 = \varphi(t_0; t_0, x_0)$. 本节讨论 $\varphi(t; t_0, x_0)$ 关于 t, t_0, x_0 的连续可微性. 注意, 我们在这里假设微分方程 (3.1) 解的存在唯一性条件, 即 $f(t, x)$ 二元连续且关于 x 满足局部利普希茨条件.

3.4.1　解对初值的连续性

我们先考虑解对初值的连续性.

定理 3.13　假设 $f(t, x)$ 在区域 (连通开集) $\mathcal{D}$ 内连续且关于 x 满足局部利普希茨条件, $(t_0, x_0) \in \mathcal{D}$, $x = \varphi(t; t_0, x_0)$ 是微分方程 (3.1) 满足初值条件 $x(t_0) = x_0$ 的解, 那么 $\varphi(t; t_0, x_0)$ 作为 t, t_0, x_0 的函数在它的存在范围内是三元连续的.

证明: 第一步, 设 $\varphi(t)$, $\psi(t)$ 是方程 (3.1) 的任意两个解. 则在它们存在的公共区间 $[A, B]$ 内, 不等式

$$|\varphi(t) - \psi(t)| \leqslant |\varphi(t_0) - \psi(t_0)| e^{L|t-t_0|} \tag{3.31}$$

成立, 其中 $t_0 \in (A, B)$, L 为 $f(t, x)$ 在包含两条积分曲线段 $\{(t, \phi(t)), (t, \psi(t)) : A \leqslant t \leqslant B)\}$ 的某个有界闭区域上关于 x 的利普希茨常数.

事实上, 在区间 $[A, B]$ 上定义函数

$$v(t) = (\varphi(t) - \psi(t))^2.$$

一方面, 对 v 求导, 得

$$v'(t) = 2(\varphi(t) - \psi(t))(f(t, \varphi(t)) - f(t, \psi(t))) \leqslant 2Lv(t). \tag{3.32}$$

于是得到一个微分不等式

$$\frac{\mathrm{d}}{\mathrm{d}t}(v(t)e^{-2Lt}) \leqslant 0.$$

因此, 对于 $t_0 \in [A, B]$, 当 $t_0 \leqslant t \leqslant B$ 时, 有

$$v(t) \leqslant v(t_0)e^{2L(t-t_0)}.$$

另一方面, 类似于式 (3.32), 得 $v'(t) \geqslant -2Lv(t)$ 成立, 即

$$\frac{\mathrm{d}}{\mathrm{d}t}(v(t)\mathrm{e}^{2Lt}) \geqslant 0.$$

因此, 对于 $t_0 \in [A,B]$, 当 $A \leqslant t \leqslant t_0$ 时, 有

$$v(t) \leqslant v(t_0)\mathrm{e}^{2L(t_0-t)}.$$

综上, 得到

$$v(t) \leqslant v(t_0)\mathrm{e}^{2L|t_0-t|}$$

对所有的 $t,t_0 \in [A,B]$ 都成立. 两边开方即得式 (3.31), 第一步完成.

第二步, 设 $x = \varphi(t;t_0,x_0)$ 是方程 (3.1) 的满足初值条件 $x(t_0) = x_0$ 的解, 它在区间 $A \leqslant t \leqslant B$ 上有定义, 且设 $A < t_0 < B$. 则对任何 $\varepsilon > 0$, 存在 $\delta > 0$, 使得当 $|\bar{t}_0 - t_0| + |\bar{x}_0 - x_0| \leqslant \delta$ 时, $\varphi(t;\bar{t}_0,\bar{x}_0)$ 定义在区间 $[A,B]$ 上, 且满足

$$|\varphi(t;t_0,x_0) - \varphi(t;\bar{t}_0,\bar{x}_0)| < \varepsilon, \quad \forall t \in [A,B]. \tag{3.33}$$

事实上, $\gamma(t) = (t;\varphi(t;t_0,x_0))$, $t \in [A,B]$ 是一条包含于区域 $\mathcal{D}$ 内部的积分曲线段. 取 $\gamma(t)$ 的一个闭的管状邻域 $\mathcal{T} \subset \mathcal{D}$, 使得 $\gamma(t)$ 完全落在 $\mathcal{T}$ 的内部. 记 $f(t,x)$ 在管状邻域 $\mathcal{T}$ 内关于 x 的利普希茨常数为 L. 利用式 (3.31), 可以证明: 当 $\delta_1 > 0$ 足够小且 $|\bar{t}_0 - t_0| + |\bar{x}_0 - x_0| \leqslant \delta_1$ 时, 通过点 $(\bar{t}_0,\bar{x}_0)$ 的积分曲线 $\bar{\gamma}(t) = (t,\varphi(t;\bar{t}_0,\bar{x}_0))$ 在区间 $[A,B]$ 上有定义 (留作练习). 再次利用式 (3.31), 得

$$|\varphi(t;t_0,x_0) - \varphi(t;\bar{t}_0,\bar{x}_0)| \leqslant \mathrm{e}^{L(B-A)}|x_0 - \bar{x}_0|, \quad \forall t,t_0 \in [A,B].$$

取 $\delta = \min\{\delta_1, \mathrm{e}^{L(A-B)}\varepsilon\}$, 即得式 (3.33). 这就完成了第二步的证明.

第三步, 设 $\varphi(t;t_0,x_0)$ 和 $\varphi(\bar{t};\bar{t}_0,\bar{x}_0)$ 当 $t,\bar{t},t_0,\bar{t}_0 \in [A,B]$ 时有定义. 则任取 $\varepsilon > 0$, 对于固定的 $(\bar{t},\bar{t}_0,\bar{x}_0)$, 存在 $\delta > 0$, 使得当 $|t - \bar{t}| + |t_0 - \bar{t}_0| + |x_0 - \bar{x}_0| \leqslant \delta$ 时, 有

$$|\varphi(t;t_0,x_0) - \varphi(\bar{t};\bar{t}_0,\bar{x}_0)| < \varepsilon. \tag{3.34}$$

事实上, 一方面, 由于

$$\varphi(t;t_0,x_0) - \varphi(\bar{t};t_0,x_0) = f(\xi,\varphi(\xi;t_0,x_0))(t - \bar{t}), \quad \xi \in (t - \bar{t}),$$

且 f 在区域 $\mathcal{D}$ 内局部有界, 因此可选取充分小的 $\delta_2 > 0$, 使得当 $|t-\bar{t}|+|t_0-\bar{t}_0|+|x_0-\bar{x}_0| \leqslant \delta_2$ 时, 有

$$|\varphi(t;t_0,x_0) - \varphi(\bar{t};t_0,x_0)| < \varepsilon/2. \tag{3.35}$$

另一方面, 根据第二步的估计, 可选取充分小的 $\delta_3 > 0$, 使得当 $|t-\bar{t}|+|t_0-\bar{t}_0|+|x_0-\bar{x}_0| \leqslant \delta_3$ 时, 有

$$|\varphi(\bar{t};t_0,x_0) - \varphi(\bar{t};\bar{t}_0,\bar{x}_0)| < \varepsilon/2. \tag{3.36}$$

取 $\delta = \min\{\delta_2, \delta_3\}$, 结合式 (3.35) 和式 (3.36) 即得式 (3.34). 第三步完成.

因此 $\varphi(t; t_0, x_0)$ 三元连续, 定理得证. □

我们还可以讨论含有参变量 λ 的微分方程

$$x' = f(t, x, \lambda), \tag{3.37}$$

其中 $(t, x) \in \mathcal{D}_\lambda = \{(t, x) \in \mathcal{D}, \alpha < \lambda < \beta\}$. 设 $f(t, x, \lambda)$ 在 $\mathcal{D}_\lambda$ 内连续, 且在 $\mathcal{D}_\lambda$ 内一致地关于 x 满足局部利普希茨条件, 即对 $\mathcal{D}_\lambda$ 内的每一点 (t, x, λ) 都存在以 (t, x, λ) 为中心的球 $B \subset \mathcal{D}_\lambda$, 使得对任何 $(t, x_1, \lambda), (t, x_2, \lambda) \in B$, 有

$$|f(t, x_1, \lambda) - f(t, x_2, \lambda)| \leqslant L|x_1 - x_2|,$$

其中 L 是与 λ 无关的正数. 由解的存在唯一性定理可知, 对 $\lambda = \lambda_0 \in (\alpha, \beta)$, 方程 (3.37) 存在唯一解 $x = \varphi(t, t_0, x_0, \lambda_0)$ 满足初值条件 $x(t_0) = x_0$.

类似地, 我们可以得到下面的结果.

定理 3.14 设 $f(t, x, \lambda)$ 在 $\mathcal{D}_\lambda$ 内连续, 且在 $\mathcal{D}_\lambda$ 内关于 x 一致地满足局部利普希茨条件, 则方程 (3.37) 的解 $x = \varphi(t; t_0, x_0, \lambda)$ 作为 t, t_0, x_0, λ 的四元函数在它的存在范围内连续.

定理 3.14 的证明方法与定理 3.13 类似, 留给读者作为练习.

3.4.2 解对初值的可微性

我们现在讨论解对初值的可微性, 特别地, 要证明解 $x = \varphi(t, t_0, x_0)$ 关于初值 (t_0, x_0) 有连续的偏导数.

定理 3.15 如果函数 $f(t, x)$, $\dfrac{\partial f}{\partial x}$ 在区域 $\mathcal{D}$ 内连续, 则方程 (3.1) 的解 $x = \varphi(t; t_0, x_0)$ 作为 t, t_0, x_0 的函数在它的存在范围内是连续可微的.

证明: 由 $\dfrac{\partial f}{\partial x}$ 在区域 $\mathcal{D}$ 内连续可知, $f(t, x)$ 在 $\mathcal{D}$ 内关于 x 满足局部利普希茨条件. 因此, 在定理条件下, 解对初值的连续性定理成立, 即 $x = \varphi(t; t_0, x_0)$ 在它的存在范围内关于 t, t_0, x_0 三元连续. 下面我们将证明在函数 $\varphi(t; t_0, x_0)$ 的存在范围内, 其偏导数 $\dfrac{\partial \varphi}{\partial t}$, $\dfrac{\partial \varphi}{\partial t_0}$, $\dfrac{\partial \varphi}{\partial x_0}$ 存在且连续.

首先证明 $\dfrac{\partial \varphi}{\partial t_0}$ 存在且连续. 设由初值 (t_0, x_0), $(t_0 + \Delta t_0, x_0)$ ($|\Delta t_0| \leqslant \alpha$, α 是足够小的正数) 确定的解分别为

$$x = \varphi(t; t_0, x_0) = \varphi, \quad x = \varphi(t; t_0 + \Delta t_0, x_0) = \psi,$$

从而

$$\varphi = x_0 + \int_{t_0}^{t} f(s, \varphi) \mathrm{d}s, \quad \psi = x_0 + \int_{t_0 + \Delta t_0}^{t} f(s, \psi) \mathrm{d}s.$$

于是

$$\psi - \varphi = \int_{t_0 + \Delta t_0}^{t} f(s, \psi) \mathrm{d}s - \int_{t_0}^{t} f(s, \varphi) \mathrm{d}s$$

$$= -\int_{t_0}^{t_0 + \Delta t_0} f(s, \psi) \mathrm{d}s + \int_{t_0}^{t} \frac{\partial f(s, \xi)}{\partial x} (\psi - \varphi) \mathrm{d}s,$$

其中 ξ 介于 $\varphi(s)$ 和 $\psi(s)$ 之间. 因为 $\dfrac{\partial f}{\partial x}$, φ, ψ 连续, 因此有

$$\frac{\partial f(s, \xi)}{\partial x} = \frac{\partial f(s, \varphi)}{\partial x} + r_1,$$

其中, 当 $\Delta t_0 \to 0$ 时 $r_1 \to 0$, 当 $\Delta t_0 = 0$ 时 $r_1 = 0$. 当 $\Delta t_0 \neq 0$ 时, 有

$$-\frac{1}{\Delta t_0} \int_{t_0}^{t_0 + \Delta t_0} f(s, \psi) \mathrm{d}s = -f(t_0, x_0) + r_2,$$

其中, 当 $\Delta t_0 \to 0$ 时 $r_2 \to 0$, 当 $\Delta t_0 = 0$ 时 $r_2 = 0$. 当 $\Delta t_0 \neq 0$ 时, 有

$$\frac{\psi - \varphi}{\Delta t_0} = (-f(t_0, x_0) + r_2) + \int_{t_0}^{t} \left(\frac{\partial f(s, \varphi)}{\partial x} + r_1 \right) \frac{\psi - \varphi}{\Delta t_0} \mathrm{d}s,$$

从而

$$y = \frac{\psi - \varphi}{\Delta t_0}$$

是初值问题

$$\begin{cases} \dfrac{\mathrm{d}y}{\mathrm{d}t} = \left(\dfrac{\partial f(t, \varphi)}{\partial x} + r_1 \right) y \\ y(t_0) = -f(t_0, x_0) + r_2 = y_0 \end{cases}$$

的解, 其中 $\Delta t_0 \neq 0$ 看作参数. 当 $\Delta t_0 = 0$ 时上述初值问题仍有解. 根据解对初值和参数的连续性定理, $\dfrac{\psi - \varphi}{\Delta t_0}$ 是 t, t_0, y_0, Δt_0 的连续函数, 从而

$$\frac{\partial \varphi}{\partial t_0} = \lim_{\Delta t_0 \to 0} \frac{\psi - \varphi}{\Delta t_0}$$

存在. 而 $\dfrac{\partial \varphi}{\partial t_0}$ 是初值问题

$$\begin{cases} \dfrac{\mathrm{d}y}{\mathrm{d}t} = \dfrac{\partial f(t, \varphi)}{\partial x} y \\ y(t_0) = -f(t_0, x_0) \end{cases}$$

的解, 不难得到

$$\frac{\partial \varphi}{\partial t_0} = -f(t_0, x_0) \exp\left(\int_{t_0}^{t} \frac{\partial f(s, \varphi)}{\partial x} \mathrm{d}s\right),$$

显然它是 t, t_0, x_0 的连续函数.

其次证明 $\dfrac{\partial \varphi}{\partial x_0}$ 存在且连续. 事实上, 设 $x = \varphi(t; t_0, x_0 + \Delta x_0) = \widetilde{\psi}$ 为满足初值条件

$(t_0, x_0 + \Delta x_0)$ $(|\Delta x_0| \leqslant \alpha)$ 的解. 用前面的方法可得 $\dfrac{\widetilde{\psi} - \varphi}{\Delta x_0}$ 是初值问题

$$\begin{cases} \dfrac{\mathrm{d}y}{\mathrm{d}t} = \left(\dfrac{\partial f(t, \varphi)}{\partial x} + r_3\right) y \\ y(t_0) = 1 \end{cases}$$

的解. 因而有

$$\frac{\widetilde{\psi} - \varphi}{\Delta x_0} = \exp\left(\int_{t_0}^{t} \left(\frac{\partial f(s, \varphi)}{\partial x} + r_3\right) \mathrm{d}s\right),$$

其中, 当 $\Delta x_0 \to 0$ 时 $r_3 \to 0$, 当 $\Delta x_0 = 0$ 时 $r_3 = 0$. 因此

$$\frac{\partial \varphi}{\partial x_0} = \lim_{\Delta x_0 \to 0} \frac{\widetilde{\psi} - \varphi}{\Delta x_0} = \exp\left(\int_{t_0}^{t} \frac{\partial f(t, \varphi)}{\partial x} \mathrm{d}t\right)$$

为 t, t_0, x_0 的连续函数.

最后证明 $\dfrac{\partial \varphi}{\partial t}$ 存在且连续. 这是因为 $y = \varphi(t; t_0, x_0)$ 是方程的解, 从而有

$$\frac{\partial \varphi}{\partial t} = f(t, \varphi(t; t_0, x_0)),$$

由 f, φ 的连续性即得所证结果. □

习题 **3.4**

1. 假设函数 $f(t, x)$ 及其偏导数 $\dfrac{\partial f}{\partial x}$ 在区域 $\mathcal{D}$ 内连续, $x = \varphi(t; t_0, x_0)$ 是方程 (3.1) 满足初值条件 $\varphi(t_0; t_0, x_0) = x_0$ 的解, 试证 $\dfrac{\partial \varphi}{\partial x_0}$ 存在且连续, 并写出其表达式.

2. 设 $P(t)$, $Q(t)$ 在区间 $[a, b]$ 上连续, $x = \varphi(t; t_0, x_0)$ 是方程

$$x' = P(t)x + Q(t)$$

的解, 且满足初值条件 $\varphi(t_0; t_0, x_0) = x_0$. 试求 $\dfrac{\partial \varphi}{\partial t_0}$, $\dfrac{\partial \varphi}{\partial x_0}$, $\dfrac{\partial \varphi}{\partial t}$, 并从解的表达式出发, 对参数求导, 再检验所得结果.

3. 设 $x = \varphi(t; t_0, x_0, \lambda)$ 为初值问题

$$
\begin{cases}
x' = \cos(\lambda t x) \\
\varphi(t_0; t_0, x_0, \lambda) = x_0
\end{cases}
$$

的饱和解, 其中 λ 为参数, 求 $\dfrac{\partial \varphi}{\partial t_0}, \dfrac{\partial \varphi}{\partial x_0}$ 在 $(t; 0, 0, 1)$ 处的表达式.

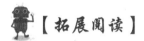【拓展阅读】

积分因子存在性的一个初等证明

/ 第 4 章 /

高阶微分方程

本章讨论高阶微分方程, 包括高阶微分方程的存在唯一性定理和各种求解方法. 这里, 我们只研究线性微分方程, 它是研究非线性微分方程的基础, 且在物理学、工程力学等自然科学中有广泛的应用. 我们重点介绍线性微分方程的基本理论和常系数线性微分方程的解法, 以及某些高阶微分方程的降阶方法和二阶线性方程的幂级数解法.

4.1 线性微分方程的一般理论

4.1.1 解的存在唯一性定理

我们讨论如下的 n 阶线性微分方程

$$\frac{\mathrm{d}^n x}{\mathrm{d} t^n} + a_1(t)\frac{\mathrm{d}^{n-1} x}{\mathrm{d} t^{n-1}} + \cdots + a_{n-1}(t)\frac{\mathrm{d} x}{\mathrm{d} t} + a_n(t)x = f(t), \tag{4.1}$$

其中 $a_1(t), \cdots, a_n(t), f(t)$ 都是区间 $[a,b]$ 上的连续函数. 当 $f(t) \equiv 0$ 时, 方程 (4.1) 变为 n 阶线性齐次微分方程

$$\frac{\mathrm{d}^n x}{\mathrm{d} t^n} + a_1(t)\frac{\mathrm{d}^{n-1} x}{\mathrm{d} t^{n-1}} + \cdots + a_{n-1}(t)\frac{\mathrm{d} x}{\mathrm{d} t} + a_n(t)x = 0. \tag{4.2}$$

我们首先给出方程 (4.1) 的解的存在唯一性定理.

定理 4.1 设 $a_1(t), \cdots, a_n(t), f(t)$ 都是区间 $[a,b]$ 上的连续函数. 则对任意 $t_0 \in [a,b]$ 及任意的常数 $x_0, x_1, \cdots, x_{n-1}$, 初值问题

$$\begin{cases} x^{(n)} + a_1(t)x^{(n-1)} + \cdots + a_{n-1}(t)x' + a_n(t)x = f(t) \\ x(t_0) = x_0, x'(t_0) = x_1, \cdots, x^{(n-1)}(t_0) = x_{n-1} \end{cases}$$

存在唯一解 $x = \varphi(t)$, 它定义在整个区间 $[a,b]$ 上.

我们将在第 5 章证明线性微分方程组初值问题的解的存在唯一性定理时, 直接推出上述结果. 定理 4.1 告诉我们, 对于这种连续系数的线性微分方程, 初值条件唯一地确定整个区间上的解. 特别地, 对于线性齐次微分方程 (4.2), 满足零初值的解 $x(t)$ 必恒为零, 即若对于某个 $t_0 \in [a,b]$, 线性齐次微分方程 (4.2) 的解 $x(t)$ 满足 $x(t_0) = x'(t_0) = \cdots = x^{(n-1)}(t_0) = 0$, 则 $x(t) \equiv 0, \forall t \in [a,b]$.

4.1.2 线性齐次微分方程解空间的结构

首先, 我们有如下关于线性齐次微分方程解的叠加原理.

定理 4.2 设 $x_1(t), x_2(t), \cdots, x_k(t)$ 是线性齐次微分方程 (4.2) 的 k 个解, 则这些解的线性组合

$$c_1 x_1(t) + c_2 x_2(t) + \cdots + c_k x_k(t)$$

也是方程 (4.2) 的解, 其中 $c_1, c_2, \cdots, c_k$ 是任意常数.

证明: 因为求导是线性运算, 所以结论显然成立. □

当 $k = n$ 时, 一个自然的问题是, 在什么情况下

$$x = c_1 x_1(t) + c_2 x_2(t) + \cdots + c_n x_n(t)$$

成为方程 (4.2) 的通解. 这要从函数的线性相关和线性无关说起. 如果存在不全为零的常数 $c_1, c_2, \cdots, c_n$, 使得

$$c_1 x_1(t) + c_2 x_2(t) + \cdots + c_n x_n(t) \equiv 0, \quad \forall t \in [a,b], \tag{4.3}$$

则称 n 个函数 $x_1(t), x_2(t), \cdots, x_n(t)$ 在区间 $[a,b]$ 上**线性相关**. 否则, 称它们在区间 $[a,b]$ 上**线性无关**. 例如, $\cos t, \sin t$ 在任何区间上都线性无关, 而 $\cos 2t - 1, \sin^2 t$ 在任何区间上都线性相关. 一般地, 定义 n 个函数的**朗斯基 (Wronsky) 行列式**

$$W(t) = W[x_1(t), x_2(t), \cdots, x_n(t)]$$

$$= \begin{vmatrix} x_1(t) & x_2(t) & \cdots & x_n(t) \\ x_1'(t) & x_2'(t) & \cdots & x_n'(t) \\ \vdots & \vdots & & \vdots \\ x_1^{(n-1)}(t) & x_2^{(n-1)}(t) & \cdots & x_n^{(n-1)}(t) \end{vmatrix}.$$

我们现在讨论函数的线性相关、线性无关与朗斯基行列式的关系.

定理 4.3 如果 $x_1(t), x_2(t), \cdots, x_n(t)$ 在区间 $[a,b]$ 上线性相关, 则在区间 $[a,b]$ 上 $W(t) \equiv 0$.

证明: 由假设, 存在不全为零的常数 $c_1, c_2, \cdots, c_n$, 使得

$$c_1 x_1(t) + c_2 x_2(t) + \cdots + c_n x_n(t) \equiv 0, \quad t \in [a, b]. \tag{4.4}$$

两边分别对 t 求 1 至 $n-1$ 阶导数, 得

$$\begin{cases} c_1 x_1'(t) + c_2 x_2'(t) + \cdots + c_n x_n'(t) \equiv 0 \\ c_1 x_1''(t) + c_2 x_2''(t) + \cdots + c_n x_n''(t) \equiv 0 \\ \cdots\cdots \\ c_1 x_1^{(n-1)}(t) + c_2 x_2^{(n-1)}(t) + \cdots + c_n x_n^{(n-1)}(t) \equiv 0 \end{cases}. \tag{4.5}$$

将式 (4.4) 和式 (4.5) 联立成含有 n 个未知数 $c_1, c_2, \cdots, c_n$ 的 n 阶线性齐次方程组, 其系数行列式就是朗斯基行列式 $W(t)$. 因为此方程组有非零解, 所以它的系数行列式必为 0, 即

$$W(t) \equiv 0, \quad t \in [a, b].$$

结论成立. □

　　注意, 此定理的逆不成立. 例如

$$x_1(t) = \begin{cases} t^2, & t \in [-1, 0] \\ 0, & t \in (0, 1] \end{cases},$$

$$x_2(t) = \begin{cases} 0, & t \in [-1, 0] \\ t^2, & t \in (0, 1] \end{cases}.$$

直接计算得, $W[x_1(t), x_2(t)] \equiv 0, t \in [-1, 1]$. 但 $x_1(t), x_2(t)$ 在区间 $[-1, 1]$ 上线性无关. 事实上, 由 $c_1 x_1(t) + c_2 x_2(t) \equiv 0, t \in [-1, 1]$ 可推出 $c_1 = c_2 = 0$. 这个例子告诉我们, 对于线性无关的函数组, 它们的朗斯基行列式不恒为零未必成立. 但如果这些函数还是方程 (4.2) 的解, 那情况就不一样了, 此时有如下定理.

　　定理 4.4　如果线性齐次微分方程 (4.2) 的解 $x_1(t), x_2(t), \cdots, x_n(t)$ 在区间 $[a, b]$ 上线性无关, 则相应的朗斯基行列式在这个区间的任何点处都不等于零, 即 $W(t) \neq 0, \forall t \in [a, b]$.

　　证明: 反证法, 假设存在 $t_0 \in [a, b]$ 使得 $W(t_0) = 0$. 考虑未知数为 $c_1, c_2, \cdots, c_n$ 的线性方程组

$$\begin{cases} c_1 x_1(t_0) + c_2 x_2(t_0) + \cdots + c_n x_n(t_0) = 0 \\ c_1 x_1'(t_0) + c_2 x_2'(t_0) + \cdots + c_n x_n'(t_0) = 0 \\ \cdots\cdots \\ c_1 x_1^{(n-1)}(t_0) + c_2 x_2^{(n-1)}(t_0) + \cdots + c_n x_n^{(n-1)}(t_0) = 0 \end{cases}, \tag{4.6}$$

它的系数行列式 $W(t_0) = 0$, 因此存在不全为零的解 $c_1, c_2, \cdots, c_n$. 以这一组不全为零的常数构造函数

$$x(t) = c_1 x_1(t) + c_2 x_2(t) + \cdots + c_n x_n(t), \quad t \in [a, b].$$

由线性齐次微分方程解的叠加原理 (定理 4.2) 知, $x(t)$ 是微分方程 (4.2) 的解. 又由方程组 (4.6) 知, 这个解 $x(t)$ 满足初值条件

$$x(t_0) = x'(t_0) = \cdots = x^{(n)}(t_0) = 0. \tag{4.7}$$

再注意到微分方程 (4.2) 有零解, 且零解也满足初值条件式 (4.7). 从而解的存在唯一性定理 (定理 4.1) 蕴含 $x(t) \equiv 0$, 即

$$c_1 x_1(t) + c_2 x_2(t) + \cdots + c_n x_n(t) \equiv 0, \quad t \in [a, b].$$

因此, $x_1(t), x_2(t), \cdots, x_n(t)$ 线性相关, 这与定理的已知条件 $x_1(t), x_2(t), \cdots, x_n(t)$ 线性无关矛盾. □

根据定理 4.3 和定理 4.4, 我们知道微分方程 (4.2) 的任意 n 个解构成的朗斯基行列式要么恒等于零, 要么恒不等于零. 此外, 为了弄清楚微分方程 (4.2) 解空间的结构, 我们有如下重要的观察.

定理 4.5 线性齐次微分方程 (4.2) 存在 n 个线性无关的解.

证明: 由解的存在唯一性定理知, 分别满足 n 个初值条件

$$\begin{cases} x_1(t_0) = 1, x_1'(t_0) = 0, \cdots, x_1^{(n-1)}(t_0) = 0 \\ x_2(t_0) = 0, x_2'(t_0) = 1, \cdots, x_2^{(n-1)}(t_0) = 0 \\ \cdots\cdots \\ x_n(t_0) = 0, x_n'(t_0) = 0, \cdots, x_n^{(n-1)}(t_0) = 1 \end{cases}$$

的解 $x_1(t), x_2(t), \cdots, x_n(t)$ 存在且唯一. 因为它们的朗斯基行列式在 t_0 处的值

$$W[x_1, \cdots, x_n](t_0) = 1 \neq 0,$$

由定理 4.3 知, 这 n 个解线性无关. □

我们现在可以写出线性齐次微分方程通解的形式.

定理 4.6 如果 $x_1(t), x_2(t), \cdots, x_n(t)$ 是线性齐次微分方程 (4.2) 的 n 个线性无关的解, 则其通解可表示为

$$x = c_1 x_1(t) + c_2 x_2(t) + \cdots + c_n x_n(t), \tag{4.8}$$

其中 $c_1, c_2, \cdots, c_n$ 为任意常数, 且通解式 (4.8) 包含了方程 (4.2) 的所有解.

证明: 注意到 $x_1(t), x_2(t), \cdots, x_n(t)$ 是微分方程 (4.2) 的解, 并设 $x(t)$ 由式 (4.8) 给出. 根据解的叠加原理, $x(t)$ 也是方程 (4.2) 的解, 它包含 n 个任意常数. 我们断言这些常

数彼此独立. 事实上

$$\begin{vmatrix} \dfrac{\partial x}{\partial c_1} & \dfrac{\partial x}{\partial c_2} & \cdots & \dfrac{\partial x}{\partial c_n} \\[2mm] \dfrac{\partial x'}{\partial c_1} & \dfrac{\partial x'}{\partial c_2} & \cdots & \dfrac{\partial x'}{\partial c_n} \\[2mm] \vdots & \vdots & & \vdots \\[2mm] \dfrac{\partial x^{(n)}}{\partial c_1} & \dfrac{\partial x^{(n)}}{\partial c_2} & \cdots & \dfrac{\partial x^{(n)}}{\partial c_n} \end{vmatrix} = W[x_1(t), x_2(t), \cdots, x_n(t)] \neq 0.$$

因而 $x(t)$ 为微分方程 (4.2) 的通解.

下面证明它包含了微分方程 (4.2) 的所有解. 由解的存在唯一性定理知, 线性微分方程的解由初值条件唯一决定. 因此只需证明, 对于任意的初值

$$x(t_0) = x_{0,1}, \quad x'(t_0) = x_{0,2}, \quad \cdots, \quad x^{(n-1)}(t_0) = x_{0,n}, \tag{4.9}$$

可以确定式 (4.8) 中常数 $c_1, c_2, \cdots, c_n$ 的值, 使得 $x(t)$ 满足初值条件式 (4.9). 此时我们有如下关于未知数 $c_1, c_2, \cdots, c_n$ 的线性代数方程组:

$$\begin{cases} c_1 x_1(t_0) + c_2 x_2(t_0) + \cdots + c_n x_n(t_0) = x_{0,1} \\ c_1 x_1'(t_0) + c_2 x_2'(t_0) + \cdots + c_n x_n'(t_0) = x_{0,2} \\ \quad \cdots\cdots \\ c_1 x_1^{(n-1)}(t_0) + c_2 x_2^{(n-1)}(t_0) + \cdots + c_n x_n^{(n-1)}(t_0) = x_{0,n} \end{cases} \tag{4.10}$$

由于该线性方程组的系数行列式为 $W(t_0)$, 而定理 4.4 蕴含 $W(t_0) \neq 0$, 因此线性代数方程组 (4.10) 存在唯一解 $c_{0,1}, c_{0,2}, \cdots, c_{0,n}$. 只要式 (4.8) 中常数取为 $c_{0,1}, c_{0,2}, \cdots, c_{0,n}$, 它就满足初值条件式 (4.9). 定理证毕. □

这个定理告诉我们, 线性齐次微分方程 (4.2) 的线性无关解的最大个数为 n. 因此, n 阶线性齐次微分方程的所有解构成一个 n 维线性空间. 微分方程 (4.2) 的 n 个线性无关的解称为一个基本解组. 显然, 基本解组不唯一. 当一个基本解组的朗斯基行列式在 t_0 处的值 $W(t_0) = 1$ 时, 称为标准基本解组. 显然, 标准基本解组总是存在的, 但不唯一.

4.1.3 线性非齐次微分方程解空间的结构

从线性齐次微分方程解空间的结构, 不难推出线性非齐次微分方程解空间的结构.

定理 4.7 如果 $x_1(t), x_2(t), \cdots, x_n(t)$ 是方程 (4.2) 的基本解组, 而 $\bar{x}(t)$ 是方程 (4.1) 的某个特解, 则方程 (4.1) 的通解为

$$x = c_1 x_1(t) + c_2 x_2(t) + \cdots + c_n x_n(t) + \bar{x}(t), \tag{4.11}$$

其中 $c_1, c_2, \cdots, c_n$ 为任意常数, 且通解式 (4.11) 包含方程 (4.1) 的全部解.

证明： 因为方程 (4.1) 是线性方程, 容易知道式 (4.11) 中的 $x(t)$ 是方程 (4.1) 的解, 这个解包含 n 个任意常数. 由于 $x_1(t)$, $x_2(t)$, $\cdots$, $x_n(t)$ 是方程 (4.2) 的基本解组, 根据定理 4.4, 这 n 个函数的朗斯基行列式 $W(t)$ 恒不为零, 即行列式

$$\begin{vmatrix} \dfrac{\partial x}{\partial c_1} & \dfrac{\partial x}{\partial c_2} & \cdots & \dfrac{\partial x}{\partial c_n} \\ \dfrac{\partial x'}{\partial c_1} & \dfrac{\partial x'}{\partial c_2} & \cdots & \dfrac{\partial x'}{\partial c_n} \\ \vdots & \vdots & & \vdots \\ \dfrac{\partial x^{(n)}}{\partial c_1} & \dfrac{\partial x^{(n)}}{\partial c_2} & \cdots & \dfrac{\partial x^{(n)}}{\partial c_n} \end{vmatrix} = W(t) \neq 0.$$

因此, c_1, c_2, $\cdots$, c_n 彼此独立, 式 (4.11) 是方程 (4.1) 的通解. 设 $y(t)$ 为方程 (4.1) 的任一解. 显然 $y(t) - x(t)$ 是方程 (4.2) 的解, 从而存在一组确定的常数 $\bar{c}_1$, $\bar{c}_2$, $\cdots$, $\bar{c}_n$, 使得

$$y(t) - x(t) = \bar{c}_1 x_1(t) + \bar{c}_2 x_2(t) + \cdots + \bar{c}_n x_n(t),$$

即方程 (4.1) 的任一解 $y(t)$ 可表示成式 (4.11) 的形式. 这就说明通解式 (4.11) 包括方程 (4.1) 的全部解. □

定理 4.7 指出, 求解线性非齐次微分方程, 只需知道它的一个特解和对应的线性齐次微分方程的基本解组. 此外, 假设 $a_1(t)$, $a_2(t)$, $\cdots$, $a_n(t)$, $f(t)$ 在区间 $[a,b]$ 上连续, $t_0 \in [a,b]$, 我们断言: **线性非齐次微分方程 (4.1) 有不超过 $n+1$ 个线性无关的解**. 证明思路如下.

第一步, 根据解的存在唯一性定理和朗斯基行列式的性质, 线性齐次微分方程 (4.2) 存在 n 个线性无关的解 $x_1(t)$, $x_2(t)$, $\cdots$, $x_n(t)$, 它们分别满足初值条件

$$\begin{cases} x_1(t_0) = 1, x_1'(t_0) = 0, \cdots, x_1^{(n-1)}(t_0) = 0 \\ x_2(t_0) = 0, x_2'(t_0) = 1, \cdots, x_2^{(n-1)}(t_0) = 0 \\ \cdots\cdots \\ x_n(t_0) = 0, x_n'(t_0) = 0, \cdots, x_n^{(n-1)}(t_0) = 1 \end{cases}.$$

第二步, 再次利用解的存在唯一性定理, 可知线性非齐次微分方程 (4.1) 存在唯一的特解 $\tilde{x}(t)$ 满足事先给定的初值条件 $\tilde{x}(t_0) = z_0$, $\tilde{x}'(t_0) = z_1$, $\cdots$, $\tilde{x}^{(n-1)}(t_0) = z_{n-1}$.

第三步, 容易验证, $\tilde{x}(t)$, $\tilde{x}(t) - x_1(t)$, $\cdots$, $\tilde{x}(t) - x_n(t)$ 为方程 (4.1) 的 $n+1$ 个线性无关的解.

第四步, 假设 $\bar{x}(t)$ 为线性非齐次微分方程 (4.1) 的任一解, 则 $\bar{x}(t) - \tilde{x}(t)$ 为线性齐次微分方程 (4.2) 的一个解, 从而是 $x_1(t)$, $x_2(t)$, $\cdots$, $x_n(t)$ 的线性组合, 即存在常数 k_1, k_2, $\cdots$, k_n, 使得

$$\bar{x}(t) - \tilde{x}(t) = k_1 x_1(t) + k_2 x_2(t) + \cdots + k_n x_n(t), \quad \forall t \in [a,b].$$

此式可以改写为

$$\bar{x}(t) - (1 + k_1 + k_2 + \cdots + k_n)\tilde{x}(t) = \sum_{j=1}^{n} k_j(x_j(t) - \tilde{x}(t)), \quad \forall t \in [a, b].$$

因此, $\bar{x}(t)$, $\tilde{x}(t)$, $\tilde{x}(t) - x_1(t)$, $\cdots$, $\tilde{x}(t) - x_n(t)$ 线性相关, 断言得证.

　　解的存在唯一性定理只给出系数函数和非齐次项函数连续的条件下, 线性非齐次微分方程 (4.1) 满足给定初值条件的解存在且唯一, 但是并没有告诉我们有效的求解方法. 下面我们将利用常数变易法求线性非齐次微分方程的解. 正如在第 2 章中, 我们对单个方程所做的那样, 不过这里要复杂一些.

4.1.4　常数变易法

　　设 $x_1(t)$, $x_2(t)$, $\cdots$, $x_n(t)$ 是线性齐次微分方程 (4.2) 的基本解组, 于是

$$x = c_1 x_1(t) + c_2 x_2(t) + \cdots + c_n x_n(t) \tag{4.12}$$

是它的通解, 其中 c_1, c_2, $\cdots$, c_n 为任意常数. 将常数 c_1, c_2, $\cdots$, c_n 变易成函数 $c_1(t)$, $c_2(t)$, $\cdots$, $c_n(t)$, 即式 (4.12) 变成

$$x = c_1(t)x_1(t) + c_2(t)x_2(t) + \cdots + c_n(t)x_n(t). \tag{4.13}$$

把式 (4.13) 代入线性非齐次微分方程 (4.1), 得到 $c_1(t)$, $c_2(t)$, $\cdots$, $c_n(t)$ 满足的一个方程, 但待定函数有 n 个, 为了确定这 n 个待定函数, 必须再找出 $n - 1$ 个限制条件. 理论上讲, 这些限制条件可以任意给, 但以计算方便为宜. 为此, 我们按下面的方法给出这些限制条件.

　　对式 (4.13) 两边求导, 得

$$\begin{aligned} x' =\ & c_1(t)x_1'(t) + c_2(t)x_2'(t) + \cdots + c_n(t)x_n'(t) \\ & + c_1'(t)x_1(t) + c_2'(t)x_2(t) + \cdots + c_n'(t)x_n(t). \end{aligned}$$

令

$$c_1'(t)x_1(t) + c_2'(t)x_2(t) + \cdots + c_n'(t)x_n(t) = 0, \tag{4.14}$$

即得

$$x' = c_1(t)x_1'(t) + c_2(t)x_2'(t) + \cdots + c_n(t)x_n'(t). \tag{4.15}$$

对式 (4.15) 两边求导, 像上面一样令含有函数 $c_1'(t)$, $c_2'(t)$, $\cdots$, $c_n'(t)$ 的那些项的和等于零, 我们又得到一个限制条件

$$c_1'(t)x_1'(t) + c_2'(t)x_2'(t) + \cdots + c_n'(t)x_n'(t) = 0 \tag{4.16}$$

和一个表达式

$$x'' = c_1(t)x_1''(t) + c_2(t)x_2''(t) + \cdots + c_n(t)x_n''(t). \tag{4.17}$$

一直重复这一步骤, 我们得到第 $n-1$ 个限制条件

$$c_1'(t)x_1^{(n-2)}(t) + c_2'(t)x_2^{(n-2)}(t) + \cdots + c_n'(t)x_n^{(n-2)}(t) = 0 \qquad (4.18)$$

和表达式

$$x^{(n-1)} = c_1(t)x_1^{(n-1)}(t) + c_2(t)x_2^{(n-1)}(t) + \cdots + c_n(t)x_n^{(n-1)}(t). \qquad (4.19)$$

最后, 对式 (4.19) 的两边求导, 得到

$$\begin{aligned} x^{(n)} = {} & c_1(t)x_1^{(n)}(t) + c_2(t)x_2^{(n)}(t) + \cdots + c_n(t)x_n^{(n)}(t) \\ & + c_1'(t)x_1^{(n-1)}(t) + c_2'(t)x_2^{(n-1)}(t) + \cdots + c_n'(t)x_n^{(n-1)}(t). \end{aligned} \qquad (4.20)$$

将式 (4.13) 至式 (4.20) 中的 $x, x', \cdots, x^{(n)}$ 的表达式代入方程 (4.1), 注意到 $x_1(t), x_2(t), \cdots, x_n(t)$ 是方程 (4.2) 的解, 得到

$$c_1'(t)x_1^{(n-1)}(t) + c_2'(t)x_2^{(n-1)}(t) + \cdots + c_n'(t)x_n^{(n-1)}(t) = f(t). \qquad (4.21)$$

这样, 我们得到了包含 n 个未知函数 $c_1'(t), c_2'(t), \cdots, c_n'(t)$ 的 n 个方程, 即方程 (4.14)、方程 (4.16) 等至方程 (4.18) 和方程 (4.21), 从而得到由 n 个限制条件联立的方程组:

$$\begin{cases} c_1'(t)x_1(t) + c_2'(t)x_2(t) + \cdots + c_n'(t)x_n(t) = 0 \\ c_1'(t)x_1'(t) + c_2'(t)x_2'(t) + \cdots + c_n'(t)x_n'(t) = 0 \\ \cdots\cdots \\ c_1'(t)x_1^{(n-2)}(t) + c_2'(t)x_2^{(n-2)}(t) + \cdots + c_n'(t)x_n^{(n-2)}(t) = 0 \\ c_1'(t)x_1^{(n-1)}(t) + c_2'(t)x_2^{(n-1)}(t) + \cdots + c_n'(t)x_n^{(n-1)}(t) = f(t) \end{cases} . \qquad (4.22)$$

对每一个固定的 t, 视 $c_1'(t), c_2'(t), \cdots, c_n'(t)$ 为未知量, 此线性方程组的系数行列式为

$$W[x_1(t), x_2(t), \cdots, x_n(t)] \neq 0,$$

因此存在唯一解 $c_1'(t), c_2'(t), \cdots, c_n'(t)$, 记为 $c_1'(t) = \varphi_1(t), c_2'(t) = \varphi_2(t), \cdots, c_n'(t) = \varphi_n(t)$. 因此我们有

$$c_j(t) = \int \varphi_j(t)\mathrm{d}t + \tilde{c}_j, \quad j = 1, 2, \cdots, n.$$

从而知线性非齐次微分方程 (4.1) 的通解为

$$x = \sum_{j=1}^{n} \left(\int \varphi_j(t)\mathrm{d}t + \tilde{c}_j \right) x_j(t).$$

可以看出, 求解线性非齐次微分方程, 关键是求出对应的线性齐次微分方程的基本解组.

【例 1】 求方程 $x'' - x = \cos t$ 的通解, 已知它对应的齐次微分方程的基本解组为 e^t, e^{-t}.

解：使用常数变易法, 令

$$x = c_1(t)\mathrm{e}^t + c_2(t)\mathrm{e}^{-t}. \tag{4.23}$$

两边求导, 得

$$x' = c_1'(t)\mathrm{e}^t + c_2'(t)\mathrm{e}^{-t} + c_1(t)\mathrm{e}^t - c_2(t)\mathrm{e}^{-t}.$$

令

$$c_1'(t)\mathrm{e}^t + c_2'(t)\mathrm{e}^{-t} = 0, \tag{4.24}$$

则有

$$x' = c_1(t)\mathrm{e}^t - c_2(t)\mathrm{e}^{-t}. \tag{4.25}$$

再对此式两边求导, 得

$$x'' = c_1'(t)\mathrm{e}^t - c_2'(t)\mathrm{e}^{-t} + c_1(t)\mathrm{e}^t + c_2(t)\mathrm{e}^{-t}. \tag{4.26}$$

将式 (4.23) 和式 (4.26) 代入原方程, 得

$$\cos t = x'' - x = c_1'(t)\mathrm{e}^t - c_2'(t)\mathrm{e}^{-t}. \tag{4.27}$$

联立式 (4.24) 和式 (4.27), 有

$$\begin{cases} c_1'(t)\mathrm{e}^t + c_2'(t)\mathrm{e}^{-t} = 0 \\ c_1'(t)\mathrm{e}^t - c_2'(t)\mathrm{e}^{-t} = \cos t \end{cases}.$$

由此得

$$\begin{cases} c_1'(t) = \dfrac{1}{2}\mathrm{e}^{-t}\cos t \\ c_2'(t) = -\dfrac{1}{2}\mathrm{e}^t\cos t \end{cases}.$$

求不定积分, 得

$$\begin{cases} c_1(t) = \dfrac{1}{4}\mathrm{e}^{-t}(\sin t - \cos t) + \tilde{c}_1 \\ c_2(t) = -\dfrac{1}{4}\mathrm{e}^t(\sin t + \cos t) + \tilde{c}_2 \end{cases}.$$

代入式 (4.23), 可知原方程的通解为

$$x = -\frac{1}{2}\cos t + \tilde{c}_1\mathrm{e}^t + \tilde{c}_2\mathrm{e}^{-t},$$

其中 $\tilde{c}_1, \tilde{c}_2$ 为任意常数.

【例 2】　求方程 $x'' + \dfrac{t}{1-t}x' - \dfrac{1}{1-t}x = t - 1$ 的通解, 已知它对应的齐次微分方程的基本解组为 t, e^t.

解：使用常数变易法, 令

$$x = c_1(t)t + c_2(t)\mathrm{e}^t. \tag{4.28}$$

两边求导, 得

$$x' = c_1'(t)t + c_2'(t)\mathrm{e}^t + c_1(t) + c_2(t)\mathrm{e}^t.$$

令

$$c_1'(t)t + c_2'(t)\mathrm{e}^t = 0, \tag{4.29}$$

则有

$$x' = c_1(t) + c_2(t)\mathrm{e}^t. \tag{4.30}$$

再求导, 得

$$x'' = c_1'(t) + c_2'(t)\mathrm{e}^t + c_2(t)\mathrm{e}^t. \tag{4.31}$$

将式 (4.28)、式 (4.30)、式 (4.31) 代入原方程, 得

$$t - 1 = x'' + \frac{t}{1-t}x' - \frac{1}{1-t}x = c_1'(t) + c_2'(t)\mathrm{e}^t,$$

它与方程 (4.29) 联立成方程组

$$\begin{cases} c_1'(t)t + c_2'(t)\mathrm{e}^t = 0 \\ c_1'(t) + c_2'(t)\mathrm{e}^t = t - 1 \end{cases}.$$

解得

$$\begin{cases} c_1'(t) = -1 \\ c_2'(t) = t\mathrm{e}^{-t} \end{cases}.$$

求不定积分, 得

$$\begin{cases} c_1(t) = -t + \tilde{c}_1 \\ c_2(t) = -(t+1)\mathrm{e}^{-t} + \tilde{c}_2 \end{cases}.$$

因此原方程的通解为

$$x = \tilde{c}_1 t + \tilde{c}_2 \mathrm{e}^t - t^2 - 1,$$

其中 $\tilde{c}_1, \tilde{c}_2$ 为任意常数.

【例 3】 求方程 $tx'' - x' = t$ 在 $\{t \in \mathbb{R} : t \neq 0\}$ 上的所有解.

解：对应的线性齐次微分方程可以化为

$$\frac{x''}{x'} = \frac{1}{t}.$$

两边积分, 得 $x' = ct$, 再积分, 得 $x = c_1 t^2 + c_2$, 其中 c_1, c_2 为任意常数. 因此, 对应的线性齐次微分方程的基本解组为 $1, t^2$. 令

$$x = c_1(t) + c_2(t)t^2.$$

求导, 得

$$x' = c_1'(t) + c_2'(t)t^2 + 2tc_2(t).$$

令

$$c_1'(t) + c_2'(t)t^2 = 0. \tag{4.32}$$

从而有 $x' = 2tc_2(t)$, 再求导, 得 $x'' = 2c_2(t) + 2tc_2'(t)$. 将 x'', x' 代入原方程, 得

$$t = tx'' - x' = 2tc_2(t) + 2t^2 c_2'(t) - 2tc_2(t) = 2t^2 c_2'(t),$$

它与方程 (4.32) 联立, 解得 $c_2'(t) = \dfrac{1}{2t}$, $c_1'(t) = -\dfrac{t}{2}$. 积分, 得

$$c_1(t) = -\frac{t^2}{4} + \tilde{c}_1, \quad c_2(t) = \frac{1}{2}\ln|t| + \tilde{c}_2.$$

原方程的通解为

$$x = -\frac{t^2}{4} + \frac{t^2}{2}\ln|t| + \tilde{c}_1 + \tilde{c}_2 t^2,$$

其中 $\tilde{c}_1, \tilde{c}_2$ 为任意常数. 此通解也可以表示为

$$x = \gamma_1 + \gamma_2 t^2 + \frac{t^2}{2}\ln|t|,$$

其中 $\gamma_1 = \tilde{c}_1$, $\gamma_2 = \tilde{c}_2 - \dfrac{1}{4}$.

习题 4.1

1. 已知线性齐次微分方程的基本解组 x_1, x_2, 求下列线性非齐次方程的通解:

(1) $x'' + x = \dfrac{1}{\cos t}$, $x_1 = \cos t$, $x_2 = \sin t$;

(2) $tx'' - x' = t^2$, $x_1 = 1$, $x_2 = t^2$;

(3) $x'' - x = \sin t$, $x_1 = \mathrm{e}^t$, $x_2 = \mathrm{e}^{-t}$;

(4) $t^2 x'' - 4tx' + 6x = 36\dfrac{\ln t}{t}$, $x_1 = t^2$, $x_2 = t^3$.

2. 设 $x_1(t)$, $x_2(t)$, $\cdots$, $x_n(t)$ 是线性齐次微分方程 (4.2) 的任意 n 个解, 它们构成的朗斯基行列式记为 $W(t)$. 试证明 $W(t)$ 满足一阶线性微分方程

$$W'(t) + a_1(t)W(t) = 0,$$

并求 $W(t)$ 的表达式.

3. 假设 $x_1(t) \neq 0$ 是二阶微分方程

$$x'' + h_1(t)x' + h_2(t)x = 0$$

的解, 其中 $h_1(t)$, $h_2(t)$ 在区间 $[a, b]$ 上连续, 并记 $W(t)$ 为 $x_1(t), x_2(t)$ 的朗斯基行列式. 证明:

(1) $x_2(t)$ 为方程的解当且仅当

$$W'(t) + h_1(t)W(t) = 0;$$

(2) 方程的通解为

$$x = x_1 \left(c_1 \int \frac{1}{x_1^2} \exp \left(-\int_{t_0}^{t} a_1(s)\mathrm{d}s \right) \mathrm{d}t + c_2 \right),$$

其中 c_1, c_2 为任意常数, $t_0, t \in [a, b]$.

4. 证明: 线性非齐次微分方程 (4.1) 存在 $n+1$ 个线性无关的解, 且它的任何 $n+2$ 个解必线性相关.

4.2 常系数线性微分方程

对于一般的线性微分方程, 没有普遍适用的解法. 然而, 常系数线性微分方程以及可化为这种类型的方程的求解问题可以被彻底解决. 事实上, 只需解一个代数方程即可.

4.2.1 微分方程的复值解

为了求解常系数线性微分方程, 我们往往先求出其复值解, 再求出相应的实值解. 下面介绍实变量的复值函数及微分方程复值解的概念. 如果对于区间 (a, b) 上的每一个实数 t, 存在唯一的复数

$$z(t) = x(t) + \mathrm{i}y(t) \in \mathbb{C}$$

与之对应, 其中 $x(t)$ 和 $y(t)$ 是实数, $\mathrm{i} = \sqrt{-1}$ 为虚数单位, $\mathbb{C}$ 为全体复数的集合, 就称 $z(t)$ 为实变量 t 的**复值函数**, 函数 $x(t)$ 和 $y(t)$ 分别称为复值函数 $z(t)$ 的实部和虚部. 如果复值函数 $z(t)$ 的实部和虚部均为实值连续函数, 则称它为连续函数. 同样, 如果实值函数 $x(t)$ 和 $y(t)$ 可导, 就称复值函数 $z(t)$ 可导, 其导数表示为

$$z'(t) = x'(t) + \mathrm{i}y'(t).$$

容易验证, 对于实变量的复值函数, 也有类似于两个实值函数的线性组合, 乘积和商的求导法则成立.

对任一 $z = x + \mathrm{i}y \in \mathbb{C}$, 我们有如下的欧拉公式:

$$\mathrm{e}^z = \mathrm{e}^x(\cos y + \mathrm{i}\sin y). \tag{4.33}$$

记 z 的共轭复数为 $\bar{z} = x - \mathrm{i}y$, 则 $\mathrm{e}^{\bar{z}} = \overline{\mathrm{e}^z}$. 此外, 我们将验证下面的等式:

$$\mathrm{e}^{z_1}\mathrm{e}^{z_2} = \mathrm{e}^{z_1+z_2}, \quad \forall z_1, z_2 \in \mathbb{C} \tag{4.34}$$

$$\frac{\mathrm{d}}{\mathrm{d}t}\mathrm{e}^{\lambda t} = \lambda\mathrm{e}^{\lambda t}, \forall \lambda \in \mathbb{C}, t \in (a, b). \tag{4.35}$$

事实上, 设 $z_1 = x_1 + \mathrm{i}y_1$, $z_2 = x_2 + \mathrm{i}y_2$. 由式 (4.33) 得

$$\begin{aligned}
\mathrm{e}^{z_1}\mathrm{e}^{z_2} &= \mathrm{e}^{x_1}(\cos y_1 + \mathrm{i}\sin y_1)\mathrm{e}^{x_2}(\cos y_2 + \mathrm{i}\sin y_2) \\
&= \mathrm{e}^{x_1+x_2}(\cos(y_1 + y_2) + \mathrm{i}\sin(y_1 + y_2)) \\
&= \mathrm{e}^{z_1+z_2},
\end{aligned}$$

即式 (4.34) 成立. 现在验证式 (4.35), 先考虑 $\lambda = \mathrm{i}y$ 为纯虚数的情形. 根据式 (4.33), 我们有

$$\begin{aligned}
\frac{\mathrm{d}}{\mathrm{d}t}\mathrm{e}^{\mathrm{i}yt} &= \frac{\mathrm{d}}{\mathrm{d}t}(\cos(yt) + \mathrm{i}\sin(yt)) \\
&= -y\sin(yt) + \mathrm{i}y\cos(yt) \\
&= \mathrm{i}y(\cos(yt) + \mathrm{i}\sin(yt)) \\
&= \mathrm{i}y\mathrm{e}^{\mathrm{i}yt}.
\end{aligned}$$

再考虑一般的 $\lambda = x + \mathrm{i}y$, 我们利用式 (4.34) 得到

$$\begin{aligned}
\frac{\mathrm{d}}{\mathrm{d}t}\mathrm{e}^{\lambda t} &= \frac{\mathrm{d}}{\mathrm{d}t}(\mathrm{e}^{xt}\mathrm{e}^{\mathrm{i}yt}) \\
&= \mathrm{e}^{\mathrm{i}yt}\frac{\mathrm{d}}{\mathrm{d}t}\mathrm{e}^{xt} + \mathrm{e}^{xt}\frac{\mathrm{d}}{\mathrm{d}t}\mathrm{e}^{\mathrm{i}yt} \\
&= x\mathrm{e}^{xt}\mathrm{e}^{\mathrm{i}yt} + \mathrm{i}y\mathrm{e}^{\mathrm{i}yt}\mathrm{e}^{xt} \\
&= \lambda\mathrm{e}^{\lambda t}.
\end{aligned}$$

考虑 n 阶微分方程

$$z^{(n)} = f(t, z, z', \cdots, z^{(n-1)}), \tag{4.36}$$

其中右端是变量 $z, z', \cdots, z^{(n-1)}$ 的多项式, 该多项式的系数是变量 t 在某个区间 (a, b) 上的实值或复值连续函数. 因此, f 关于 $z, z', \cdots, z^{(n-1)}$ 有连续的一阶偏导数. 对于任意初值 $(t_0, z_0, z_0', \cdots, z_0^{(n-1)})$, 其中 $t_0 \in (a, b)$, 由非线性微分方程初值问题解的局部存在唯一性 (参考定理 4.1 和定理 6.1) 知, 方程 (4.36) 存在满足初值条件

$$\varphi(t_0) = z_0, \quad \varphi'(t_0) = z_0', \quad \cdots, \quad \varphi^{(n-1)}(t_0) = z_0^{(n-1)}$$

的解 $z = \varphi(t)$, 而且任意两个有相同初值的解在它们定义区间的公共部分上相同. 如果方程 (4.36) 是线性的, 即多项式 f 关于 $z, z', \cdots, z^{(n-1)}$ 是线性的, 那么对任何初值都存在定义于整个区间 (a,b) 上的解.

我们现在给出后面将要用到的一些简单结论.

定理 4.8 设 $a_1(t), a_2(t), \cdots, a_n(t), u(t), v(t)$ 为区间 $[a,b]$ 上的连续实值函数, $f(t) = u(t) + \mathrm{i}v(t)$ 为连续的复值函数.

(1) 若 $x(t) = \varphi(t) + \mathrm{i}\psi(t)$ 是齐次微分方程 (4.2) 的复值解, 则 $\varphi(t), \psi(t)$, 以及共轭复值函数 $\overline{x(t)} = \varphi(t) - \mathrm{i}\psi(t)$ 都是方程 (4.2) 在区间 $[a,b]$ 上的解.

(2) 若 $x(t) = \varphi(t) + \mathrm{i}\psi(t)$ 是非齐次微分方程 (4.1) 的复值解, 则 $\varphi(t)$ 和 $\psi(t)$ 分别是方程 (4.1) 在区间 $[a,b]$ 上的对应于右端项为 $u(t)$ 和 $v(t)$ 的实值解.

证明: 我们记

$$\tilde{L} = \frac{\mathrm{d}^n}{\mathrm{d}t^n} + a_1(t)\frac{\mathrm{d}^{n-1}}{\mathrm{d}t^{n-1}} + \cdots + a_{n-1}(t)\frac{\mathrm{d}}{\mathrm{d}t} + a_n(t).$$

(1) 将 $x(t) = \varphi(t) + \mathrm{i}\psi(t)$ 代入式 (4.2), 得到

$$\tilde{L}\varphi(t) + \mathrm{i}\tilde{L}\psi(t) = 0,$$

即得 $\tilde{L}\varphi(t) = \tilde{L}\psi(t) = 0$, 且 $\tilde{L}(\varphi(t) - \mathrm{i}\psi(t)) = 0$.

(2) 将 $x(t) = \varphi(t) + \mathrm{i}\psi(t)$ 代入式 (4.1), 得到

$$\tilde{L}\varphi(t) + \mathrm{i}\tilde{L}\psi(t) = u(t) + \mathrm{i}v(t).$$

比较两边的实部和虚部, 得到 $\tilde{L}\varphi(t) = u(t)$, $\tilde{L}\psi(t) = v(t)$. 结论 (2) 得证. □

4.2.2 常系数线性齐次微分方程

常系数线性齐次微分方程形如

$$L[x] \equiv \frac{\mathrm{d}^n x}{\mathrm{d}t^n} + a_1\frac{\mathrm{d}^{n-1}x}{\mathrm{d}t^{n-1}} + \cdots + a_{n-1}\frac{\mathrm{d}x}{\mathrm{d}t} + a_n x = 0, \tag{4.37}$$

其中 $a_1, a_2, \cdots, a_n$ 为常数. 在本书中, **常数通常指实的常数**, 除非特别声明常数为复数. 为求微分方程 (4.37) 的通解, 只需求它的基本解组. 下面介绍求方程 (4.37) 的基本解组的欧拉待定指数函数法, 或特征根法.

当 $n=1$ 时, 微分方程 (4.37) 为 $x' + ax = 0$. 它有通解 $x = ce^{-at}$, 其中 c 为任意常数. 当 $n>1$ 时, 我们寻求微分方程 (4.37) 的形如

$$x = \mathrm{e}^{\lambda t} \tag{4.38}$$

的解, 其中 $\lambda \in \mathbb{C}$ 是待定常数. 直接计算, 得

$$L[\mathrm{e}^{\lambda t}] \equiv (\lambda^n + a_1\lambda^{n-1} + \cdots + a_{n-1}\lambda + a_n)\mathrm{e}^{\lambda t} = F(\lambda)\mathrm{e}^{\lambda t},$$

其中 $F(\lambda) \equiv \lambda^n + a_1\lambda^{n-1} + \cdots + a_{n-1}\lambda + a_n$ 是 λ 的 n 次多项式. 容易看出, 式 (4.38) 是方程 (4.37) 的解当且仅当 λ 是 n 次代数方程

$$F(\lambda) \equiv \lambda^n + a_1\lambda^{n-1} + \cdots + a_{n-1}\lambda + a_n = 0 \tag{4.39}$$

的根. 由代数基本定理 (n 次实系数多项式在复数域内有且只有 n 个根, 重根按重数计算) 知, 方程 (4.39) 在复数域内必存在 n 个根 $\lambda_1, \lambda_2, \cdots, \lambda_n$, 其中可能有重根. 我们称代数方程 (4.39) 为常系数线性微分方程 (4.37) 的特征方程, 它的根称为方程 (4.37) 的特征根. 下面分别讨论根特征根的不同情形.

类型 1. 特征根是单根.

设 $\lambda_1, \lambda_2, \cdots, \lambda_n$ 为特征方程 (4.39) 的 n 个互不相同的根, 则根据前面的讨论知, 微分方程 (4.37) 在区间 $[a,b]$ 上有如下 n 个解:

$$\mathrm{e}^{\lambda_1 t}, \quad \mathrm{e}^{\lambda_2 t}, \quad \cdots, \quad \mathrm{e}^{\lambda_n t}. \tag{4.40}$$

我们断言这 n 个解在区间 $[a,b]$ 上线性无关. 事实上, 根据定理 4.4, 只需验证这 n 个解的朗斯基行列式 $W(t)$ 在此区间上恒不为零. 直接计算, 得

$$W(t) \equiv \begin{vmatrix} \mathrm{e}^{\lambda_1 t} & \mathrm{e}^{\lambda_2 t} & \cdots & \mathrm{e}^{\lambda_n t} \\ \lambda_1\mathrm{e}^{\lambda_1 t} & \lambda_2\mathrm{e}^{\lambda_2 t} & \cdots & \lambda_n\mathrm{e}^{\lambda_n t} \\ \vdots & \vdots & & \vdots \\ \lambda_1^{n-1}\mathrm{e}^{\lambda_1 t} & \lambda_2^{n-1}\mathrm{e}^{\lambda_2 t} & \cdots & \lambda_n^{n-1}\mathrm{e}^{\lambda_n t} \end{vmatrix}$$

$$= \mathrm{e}^{(\lambda_1+\lambda_2+\cdots+\lambda_n)t} \begin{vmatrix} 1 & 1 & \cdots & 1 \\ \lambda_1 & \lambda_2 & \cdots & \lambda_n \\ \vdots & \vdots & & \vdots \\ \lambda_1^{n-1} & \lambda_2^{n-1} & \cdots & \lambda_n^{n-1} \end{vmatrix},$$

其中最后一个行列式是范德蒙 (Vandermonde) 行列式, 其值为 $\lambda_j - \lambda_k$ 的连乘积, $1 \leqslant k < j \leqslant n$. 因为 $\lambda_1, \lambda_2, \cdots, \lambda_n$ 互不相同, 我们知道 $W(t) \neq 0$, $t \in [a,b]$. 于是式 (4.40) 是微分方程 (4.37) 的 n 个线性无关的解组, 断言得证.

我们现在证明, 对于微分方程 (4.37) 在区间 $[a,b]$ 上的任一复值解 $z(t)$, 存在唯一的一组复常数 $c_1, c_2, \cdots, c_n$, 使得

$$z(t) = c_1\mathrm{e}^{\lambda_1 t} + c_2\mathrm{e}^{\lambda_2 t} + \cdots + c_n\mathrm{e}^{\lambda_n t}. \tag{4.41}$$

事实上, 由定理 4.1, 只需验证 $z(t)$ 与 $c_1 e^{\lambda_1 t} + c_2 e^{\lambda_2 t} + \cdots + c_n e^{\lambda_n t}$ 具有相同的初值, 即

$$
\begin{cases}
z(t_0) = c_1 e^{\lambda_1 t_0} + c_2 e^{\lambda_2 t_0} + \cdots + c_n e^{\lambda_n t_0} \\
z'(t_0) = c_1 \lambda_1 e^{\lambda_1 t_0} + c_2 \lambda_2 e^{\lambda_2 t_0} + \cdots + c_n \lambda_n e^{\lambda_n t_0} \\
\cdots\cdots \\
z^{(n-1)}(t_0) = c_1 \lambda_1^{n-1} e^{\lambda_1 t_0} + c_2 \lambda_2^{n-1} e^{\lambda_2 t_0} + \cdots + c_n \lambda_n^{n-1} e^{\lambda_n t_0}
\end{cases}
$$

将此方程组视为未知变量为 $c_1, c_2, \cdots, c_n$ 的线性方程组, 由前面的讨论知它的系数行列式为 $W(t_0) \neq 0$, 从而存在唯一的解 $c_1, c_2, \cdots, c_n$. 在这个意义下, 我们称式 (4.41) 为线性齐次微分方程 (4.37) 的复值通解.

在实际问题中, 我们更关心微分方程的实值解. 如果 $\lambda_1, \lambda_2, \cdots, \lambda_n$ 均为实数, 则式 (4.40) 是微分方程 (4.37) 的 n 个线性无关的实值解, 因而方程 (4.37) 的通解表示为

$$
x = c_1 e^{\lambda_1 t} + c_2 e^{\lambda_2 t} + \cdots + c_n e^{\lambda_n t},
$$

其中 $c_1, c_2, \cdots, c_n$ 为任意常数. 如果特征方程有复根, 则因特征方程的系数为实数, 由代数基本定理知, 实系数多项式的复根成对出现且互为共轭. 设 $\lambda = \alpha + i\beta$ 是一个特征根, 则 $\bar{\lambda} = \alpha - i\beta$ 也是一个特征根, 它们对应微分方程 (4.37) 的两个复值解

$$
e^{\lambda t} = e^{\alpha t}(\cos \beta t + i \sin \beta t), \; e^{\bar{\lambda} t} = e^{\alpha t}(\cos \beta t - i \sin \beta t).
$$

根据定理 4.8 的结论 (1), 这两个复值解的实部和虚部都是微分方程 (4.37) 的解. 不妨设特征根 $\lambda_j = \alpha_j + i\beta_j, 1 \leqslant j \leqslant k$ 为复根, 而其余特征根皆为实根, 则微分方程 (4.37) 的通解为

$$
x = \sum_{j=1}^{k} (c_{1j} e^{\alpha_j t} \cos \beta_j t + c_{2j} e^{\alpha_j t} \sin \beta_j t) + \sum_{\ell=k+1}^{n} c_\ell e^{\lambda_\ell t},
$$

其中 c_{1j}, c_{2j}, c_ℓ 为任意常数, $1 \leqslant j \leqslant k, k+1 \leqslant \ell \leqslant n$.

【例 1】 求微分方程

$$
x''' - 3x'' + 9x' + 13x = 0
$$

的通解.

解: 写出特征方程

$$
F(\lambda) \equiv \lambda^3 - 3\lambda^2 + 9\lambda + 13 = 0.
$$

直接验证即知 $\lambda = -1$ 是特征根. 分解多项式 $F(\lambda)$, 得

$$
F(\lambda) = (\lambda + 1)(\lambda^2 - 4\lambda + 13).
$$

另外两个特征根为 $2 \pm 3i$. 于是所有特征根是

$$
\lambda_1 = 2 + 3i, \; \lambda_2 = 2 - 3i, \; \lambda_3 = -1.
$$

原方程的通解为

$$x = c_1 \mathrm{e}^{2t}\cos 3t + c_2 \mathrm{e}^{2t}\sin 3t + c_3 \mathrm{e}^{-t},$$

其中 c_1, c_2, c_3 为任意常数.

【例 2】　求微分方程

$$x^{(4)} - x = 0$$

的通解.

解：特征方程为 $F(\lambda) = \lambda^4 - 1 = 0$. 因式分解, 得

$$F(\lambda) = (\lambda^2 + 1)(\lambda^2 - 1) = (\lambda + \mathrm{i})(\lambda - \mathrm{i})(\lambda + 1)(\lambda - 1).$$

于是特征方程有 4 个不同的特征根: $\lambda_1 = -\mathrm{i}$, $\lambda_2 = \mathrm{i}$, $\lambda_3 = 1$, $\lambda_4 = -1$. 原方程的通解为

$$x = c_1 \cos t + c_2 \sin t + c_3 \mathrm{e}^t + c_4 \mathrm{e}^{-t},$$

其中 c_1, c_2, c_3, c_4 为任意常数.

【例 3】　求微分方程

$$x''' + 8x = 0$$

的通解.

解：特征方程为 $F(\lambda) = \lambda^3 + 8 = 0$. 注意到

$$F(\lambda) = (\lambda + 2)(\lambda^2 - 2\lambda + 4),$$

于是特征方程有 3 个互不相同的特征根: $\lambda_1 = -2$, $\lambda_2 = 1 + \sqrt{3}\mathrm{i}$, $\lambda_3 = 1 - \sqrt{3}\mathrm{i}$. 因此原微分方程的通解为

$$x = c_1 \mathrm{e}^{-2t} + c_2 \mathrm{e}^t \cos\sqrt{3}t + c_3 \mathrm{e}^t \sin\sqrt{3}t,$$

其中 c_1, c_2, c_3 为任意常数.

类型 2. 特征根有重根.

设特征方程 (4.39) 有一个 ℓ 重根 $\lambda = \lambda_1$, 由多项式理论知 $F^{(\ell)}(\lambda_1) \neq 0$ 且

$$F(\lambda_1) = F'(\lambda_1) = \cdots = F^{(\ell-1)}(\lambda_1) = 0.$$

先考虑 $\lambda_1 = 0$ 的情形, 此时特征方程 (4.39) 为

$$\lambda^n + a_1 \lambda^{n-1} + \cdots + a_{n-\ell}\lambda^\ell = 0,$$

它对应的微分方程 (4.37) 变为

$$\frac{\mathrm{d}^n x}{\mathrm{d}t^n} + a_1 \frac{\mathrm{d}^{n-1}x}{\mathrm{d}t^{n-1}} + \cdots + a_{n-\ell}\frac{\mathrm{d}^\ell x}{\mathrm{d}t^\ell} = 0. \tag{4.42}$$

容易看出 $x = t^j$, $1 \leqslant j \leqslant \ell$ 是微分方程 (4.42) 的 ℓ 个线性无关的特解. 因此特征方程 (4.39) 的 ℓ 重零根对应微分方程 (4.37) 的 ℓ 个线性无关的解 $1, t, \cdots, t^{\ell-1}$.

再考虑 ℓ 重根 $\lambda_1 \neq 0$ 的情形. 令 $y = x\mathrm{e}^{-\lambda_1 t}$. 注意到

$$
\begin{aligned}
L[x] &\equiv \frac{\mathrm{d}^n x}{\mathrm{d}t^n} + a_1 \frac{\mathrm{d}^{n-1} x}{\mathrm{d}t^{n-1}} + \cdots + a_{n-1} \frac{\mathrm{d}x}{\mathrm{d}t} + a_n x \\
&= \left(\frac{\mathrm{d}^n y}{\mathrm{d}t^n} + b_1 \frac{\mathrm{d}^{n-1} y}{\mathrm{d}t^{n-1}} + \cdots + b_{n-1} \frac{\mathrm{d}y}{\mathrm{d}t} + b_n y \right) \mathrm{e}^{\lambda_1 t} \\
&= L_1[y]\mathrm{e}^{\lambda_1 t},
\end{aligned}
$$

其中

$$
b_{n-k} = \sum_{m=k}^{n} a_{n-m} C_m^{m-k} \lambda_1^{m-k}, \quad C_m^{m-k} = \frac{m!}{k!(m-k)!}, \quad a_0 = 1.
$$

于是微分方程 (4.37) 转化为

$$
L_1[y] = \frac{\mathrm{d}^n y}{\mathrm{d}t^n} + b_1 \frac{\mathrm{d}^{n-1} y}{\mathrm{d}t^{n-1}} + \cdots + b_{n-1} \frac{\mathrm{d}y}{\mathrm{d}t} + b_n y = 0. \tag{4.43}
$$

方程 (4.43) 对应的特征方程为

$$
G(\mu) \equiv \mu^n + b_1 \mu^{n-1} + \cdots + b_{n-1} \mu + b_n = 0. \tag{4.44}
$$

直接计算, 得

$$
\begin{aligned}
G(\mu)\mathrm{e}^{(\mu+\lambda_1)t} &= L_1[\mathrm{e}^{\mu t}]\mathrm{e}^{\lambda_1 t} \\
&= L[\mathrm{e}^{(\mu+\lambda_1)t}] \\
&= F(\mu + \lambda_1)\mathrm{e}^{(\mu+\lambda_1)t}.
\end{aligned}
$$

由此得到

$$
G(\mu) = F(\mu + \lambda_1).
$$

从而 λ_1 是特征方程 (4.39) 的 ℓ 重根等价于 $\mu = 0$ 是特征方程 (4.44) 的 ℓ 重根. 根据前面的讨论, 特征方程 (4.44) 的 ℓ 重根 $\mu = 0$ 对应微分方程 (4.43) 的 ℓ 个解 $y = t^j$, $j = 0, 1, \cdots, \ell-1$. 因此, 对应于特征方程 (4.39) 的 ℓ 重根 $\lambda = \lambda_1$, 微分方程 (4.37) 有 ℓ 个解 $x = t^j \mathrm{e}^{\lambda_1 t}$, $j = 0, 1, \cdots, \ell-1$. 这样一来, 若特征方程 (4.39) 的全部互异的特征根为 $\lambda_1, \lambda_2, \cdots, \lambda_m$, 重数分别为 $\ell_1, \ell_2, \cdots, \ell_m$, 且满足 $\ell_1 + \ell_2 + \cdots + \ell_m = n$, 则微分方程 (4.37) 有解组

$$
\begin{cases}
\mathrm{e}^{\lambda_1 t}, t\mathrm{e}^{\lambda_1 t}, \cdots, t^{\ell_1-1}\mathrm{e}^{\lambda_1 t} \\
\mathrm{e}^{\lambda_2 t}, t\mathrm{e}^{\lambda_2 t}, \cdots, t^{\ell_2-1}\mathrm{e}^{\lambda_2 t} \\
\cdots\cdots \\
\mathrm{e}^{\lambda_m t}, t\mathrm{e}^{\lambda_m t}, \cdots, t^{\ell_m-1}\mathrm{e}^{\lambda_m t}.
\end{cases} \tag{4.45}
$$

我们现在证明式 (4.45) 中的解组是线性无关的. 为此, 设有实的常数 $c_{j,k}$, $k = 0, 1, \cdots, \ell_j - 1$, $j = 1, 2, \cdots, m$, 使得

$$\sum_{j=1}^{m} \sum_{k=0}^{\ell_j - 1} c_{j,k} t^k \mathrm{e}^{\lambda_j t} = 0. \tag{4.46}$$

记

$$P_j(t) = \sum_{k=0}^{\ell_j - 1} c_{j,k} t^k, \quad j = 1, 2, \cdots, m. \tag{4.47}$$

将式 (4.46) 两边同乘以 $\mathrm{e}^{-\lambda_1 t}$, 得

$$P_1(t) = -\sum_{j=2}^{m} P_j(t) \mathrm{e}^{(\lambda_j - \lambda_1)t}. \tag{4.48}$$

注意到 $P_1(t)$ 是至多 $\ell_1 - 1$ 次多项式, 它的 ℓ_1 阶导数为零. 对等式 (4.48) 的两边求 ℓ_1 阶导数, 我们得到

$$\sum_{j=2}^{m} ((\lambda_j - \lambda_1)^{\ell_1} P_j(t) + Q_{2,j}(t)) \mathrm{e}^{(\lambda_j - \lambda_1)t} = 0, \tag{4.49}$$

其中

$$Q_{2,j}(t) = \sum_{k=1}^{\ell_1} C_{\ell_1}^k (\lambda_j - \lambda_1)^{\ell_1 - k} P_j^{(k)}(t), \quad j = 2, \cdots, m.$$

显然, $Q_{2,j}(t)$ 是次数严格小于 $\ell_j - 1$ 的多项式. 用 $\mathrm{e}^{(\lambda_1 - \lambda_2)t}$ 乘以式 (4.49) 的两边, 得

$$(\lambda_2 - \lambda_1)^{\ell_1} P_2(t) + Q_{2,2}(t) = -\sum_{j=3}^{m} ((\lambda_j - \lambda_1)^{\ell_1} P_j(t) + Q_{2,j}(t)) \mathrm{e}^{(\lambda_j - \lambda_2)t}.$$

因为上式左边是次数不高于 $\ell_2 - 1$ 的多项式, 两边求 ℓ_2 阶导数, 得

$$\sum_{j=3}^{m} ((\lambda_j - \lambda_1)^{\ell_1} (\lambda_j - \lambda_2)^{\ell_2} P_j(t) + Q_{3,j}(t)) \mathrm{e}^{(\lambda_j - \lambda_2)t} = 0,$$

其中多项式 $Q_{3,j}(t)$ 的次数严格小于 $\ell_j - 1$. 继续重复这一过程, 我们得到

$$\left(\prod_{j=1}^{m-1} (\lambda_m - \lambda_j)^{\ell_j} P_m(t) + Q_{m,m}(t) \right) \mathrm{e}^{(\lambda_m - \lambda_{m-1})t} = 0, \tag{4.50}$$

其中 $Q_{m,m}(t)$ 是一个次数严格小于 $\ell_m - 1$ 的多项式. 因此有

$$\prod_{j=1}^{m-1} (\lambda_m - \lambda_j)^{\ell_j} P_m(t) + Q_{m,m}(t) = 0. \tag{4.51}$$

由此推出左边多项式最高次项 t^{ℓ_m-1} 的系数 $c_{m,\ell_m-1}=0$, 即有

$$P_m(t)=\sum_{k=0}^{\ell_m-2}c_{m,k}t^k.$$

回到式 (4.50), 我们观察到这样一个事实: 多项式 $Q_{m,m}(t)$ 的次数严格小于多项式 $P_m(t)$ 的次数. 由此可推出 $c_{m,\ell_m-2}=0$. 依此类推, 我们得到 $c_{m,k}=0$, $k=0,1,\cdots,\ell_m-1$, 即 $P_m(t)\equiv0$. 从而式 (4.46) 变为

$$\sum_{j=1}^{m-1}P_j(t)\mathrm{e}^{\lambda_j t}=0.$$

不断重复以上步骤, 可得 $c_{j,k}=0$, $k=0,1,\cdots,\ell_j-1$, $j=1,2,\cdots,m-1$. 这就证明了式 (4.45) 中的解组线性无关.

根据定理 4.6, 我们知道式 (4.45) 即为微分方程 (4.37) 的基本解组. 对于特征方程 (4.39), 由于实系数多项式复根的共轭也是复根, 如果微分方程 (4.37) 有一个 ℓ 重特征根 $\lambda=\alpha+\mathrm{i}\beta$, 则它必有 2ℓ 个实值解

$$\mathrm{e}^{\alpha t}\cos\beta t, t\mathrm{e}^{\alpha t}\cos\beta t, \cdots, t^{\ell-1}\mathrm{e}^{\alpha t}\cos\beta t,$$
$$\mathrm{e}^{\alpha t}\sin\beta t, t\mathrm{e}^{\alpha t}\sin\beta t, \cdots, t^{\ell-1}\mathrm{e}^{\alpha t}\sin\beta t.$$

【例 4】 求微分方程

$$x''(t)-5x'(t)+4x(t)=0$$

的通解.

解: 特征方程

$$\lambda^2-5\lambda+4=0$$

有两个不同的实根: $\lambda_1=1$, $\lambda_2=4$. $x_1(t)=\mathrm{e}^t$ 和 $x_2(t)=\mathrm{e}^{4t}$ 是原方程的基本解组, 因此原方程的通解为

$$x(t)=c_1\mathrm{e}^t+c_2\mathrm{e}^{4t},$$

其中 c_1,c_2 为任意常数.

【例 5】 求微分方程

$$x''(t)-2x'(t)+x(t)=0$$

的通解.

解: 特征方程

$$\lambda^2-2\lambda+1=0$$

有 2 重根 $\lambda_1=\lambda_2=1$. 因此原方程的基本解组为 $x_1(t)=\mathrm{e}^t$, $x_2(t)=t\mathrm{e}^t$. 所求通解为

$$x(t)=(c_1+c_2t)\mathrm{e}^t,$$

其中 c_1, c_2 为任意常数.

【例 6】 求解初值问题

$$\begin{cases} x''(t) - 2x'(t) + 2x(t) = 0 \\ x(0) = 1, \, x'(0) = 2 \end{cases}.$$

解：特征方程

$$\lambda^2 - 2\lambda + 2 = 0$$

有两个不同的特征值：$\lambda_1 = 1 + \mathrm{i}$, $\lambda_2 = 1 - \mathrm{i}$. 原方程的基本解组为 $x_1(t) = \mathrm{e}^t \cos t$, $x_2(t) = \mathrm{e}^t \sin t$. 原方程的通解为

$$x(t) = \mathrm{e}^t(c_1 \cos t + c_2 \sin t).$$

由此得

$$x'(t) = \mathrm{e}^t(c_1 \cos t + c_2 \sin t) + \mathrm{e}^t(c_2 \cos t - c_1 \sin t).$$

由初值条件 $x(0) = 1, x'(0) = 2$ 知

$$\begin{cases} c_1 = 1 \\ c_1 + c_2 = 2 \end{cases}.$$

因此所求初值问题的解为

$$x(t) = \mathrm{e}^t(\cos t + \sin t).$$

【例 7】 求微分方程

$$x'''(t) - 5x''(t) + 7x'(t) - 3x(t) = 0$$

的通解.

解：特征方程

$$\lambda^3 - 5\lambda^2 + 7\lambda - 3 = (\lambda - 1)^2(\lambda - 3) = 0$$

有解 $\lambda_1 = \lambda_2 = 1$, $\lambda_3 = 3$. 因此基本解组为 $x_1(t) = \mathrm{e}^t$, $x_2(t) = t\mathrm{e}^t$, $x_3(t) = \mathrm{e}^{3t}$, 通解为

$$x(t) = (c_1 + c_2 t)\mathrm{e}^t + c_3 \mathrm{e}^{3t},$$

其中 c_1, c_2, c_3 为任意常数.

【例 8】 求微分方程

$$x^{(4)}(t) + x(t) = 0$$

的通解.

解：特征方程 $\lambda^4 + 1 = 0$ 有根

$$\lambda_1 = \frac{\sqrt{2}}{2} + \frac{\sqrt{2}}{2}\mathrm{i}, \quad \lambda_2 = -\frac{\sqrt{2}}{2} - \frac{\sqrt{2}}{2}\mathrm{i},$$

$$\lambda_3 = -\frac{\sqrt{2}}{2} + \frac{\sqrt{2}}{2}\mathrm{i}, \quad \lambda_4 = \frac{\sqrt{2}}{2} - \frac{\sqrt{2}}{2}\mathrm{i}.$$

基本解组为

$$x_1(t) = \mathrm{e}^{\frac{\sqrt{2}}{2}t}\cos\frac{\sqrt{2}}{2}t, \quad x_2(t) = \mathrm{e}^{\frac{\sqrt{2}}{2}t}\sin\frac{\sqrt{2}}{2}t,$$

$$x_3(t) = \mathrm{e}^{-\frac{\sqrt{2}}{2}t}\cos\frac{\sqrt{2}}{2}t, \quad x_4(t) = \mathrm{e}^{-\frac{\sqrt{2}}{2}t}\sin\frac{\sqrt{2}}{2}t.$$

通解为

$$x(t) = \left(c_1\cos\frac{\sqrt{2}}{2}t + c_2\sin\frac{\sqrt{2}}{2}t\right)\mathrm{e}^{\frac{\sqrt{2}}{2}t} + \left(c_3\cos\frac{\sqrt{2}}{2}t + c_4\sin\frac{\sqrt{2}}{2}t\right)\mathrm{e}^{-\frac{\sqrt{2}}{2}t},$$

其中 c_1, c_2, c_3, c_4 为任意常数.

【例 9】 求微分方程

$$x^{(4)}(t) - 2x''(t) + x(t) = 0$$

的通解.

解：特征方程 $\lambda^4 - 2\lambda^2 + 1 = 0$ 有根：$\lambda_1 = \lambda_2 = 1$, $\lambda_3 = \lambda_4 = -1$. 通解为

$$x(t) = (c_1 + c_2 t)\mathrm{e}^t + (c_3 + c_4 t)\mathrm{e}^{-t},$$

其中 c_1, c_2, c_3, c_4 为任意常数.

下面我们讨论**欧拉方程**, 形如

$$t^n\frac{\mathrm{d}^n x}{\mathrm{d}t^n} + a_1 t^{n-1}\frac{\mathrm{d}^{n-1} x}{\mathrm{d}t^{n-1}} + \cdots + a_{n-1}t\frac{\mathrm{d}x}{\mathrm{d}t} + a_n x = 0, \tag{4.52}$$

其中 $a_1, a_2, \cdots, a_n$ 为常数. 此类方程可以通过变量替换化为常系数线性齐次微分方程, 然后求解, 从而完全解决问题. 事实上, 令 $t = \mathrm{e}^s$, $\tilde{x}(s) = x(\mathrm{e}^s)$. 我们得到

$$\frac{\mathrm{d}x}{\mathrm{d}t} = \frac{\mathrm{d}\tilde{x}}{\mathrm{d}s}\frac{\mathrm{d}s}{\mathrm{d}t} = \frac{1}{t}\frac{\mathrm{d}\tilde{x}}{\mathrm{d}s}, \quad \frac{\mathrm{d}^2 x}{\mathrm{d}t^2} = -\frac{1}{t^2}\frac{\mathrm{d}\tilde{x}}{\mathrm{d}s} + \frac{1}{t^2}\frac{\mathrm{d}^2\tilde{x}}{\mathrm{d}s^2}.$$

由归纳法知, 对任意的自然数 m, 有

$$\frac{\mathrm{d}^m x}{\mathrm{d}t^m} = \frac{1}{t^m}\left(\frac{\mathrm{d}^m\tilde{x}}{\mathrm{d}s^m} + b_1\frac{\mathrm{d}^{m-1}\tilde{x}}{\mathrm{d}s^{m-1}} + \cdots + b_{m-1}\frac{\mathrm{d}\tilde{x}}{\mathrm{d}s}\right)$$

成立, 其中 $b_1, b_2, \cdots, b_{m-1}$ 为确定的常数. 因此有

$$t^m \frac{\mathrm{d}^m x}{\mathrm{d}t^m} = \frac{\mathrm{d}^m \tilde{x}}{\mathrm{d}s^m} + b_1 \frac{\mathrm{d}^{m-1}\tilde{x}}{\mathrm{d}s^{m-1}} + \cdots + b_{m-1}\frac{\mathrm{d}\tilde{x}}{\mathrm{d}s}.$$

方程 (4.52) 变为

$$\frac{\mathrm{d}^n \tilde{x}}{\mathrm{d}s^n} + c_1 \frac{\mathrm{d}^{n-1}\tilde{x}}{\mathrm{d}s^{n-1}} + \cdots + c_{n-1}\frac{\mathrm{d}\tilde{x}}{\mathrm{d}s} + c_n \tilde{x} = 0, \tag{4.53}$$

其中 $c_1, c_2, \cdots, c_n$ 为常数. 要求微分方程 (4.52) 的解, 只要求微分方程 (4.53) 的解即可. 由前面常系数线性齐次微分方程的求解方法可知, 方程 (4.53) 有形如 $\tilde{x} = \mathrm{e}^{\lambda s}$ 的解. 从而方程 (4.52) 有形如 $x = t^\lambda$ 的解, 即得方程 (4.52) 的特征方程为

$$\lambda(\lambda - 1) \cdots (\lambda - n + 1) + a_1 \lambda(\lambda - 1) \cdots (\lambda - n + 2) + \cdots + a_n = 0. \tag{4.54}$$

于是方程 (4.54) 的 m 重实根 $\lambda = \lambda_0$ 对应于方程 (4.52) 的 m 个解

$$t^{\lambda_0}, \quad t^{\lambda_0}\ln|t|, \quad \cdots, \quad t^{\lambda_0}(\ln|t|)^{m-1};$$

而方程 (4.54) 的 m 重复根 $\lambda = \alpha + \mathrm{i}\beta$ 对应于方程 (4.52) 的 $2m$ 个实值解

$$t^\alpha \ln^j |t| \cos(\beta \ln|t|), \ t^\beta \ln^j |t| \sin(\beta \ln|t|), \quad j = 0, 1, \cdots, m-1.$$

【例 10】　求微分方程

$$t^2 x'' + tx' + x = 0$$

的通解.

解: 特征方程

$$\lambda(\lambda - 1) + \lambda + 1 = 0$$

有解 $\lambda_1 = \mathrm{i}$, $\lambda_2 = -\mathrm{i}$. 因此, 方程的通解为

$$x = c_1 \cos(\ln|t|) + c_2 \sin(\ln|t|),$$

其中 c_1, c_1 是任意常数.

【例 11】　求微分方程

$$t^2 x'' + tx' = 6\ln t - \frac{1}{t}$$

的通解.

解: 方法 1: 常数变易法.

齐次方程 $t^2 x'' + tx' = 0$ 对应的特征方程

$$\lambda(\lambda - 1) + \lambda = 0$$

有 2 重零根 $\lambda_1 = \lambda_2 = 0$. 因此, 齐次方程的通解为 $x = c_1 + c_2 \ln t$, 其中 c_1, c_2 为任意常数. 将常数变为函数, 即

$$x = c_1(t) + c_2(t) \ln t,$$

求导得

$$x'(t) = c_2(t) \frac{1}{t} + c_1'(t) + c_2'(t) \ln t.$$

令

$$c_1'(t) + c_2'(t) \ln t = 0, \tag{4.55}$$

从而有

$$x''(t) = c_2(t)(-t^{-2}) + c_2'(t) t^{-1}.$$

将 x' 和 x'' 代入原线性非齐次微分方程, 得

$$c_2'(t) t = 6 \ln t - \frac{1}{t}. \tag{4.56}$$

联立方程 (4.55) 和方程 (4.56), 得

$$\begin{cases} c_1'(t) = -\dfrac{6 \ln^2 t}{t} + \dfrac{\ln t}{t^2} \\ c_2'(t) = \dfrac{6 \ln t}{t} - \dfrac{1}{t^2} \end{cases}.$$

因此有

$$\begin{cases} c_1(t) = -2 \ln^3 t - \dfrac{\ln t}{t} - \dfrac{1}{t} + c_3 \\ c_2(t) = 3 \ln^2 t + \dfrac{1}{t} + c_4 \end{cases}$$

所以原方程的通解为

$$x(t) = \ln^3 t - \frac{1}{t} + c_3 + c_4 \ln t,$$

其中 c_3, c_4 为任意常数.

方法 2: 变量替换法.

对于欧拉方程, 作变量替换 $t = e^s$, 记 $\tilde{x}(s) = x(t) = x(e^s)$. 直接计算, 得

$$\frac{dx}{dt} = \frac{d\tilde{x}}{ds} \frac{ds}{dt} = \frac{1}{t} \frac{d\tilde{x}}{ds}, \quad \frac{d^2x}{dt^2} = \frac{1}{t} \frac{d^2\tilde{x}}{ds^2} \frac{ds}{dt} - \frac{1}{t^2} \frac{d\tilde{x}}{ds} = \frac{1}{t^2} \frac{d^2\tilde{x}}{ds^2} - \frac{1}{t^2} \frac{d\tilde{x}}{ds}.$$

原方程变为

$$\frac{d^2\tilde{x}}{ds^2} = 6s - e^{-s}.$$

积分两次, 得

$$\tilde{x}(s) = s^3 - e^{-s} + c_1 s + c_2.$$

代回原来的变量, 得到原方程的通解

$$x(t) = \ln^3 t - \frac{1}{t} + c_1 \ln t + c_2,$$

其中 c_1, c_2 为任意常数.

习题 4.2

    1. 求下列方程的通解:

(1) $x^{(4)} + 4x = 0$;

(2) $x'' + 2x' - 3x = t^2 e^t$;

(3) $x''' + x' = \sin t + t \cos t$;

(4) $x^{(5)} + 8x''' + 16x' = 0$;

(5) $x'' - 9x = e^{-3t}(t^2 + \sin 3t)$;

(6) $x''' - x'' = 0$.

    2. 求下列方程的通解:

(1) $t^2 x'' + 2t x' = e^t - 1$;

(2) $t^2 x'' - 4t x' + 6x = t \ln t$.

4.3 常系数线性非齐次微分方程的解法

    本节我们讨论常系数线性非齐次微分方程

$$\frac{\mathrm{d}^n x}{\mathrm{d} t^n} + a_1 \frac{\mathrm{d}^{n-1} x}{\mathrm{d} t^{n-1}} + \cdots + a_{n-1} \frac{\mathrm{d} x}{\mathrm{d} t} + a_n x = f(t) \tag{4.57}$$

的求解问题, 其中 $a_1, a_2, \cdots, a_n$ 是常数, 而 $f(t)$ 为连续函数.

    可以通过上一节的方法先求出对应齐次方程的基本解组, 再用常数变易法求得方程 (4.57) 的一个特解, 这样就可以写出方程 (4.57) 的通解. 但是, 通过上述步骤求解往往比较烦琐, 而且必须通过积分运算. 下面介绍当 $f(t)$ 具有某些特殊形式时, 适用于微分方程 (4.57) 求解的两种重要方法: 比较系数法和拉普拉斯变换法. 这两种方法的特点是不需通过积分运算, 只通过代数运算即可求得方程 (4.57) 的特解.

4.3.1 比较系数法

    类型 1. 若非齐次项可表示为

$$f(t) = (b_0 t^m + b_1 t^{m-1} + \cdots + b_{m-1} t + b_m) e^{\lambda t},$$

其中 $\lambda, b_0, b_1, \cdots, b_m$ 为实的常数, 则方程 (4.57) 有形如

$$\tilde{x} = t^k (c_0 t^m + c_1 t^{m-1} + \cdots + c_{m-1} t + c_m) e^{\lambda t} \tag{4.58}$$

的特解, 其中 k 为特征方程

$$F(\lambda) = \lambda^n + a_1\lambda^{n-1} + \cdots + a_{n-1}\lambda + a_n = 0 \tag{4.59}$$

的根 λ 的重数 (单根对应 $k = 1$, 当 λ 不是特征根时, 对应 $k = 0$), $c_0, c_1, \cdots, c_m$ 为待定常数, 可以通过比较系数来确定.

情形 1: $\lambda = 0$. 此时非齐次项为一个 m 次多项式, 即

$$f(t) = b_0 t^m + b_1 t^{m-1} + \cdots + b_{m-1}t + b_m.$$

当 $\lambda = 0$ 不是特征根时, 由方程 (4.59) 知必有 $a_n \neq 0$. 此时 $k = 0$, 将 $\tilde{x} = c_0 t^m + c_1 t^{m-1} + \cdots + c_{m-1}t + c_m$ 代入方程 (4.57), 并比较 t 的同次幂的系数, 得到常数 $c_0, c_1, \cdots, c_m$ 满足的关系式

$$\begin{cases} c_0 a_n = b_0 \\ c_1 a_n + m c_0 a_{n-1} = b_1 \\ c_2 a_n + (m-1)c_1 a_{n-1} + m(m-1)c_0 a_{n-2} = b_2 \\ \cdots\cdots \\ c_m a_n + \cdots = b_m \end{cases} \tag{4.60}$$

由于 $a_n \neq 0$, 待定常数 $c_0, c_1, \cdots, c_m$ 可以逐个从方程组 (4.60) 中唯一地解出来.

当 $\lambda = 0$ 是 k 重特征根时, $F(0) = F'(0) = \cdots = F^{(k-1)}(0) = 0$, 而 $F^{(k)}(0) \neq 0$, 即 $a_n = a_{n-1} = \cdots = a_{n-k+1} = 0$, $a_{n-k} \neq 0$. 此时, 微分方程 (4.57) 变成

$$\frac{\mathrm{d}^n x}{\mathrm{d}t^n} + a_1\frac{\mathrm{d}^{n-1}x}{\mathrm{d}t^{n-1}} + \cdots + a_{n-k}\frac{\mathrm{d}^k x}{\mathrm{d}t^k} = f(t). \tag{4.61}$$

令 $y = \dfrac{\mathrm{d}^k x}{\mathrm{d}t^k}$, 方程 (4.61) 变为

$$\frac{\mathrm{d}^{n-k}y}{\mathrm{d}t^{n-k}} + a_1\frac{\mathrm{d}^{n-k-1}y}{\mathrm{d}t^{n-k-1}} + \cdots + a_{n-k}y = f(t). \tag{4.62}$$

由于 $a_{n-k} \neq 0$, 对应于微分方程 (4.62) 的特征方程无零根. 由上一段的讨论立即可知, 它有形如 $\tilde{y} = \tilde{c}_0 t^m + \tilde{c}_1 t^{m-1} + \cdots + \tilde{c}_{m-1}t + \tilde{c}_m$ 的解. 因此微分方程 (4.61) 有特解 $\tilde{x}$ 满足

$$\frac{\mathrm{d}^k \tilde{x}}{\mathrm{d}t^k} = \tilde{y} = \tilde{c}_0 t^m + \tilde{c}_1 t^{m-1} + \cdots + \tilde{c}_{m-1}t + \tilde{c}_m.$$

容易知道, $\tilde{x}$ 是 t 的 $m + k$ 次多项式, 其中 t 的幂次不大于 $k - 1$ 的项带有任意常数. 因为我们只需找到一个特解, 所以可取这些常数为零. 于是我们得到微分方程 (4.61) 的一个特解

$$\tilde{x} = t^k(\beta_0 t^m + \beta_1 t^{m-1} + \cdots + \beta_m),$$

其中 $\beta_0, \beta_1, \cdots, \beta_m$ 是一组确定的常数.

情形 2: $\lambda \neq 0$. 此时作变量替换 $x = y\mathrm{e}^{\lambda t}$, 微分方程 (4.57) 变成

$$\frac{\mathrm{d}^n y}{\mathrm{d}t^n} + \gamma_1 \frac{\mathrm{d}^{n-1} y}{\mathrm{d}t^{n-1}} + \cdots + \gamma_{n-1} \frac{\mathrm{d}y}{\mathrm{d}t} + \gamma_n y = b_0 t^m + b_1 t^{m-1} + \cdots + b_{m-1} t + b_m, \quad (4.63)$$

其中 $\gamma_1, \gamma_2, \cdots, \gamma_n$ 都是常数. 注意, 特征方程 (4.59) 的根 λ 对应于微分方程 (4.63) 的齐次微分方程的特征方程的零根, 且重数也相同. 因此, 利用前面的结果, 我们有如下结论: 当 λ 不是特征方程 (4.59) 的根时, 微分方程 (4.63) 有特解

$$\tilde{y} = \alpha_0 t^m + \alpha_1 t^{m-1} + \cdots + \alpha_{m-1} t + \alpha_m,$$

从而微分方程 (4.57) 有特解

$$\tilde{x} = (\alpha_0 t^m + \alpha_1 t^{m-1} + \cdots + \alpha_{m-1} t + \alpha_m)\mathrm{e}^{\lambda t};$$

当 λ 是特征方程 (4.59) 的 k 重根时, 微分方程 (4.63) 有特解

$$\tilde{y} = t^k(\alpha_0 t^m + \alpha_1 t^{m-1} + \cdots + \alpha_{m-1} t + \alpha_m),$$

从而微分方程 (4.57) 有特解

$$\tilde{x} = t^k(\alpha_0 t^m + \alpha_1 t^{m-1} + \cdots + \alpha_{m-1} t + \alpha_m)\mathrm{e}^{\lambda t}.$$

【例 1】　求常系数线性非齐次微分方程

$$x''(t) + 3x'(t) + 4x(t) = 3t + 2$$

的特解.

　　解：齐次方程 $x''(t) + 3x'(t) + 4x(t) = 0$ 对应的特征方程 $\lambda^2 + 3\lambda + 4 = 0$ 没有零根. 将 $x(t) = at + b$ 代入原方程, 并比较 t 的同次幂系数, 得

$$\begin{cases} 3a + 4b = 2 \\ 4a = 3 \end{cases}.$$

从而 $a = \dfrac{3}{4}$, $b = -\dfrac{1}{16}$. 因此, 原方程有一个特解

$$x(t) = \frac{3}{4}t - \frac{1}{16}.$$

【例 2】　求常系数线性非齐次微分方程

$$x''(t) + 3x'(t) = 3t + 2$$

的特解.

　　解：特征方程 $\lambda^2 + 3\lambda = 0$ 有零根 (单根). 将 $x(t) = t(at + b)$ 代入原方程, 得

$$2a + 3(2at + b) = 3t + 2.$$

比较两边 t 的同次幂系数, 得 $a = \dfrac{1}{2}$, $b = \dfrac{1}{3}$. 从而原方程有特解

$$x(t) = \frac{t^2}{2} + \frac{t}{3}.$$

【例 3】 求常系数线性非齐次微分方程

$$x''(t) - 2x'(t) - 3x(t) = e^{3t}$$

的通解.

解: 齐次方程 $x''(t) - 2x'(t) - 3x(t) = 0$ 的特征方程

$$\lambda^2 - 2\lambda - 3 = 0$$

有特征根 $\lambda_1 = -1$, $\lambda_2 = 3$. 因此, 齐次方程的通解为

$$x = c_1 e^{-t} + c_2 e^{3t},$$

其中 c_1, c_2 为任意实数. 将 $x = ate^{3t}$ 代入原方程, 得

$$6a + 9at - 2a - 6at - 3at = 1,$$

即有 $a = \dfrac{1}{4}$. 所以, 原方程有特解 $x = \dfrac{1}{4}te^{3t}$. 因此, 原方程的通解为

$$x(t) = c_1 e^{-t} + c_2 e^{3t} + \frac{1}{4}te^{3t},$$

其中 c_1, c_2, c_3 为任意常数.

【例 4】 求常系数线性非齐次微分方程

$$x''' + 3x'' + 3x' + x = e^{-t}(4t + 3)$$

的通解.

解: 齐次方程 $x''' + 3x'' + 3x' + x = 0$ 的特征方程

$$\lambda^3 + 3\lambda^2 + 3\lambda + 1 = 0$$

有一个 3 重特征根 $\lambda_1 = \lambda_2 = \lambda_3 = -1$. 因此, 齐次方程的通解为

$$x = (c_1 + c_2 t + c_3 t^2)e^{-t}.$$

将 $x = t^3 e^{-t}(at + b)$ 代入原方程, 得

$$6b + 24at = 4t + 3.$$

比较两边 t 的同次幂系数, 得 $a = \dfrac{1}{6}$, $b = \dfrac{1}{2}$. 所以, 原方程有特解

$$\tilde{x} = \frac{1}{6}t^3 \mathrm{e}^{-t}(t+3).$$

因此, 原方程的通解为

$$x = (c_1 + c_2 t + c_3 t^2)\mathrm{e}^{-t} + \frac{1}{6}t^3 \mathrm{e}^{-t}(t+3),$$

其中 c_1, c_2, c_3 为任意常数.

类型 2. 若非齐次项可表示为

$$f(t) = [P(t)\cos\beta t + Q(t)\sin\beta t]\mathrm{e}^{\alpha t},$$

其中 α, β 为常数, $P(t)$, $Q(t)$ 为关于 t 的实系数多项式, 这两个多项式中一个的次数为 m, 另一个的次数不大于 m, 则常系数线性非齐次微分方程 (4.57) 有形如

$$\tilde{x} = t^k[\tilde{P}(t)\cos\beta t + \tilde{Q}(t)\sin\beta t]\mathrm{e}^{\alpha t}$$

的特解, 其中 k 为特征方程 (4.59) 的根 $\alpha + \mathrm{i}\beta$ 的重数, $\tilde{P}(t)$, $\tilde{Q}(t)$ 均为待定实系数的次数不大于 m 的多项式, 而这些实系数可以通过比较 t 的同次幂系数来确定.

事实上, 当 $\lambda = \alpha + \mathrm{i}\beta$ 且 $\beta \neq 0$ 时, 类型 1 中情形 1 和情形 2 的结论仍然成立. 即当 λ 为复数时, 方程

$$\frac{\mathrm{d}^n x}{\mathrm{d}t^n} + a_1 \frac{\mathrm{d}^{n-1}x}{\mathrm{d}t^{n-1}} + \cdots + a_n x = (b_0 + b_1 t + \cdots + b_m t^m)\mathrm{e}^{\lambda t}$$

有形如 $t^k R(t)\mathrm{e}^{\lambda t}$ 的特解, 其中 $b_0, b_1, \cdots, b_m$ 为实的常数, $R(t)$ 为次数不大于 m 的实系数多项式, k 为特征方程 (4.59) 的根 λ 的重数, 当 λ 不是特征根时 k 取零值. 类似地, 若 $g(t)$, $h(t)$ 为次数不大于 m 的实系数多项式, 则方程

$$\frac{\mathrm{d}^n x}{\mathrm{d}t^n} + a_1 \frac{\mathrm{d}^{n-1}x}{\mathrm{d}t^{n-1}} + \cdots + a_n x = (g(t) + \mathrm{i}h(t))\mathrm{e}^{\lambda t}$$

有形如 $t^k(R(t) + \mathrm{i}S(t))\mathrm{e}^{\lambda t}$ 的特解, 其中 $R(t)$, $S(t)$ 为次数不大于 m 的实系数多项式, k 为特征方程 (4.59) 的根 λ 的重数, 当 λ 不是特征根时 k 取零值.

注意到

$$f(t) = [P(t)\cos\beta t + Q(t)\sin\beta t]\mathrm{e}^{\alpha t}$$

$$= \frac{P(t) - \mathrm{i}Q(t)}{2}\mathrm{e}^{(\alpha+\mathrm{i}\beta)t} + \frac{P(t) + \mathrm{i}Q(t)}{2}\mathrm{e}^{(\alpha-\mathrm{i}\beta)t}.$$

容易看出, 微分方程

$$\frac{\mathrm{d}^n x}{\mathrm{d}t^n} + a_1 \frac{\mathrm{d}^{n-1}x}{\mathrm{d}t^{n-1}} + \cdots + a_n x = \frac{P(t) - \mathrm{i}Q(t)}{2}\mathrm{e}^{(\alpha+\mathrm{i}\beta)t} \tag{4.64}$$

与微分方程

$$\frac{\mathrm{d}^n x}{\mathrm{d}t^n} + a_1 \frac{\mathrm{d}^{n-1}x}{\mathrm{d}t^{n-1}} + \cdots + a_n x = \frac{P(t) + \mathrm{i}Q(t)}{2}\mathrm{e}^{(\alpha - \mathrm{i}\beta)t} \tag{4.65}$$

的解之和必为微分方程 (4.57) 的解. 因为方程 (4.64) 与方程 (4.65) 的非齐次项相互共轭, 如果 $x_1(t)$ 是方程 (4.64) 的解, 则它的共轭 $\overline{x_1(t)}$ 必为方程 (4.65) 的解. 由前面的讨论可知, 微分方程 (4.57) 有如下形式的解:

$$\tilde{x} = t^k D(t)\mathrm{e}^{(\alpha - \mathrm{i}\beta)t} + t^k \overline{D(t)}\mathrm{e}^{(\alpha + \mathrm{i}\beta)t} = t^k[\tilde{P}(t)\cos\beta t + \tilde{Q}(t)\sin\beta t]\mathrm{e}^{\alpha t}, \tag{4.66}$$

其中 $D(t)$ 为 t 的 m 次复系数多项式, $\tilde{P}(t)$, $\tilde{Q}(t)$ 分别是 $D(t)$ 的实部和虚部的 2 倍. 显然, $\tilde{P}(t)$, $\tilde{Q}(t)$ 是 t 的不大于 m 次的实系数多项式.

如果非齐次项 $f(t)$ 中出现多种类型函数的组合, 可以用分别求解再相加的方法来解决. 下面我们将通过具体的例子来熟悉待定系数法.

【例 5】　求解初值问题

$$\begin{cases} x'' - 3x' + 2x = \mathrm{e}^{3t} - 2\cos t \\ x(0) = 1,\ x'(0) = 2 \end{cases}.$$

解: 对应的齐次方程的特征方程

$$\lambda^2 - 3\lambda + 2 = 0$$

有两个单根: $\lambda_1 = 1$, $\lambda_2 = 2$. 根据式 (4.66), 方程

$$x'' - 3x' + 2x = \mathrm{e}^{3t}$$

有形如 $c_1\mathrm{e}^{3t}$ 的特解, 其中 c_1 为常数; 而方程

$$x'' - 3x' + 2x = -2\cos t$$

有形如 $c_2\cos t + c_3\sin t$ 的特解. 由线性微分方程解的叠加原理知, 原方程有形如

$$\tilde{x} = c_1\mathrm{e}^{3t} + c_2\cos t + c_3\sin t$$

的特解. 代入原方程, 得

$$\begin{aligned} \tilde{x}'' - 3\tilde{x}' + 2\tilde{x} &= 2c_1\mathrm{e}^{3t} + (c_2 - 3c_3)\cos t + (c_3 + 3c_2)\sin t \\ &= \mathrm{e}^{3t} - 2\cos t. \end{aligned}$$

比较系数, 得

$$\begin{cases} 2c_1 = 1 \\ c_2 - 3c_3 = -2 \\ c_3 + 3c_2 = 0 \end{cases}.$$

由此推出 $c_1 = \dfrac{1}{2}$, $c_2 = -\dfrac{1}{5}$, $c_3 = \dfrac{3}{5}$, 从而有

$$\tilde{x} = \frac{1}{2}e^{3t} - \frac{1}{5}\cos t + \frac{3}{5}\sin t.$$

因此, 原方程的通解为

$$x = c_4 e^t + c_5 e^{2t} + \frac{1}{2}e^{3t} - \frac{1}{5}\cos t + \frac{3}{5}\sin t,$$

其中 c_1, c_2 为任意常数. 再由初值条件 $x(0) = 1, x'(0) = 2$, 得

$$\begin{cases} c_4 + c_5 + \dfrac{1}{2} - \dfrac{1}{5} = 1 \\ c_4 + 2c_5 + \dfrac{3}{2} + \dfrac{3}{5} = 2 \end{cases}.$$

可解得 $c_4 = \dfrac{3}{2}$, $c_5 = -\dfrac{4}{5}$. 原初值问题的解为

$$x = \frac{3}{2}e^t - \frac{4}{5}e^{2t} + \frac{1}{2}e^{3t} - \frac{1}{5}\cos t + \frac{3}{5}\sin t.$$

【例 6】　求微分方程

$$x^{(4)} + 4x = t\cos t + t^2 e^t \sin t$$

特解的待定形式.

解: 齐次方程

$$x^{(4)} + 4x = 0 \tag{4.67}$$

的特征方程 $\lambda^4 + 4 = 0$ 有两个 2 重根: $\lambda_1 = \lambda_2 = 1 + \mathrm{i}$, $\lambda_3 = \lambda_4 = 1 - \mathrm{i}$. 方程 $x^{(4)} + 4x = t\cos t$ 有形如

$$x_1 = c_1 \cos t + c_2 \sin t + c_3 t \cos t + c_4 t \sin t$$

的特解. 而方程 $x^{(4)} + 4x = t^2 e^t \sin t$ 有形如

$$x_2 = t^2 e^t((c_5 + c_6 t + c_7 t^2)\cos t + (c_8 + c_9 t + c_{10}t^2)\sin t)$$

的特解. 由线性微分方程解的叠加原理知, 原方程有特解

$$\tilde{x} = x_1 + x_2,$$

其中 $c_1, c_2, \cdots, c_{10}$ 为待定常数.

【例 7】 求微分方程

$$x''' + x'' = e^t + t^2$$

的特解.

解：特征方程 $\lambda^3 + \lambda^2 = 0$ 有一个 2 重根 $\lambda_1 = \lambda_2 = 0$ 和一个单根 $\lambda_3 = -1$. 方程

$$x''' + x'' = e^t \tag{4.68}$$

有特解 $x_1 = c_0 e^t$, 代入方程 (4.68), 得 $c_0 = \dfrac{1}{2}$. 即方程 (4.68) 有特解

$$x_1 = \frac{1}{2} e^t.$$

因为零特征根是 2 重的, 故方程

$$x''' + x'' = t^2 \tag{4.69}$$

有形如 $x_2 = t^2(c_1 + c_2 t + c_3 t^2)$ 的特解, 代入方程 (4.69), 得

$$6c_2 + 24c_3 t + 2c_1 + 6c_2 t + 12c_3 t^2 = t^2.$$

由此解出 $c_1 = 1$, $c_2 = -\dfrac{1}{3}$, $c_3 = \dfrac{1}{12}$, 即

$$x_2 = t^2 - \frac{1}{3}t^3 + \frac{1}{12}t^4.$$

因此, 原方程有特解

$$x = x_1 + x_2 = \frac{1}{2}e^t + t^2 - \frac{1}{3}t^3 + \frac{1}{12}t^4.$$

【例 8】 已知常系数线性非齐次微分方程 $L[x] = f(t)$ 所对应的齐次微分方程 $L[x] = 0$ 的通解形如

$$x = c_1 e^{2t} + c_2 t e^{2t} + c_3 t^2 e^{2t} + c_4 \cos 3t + c_5 \sin 3t.$$

而非齐次项为 $f(t) = t^2 e^{2t} + t \sin 3t$, 试写出非齐次微分方程 $L[x] = f(t)$ 的特解的待定形式.

解：由通解的表达式知, 齐次方程 $L[x] = 0$ 的特征方程 $F(\lambda) = 0$ 有特征根 3i, $-$3i (单根) 和 2 (3 重根). 方程 $L[x] = t^2 e^{2t}$ 有特解

$$x_1 = t^3(b_1 + b_2 t + b_3 t^2)e^{2t}.$$

而方程 $L[x] = t \sin 3t$ 有特解

$$x_2 = t[(b_4 + b_5 t)\cos 3t + (b_6 + b_7 t)\sin 3t].$$

由线性微分方程解的叠加原理知, 原方程的特解形如

$$\tilde{x} = (b_1 t^3 + b_2 t^4 + b_3 t^5)e^{2t} + (b_4 t + b_5 t^2)\cos 3t + (b_6 t + b_7 t^2)\sin 3t,$$

其中 $b_1, b_2, \cdots, b_7$ 为待定常数, 这些常数可通过将 $\tilde{x}$ 代入原方程并比较系数得到.

4.3.2 拉普拉斯变换法

我们现在介绍求解常系数线性微分方程的拉普拉斯变换法. 设有函数 $f(t)$ 定义于区间 $[0, +\infty)$ 上, σ 为一实数. 如果当 $s > \sigma$ 时广义积分

$$\int_0^{+\infty} f(t)\mathrm{e}^{-st}\mathrm{d}t$$

收敛, 则函数

$$F(s) = \int_0^{+\infty} f(t)\mathrm{e}^{-st}\mathrm{d}t, \quad s > \sigma$$

称为 $f(t)$ 的**拉普拉斯变换**, 记为

$$\mathscr{L}[f(t)](s) = F(s).$$

同时, $f(t)$ 称为函数 $F(s)$ 的**拉普拉斯逆变换**, 记为

$$f(t) = \mathscr{L}^{-1}[F(s)](t).$$

这里, 尽管 s 可以是一个复参数, 但为简单起见, 我们只讨论 s 为实参数的情形.

【例 9】 计算函数 $f(t) = 1$ 的拉普拉斯变换.

解: 当 $s > 0$ 时, 有

$$\mathscr{L}[1](s) = \int_0^{+\infty} \mathrm{e}^{-st}\mathrm{d}t = \lim_{A \to +\infty}\left(-\frac{1}{s}\mathrm{e}^{-As} + \frac{1}{s}\right) = \frac{1}{s}.$$

【例 10】计算函数 $f(t) = \mathrm{e}^{at}$ 的拉普拉斯变换.

解: 当 $s > a$ 时, 有

$$\mathscr{L}[f(t)](s) = \int_0^{+\infty} \mathrm{e}^{-st}\mathrm{e}^{at}\mathrm{d}t = \lim_{A \to +\infty}\frac{1}{s-a}(1 - \mathrm{e}^{(a-s)A}) = \frac{1}{s-a}.$$

为求幂函数 t^α 的拉普拉斯变换, 我们回忆如下的 Γ 函数 (参阅参考文献 [6], 下册, 第十八章):

$$\Gamma(s) = \int_0^{+\infty} \mathrm{e}^{-t}t^{s-1}\mathrm{d}t, \quad s > 0. \tag{4.70}$$

显然, $\Gamma(1) = 1$, 由分部积分公式得 $\Gamma(s+1) = s\Gamma(s)$, $\forall s > 0$. 特别地, 对于任一正整数 n, 有 $\Gamma(n+1) = n!$ 成立.

【例 11】 计算 $\mathscr{L}[t^\alpha](s)$, 其中 $\alpha > -1$ 为实数.

解: 当 $\alpha > -1$ 时, 有

$$\mathscr{L}[t^\alpha](s) = \int_0^{+\infty} \mathrm{e}^{-st}t^\alpha\mathrm{d}t = \frac{1}{s^{\alpha+1}}\int_0^{+\infty} \mathrm{e}^{-\tau}\tau^\alpha\mathrm{d}\tau = \frac{1}{s^{\alpha+1}}\Gamma(\alpha+1).$$

【例 12】 对任何实参数 ω, 计算函数 $\sin \omega t, \cos \omega t$ 的拉普拉斯变换.

解: $\forall \omega \in \mathbb{R}$, 当 $s > 0$ 时, 有

$$\int_0^{+\infty} \mathrm{e}^{-st} \mathrm{e}^{\mathrm{i}\omega t} \mathrm{d}t = \frac{1}{s - \mathrm{i}\omega} = \frac{s}{s^2 + \omega^2} + \mathrm{i} \frac{\omega}{s^2 + \omega^2}.$$

利用欧拉公式 $\mathrm{e}^{\mathrm{i}\omega t} = \cos \omega t + \mathrm{i} \sin \omega t$, 得到

$$\mathscr{L}[\cos \omega t](s) = \int_0^{+\infty} \mathrm{e}^{-st} \cos \omega t \mathrm{d}t = \frac{s}{s^2 + \omega^2},$$

$$\mathscr{L}[\sin \omega t](s) = \int_0^{+\infty} \mathrm{e}^{-st} \sin \omega t \mathrm{d}t = \frac{\omega}{s^2 + \omega^2}.$$

【例 13】 设 a 为一正数, 令

$$H_a(t) = \begin{cases} 0, & t < a \\ 1, & t \geqslant a \end{cases}.$$

则当 $s > 0$ 时, 有

$$\mathscr{L}[H_a(t)](s) = \int_0^{+\infty} H_a(t) \mathrm{e}^{-st} \mathrm{d}t = \int_a^{+\infty} \mathrm{e}^{-st} \mathrm{d}t = \frac{\mathrm{e}^{-as}}{s}.$$

注意, 不是所有函数都能作拉普拉斯变换, 例如, 函数 $f(t) = \mathrm{e}^{t^2}$ 不存在拉普拉斯变换. 下面的定理给出了函数存在拉普拉斯变换的一个充分条件.

定理 4.9 设函数 $f(t)$ 是区间 $[0, +\infty)$ 上的分段连续函数, 且满足

$$|f(t)| \leqslant M \mathrm{e}^{\sigma t}, \quad \forall t \geqslant T, \tag{4.71}$$

其中 M, σ 和 T 为非负常数, 则当 $s \in (\sigma, +\infty)$ 时, $f(t)$ 的拉普拉斯变换

$$\mathscr{L}[f(t)](s) = \int_0^{+\infty} f(t) \mathrm{e}^{-st} \mathrm{d}t$$

存在.

证明: 因为 $f(t)$ 在区间 $[0, T]$ 上有界, 不妨设条件式 (4.71) 对所有的 $t \in [0, +\infty)$ 成立. 当 $s > \sigma$ 时, 有

$$\int_0^A \mathrm{e}^{-st} |f(t)| \mathrm{d}t \leqslant M \int_0^A \mathrm{e}^{-(s-\sigma)t} \mathrm{d}t \leqslant \frac{M}{s - \sigma}, \quad \forall A > 0.$$

因此, 当 $s > \sigma$ 时, 广义积分 $\int_0^{+\infty} \mathrm{e}^{-st} f(t) \mathrm{d}t$ 绝对收敛, 即 $\mathscr{L}[f(t)](s)$ 存在. □

由定理 4.9 的证明可知, 在增长条件式 (4.71) 下, 当 $s \to +\infty$ 时 $\mathscr{L}[f(t)](s) \to 0$. 例如, $\sin s$ 就不可能存在满足条件式 (4.71) 的拉普拉斯变换. 同时, 逐段连续和增长条件式 (4.71) 只是 $f(t)$ 存在拉普拉斯变换的充分条件, 例如 $t^{-\frac{1}{2}}$ 不满足逐段连续的条件, 但存在拉普拉斯变换, 即

$$\mathscr{L}[t^{-\frac{1}{2}}](s) = \int_0^{+\infty} t^{-\frac{1}{2}} \mathrm{e}^{-st} \mathrm{d}t = \frac{1}{\sqrt{s}} \int_0^{+\infty} \tau^{-\frac{1}{2}} \mathrm{e}^{-\tau} \mathrm{d}\tau = \frac{\Gamma\left(\dfrac{1}{2}\right)}{\sqrt{s}}.$$

下面的定理说明拉普拉斯逆变换存在.

定理 4.10 设函数 $f(t)$ 是区间 $[0, +\infty)$ 上的分段连续函数, 且满足增长条件式 (4.71), $F(s)$ 为 $f(t)$ 的拉普拉斯变换, $s > \sigma$. 则当 $t > 0$ 时, 在 $f(t)$ 的连续点处有

$$f(t) = \frac{1}{2\pi\mathrm{i}} \int_{a-\mathrm{i}\infty}^{a+\mathrm{i}\infty} F(s) \mathrm{e}^{ts} \mathrm{d}s,$$

其中的积分指沿直线 $\mathrm{Re}\, z = a > \sigma$ 的复积分.

该定理的证明参考《复变函数论方法》(参考文献 [4], 第 6 章, 定理 4).

我们列举几个拉普拉斯变换的性质, 它们是求解常系数线性微分方程的重要依据.

性质 4.11 (1) (线性变换) 设 $f(t), g(t)$ 的拉普拉斯变换当 $s > \sigma$ 时都存在, 则对任意实数 k_1, k_2, 当 $s > \sigma$ 时, 有

$$\mathscr{L}[k_1 f(t) + k_2 g(t)](s) = k_1 \mathscr{L}[f(t)](s) + k_2 \mathscr{L}[g(t)](s).$$

(2) (平移公式) 当 $s > \sigma + a$ 时, 有

$$\mathscr{L}[f(t)\mathrm{e}^{at}](s) = \mathscr{L}[f(t)](s - a).$$

(3) (导数的变换) 设 $f(t)$ 在区间 $[0, +\infty)$ 上连续, $f'(t)$ 在区间 $[0, +\infty)$ 上分段连续, 且存在非负常数 M, σ 和 T, 使得

$$|f(t)| \leqslant M\mathrm{e}^{\sigma t}, \quad t \geqslant T, \tag{4.72}$$

则当 $s > \sigma$ 时, 有

$$\mathscr{L}[f'(t)](s) = s\mathscr{L}[f(t)](s) - f(0).$$

(4) (积分的变换) 设 $f(t)$ 在区间 $[0, +\infty)$ 上分段连续, 且存在非负常数 M, σ, 使得

$$|f(t)| \leqslant M\mathrm{e}^{\sigma t}, \quad t \geqslant 0,$$

则当 $s > \sigma$ 时, 有

$$\mathscr{L}\left[\int_0^t f(\tau)\mathrm{d}\tau\right](s) = s^{-1}\mathscr{L}[f(t)](s).$$

(5) (变换的导数) 设函数 $f(t)$ 在区间 $[0,+\infty)$ 上分段连续, 且存在非负常数 M,σ, 使得

$$|f(t)| \leqslant Me^{\sigma t}, \quad t \geqslant 0,$$

则当 $s > \sigma$ 时, 有

$$\frac{\mathrm{d}}{\mathrm{d}s}\mathscr{L}[f(t)](s) = \mathscr{L}[-tf(t)](s).$$

一般地, 对于 $n = 1,2,\cdots$, 有

$$\frac{\mathrm{d}^n}{\mathrm{d}s^n}\mathscr{L}[f(t)](s) = (-1)^n\mathscr{L}[t^n f(t)](s).$$

(6) (变换的积分) 设 $f(t)$ 在区间 $[0,+\infty)$ 上分段连续, 当 t 趋于 0 时 $\frac{f(t)}{t}$ 的右极限存在, 且存在非负常数 M,σ, 使得

$$|f(t)| \leqslant Me^{\sigma t}, \quad t \geqslant 0,$$

则当 $s > \sigma$ 时, 有

$$\int_s^{+\infty} \mathscr{L}[f(t)](\tau)\mathrm{d}\tau = \mathscr{L}\left[\frac{f(t)}{t}\right](s).$$

证明: (1) 当 $s > \sigma$ 时, 有

$$\begin{aligned}
\mathscr{L}[k_1 f(t) + k_2 g(t)](s) &= \int_0^{+\infty} (k_1 f(t) + k_2 g(t))e^{-st}\mathrm{d}t \\
&= k_1 \int_0^{+\infty} f(t)e^{-st}\mathrm{d}t + k_2 \int_0^{+\infty} g(t)e^{-st}\mathrm{d}t \\
&= k_1\mathscr{L}[f(t)](s) + k_2\mathscr{L}[g(t)](s).
\end{aligned}$$

(2) 当 $s > \sigma + a$ 时, 有

$$\begin{aligned}
\mathscr{L}[f(t)e^{at}](s) &= \int_0^{+\infty} f(t)e^{at}e^{-st}\mathrm{d}t \\
&= \int_0^{+\infty} f(t)e^{-(s-a)t}\mathrm{d}t \\
&= \mathscr{L}[f(t)](s-a).
\end{aligned}$$

(3) 对任意固定的 $A > 0$, 由于分段连续函数在区间 $[0,A]$ 上只可能有第一类间断点, 不妨设 $t_1 < t_2 < \cdots < t_\ell$ 是 $f'(t)$ 在区间 $[0,A]$ 上的间断点, 记 $t_0 = 1, t_{\ell+1} = A$. 当 $s > \sigma$

时, 注意到 $f(t)$ 在 $[0, A]$ 上连续, 利用分部积分公式, 得

$$\int_0^A f'(t)\mathrm{e}^{-st}\mathrm{d}t = \sum_{j=1}^{\ell+1} \int_{t_{j-1}}^{t_j} f'(t)\mathrm{e}^{-st}\mathrm{d}t$$

$$= \sum_{j=1}^{\ell+1} \left\{ f(t)\mathrm{e}^{-st}\Big|_{t_{j-1}}^{t_j} + s \int_{t_{j-1}}^{t_j} f(t)\mathrm{e}^{-st}\mathrm{d}t \right\}$$

$$= f(A)\mathrm{e}^{-sA} - f(0) + s \int_0^A f(t)\mathrm{e}^{-st}\mathrm{d}t.$$

令 $A \to +\infty$, 由拉普拉斯变换和增长条件式 (4.72) 知

$$\mathscr{L}[f'(t)](s) = s\mathscr{L}[f(t)](s) - f(0).$$

(4) 由于 $f(t)$ 在 $[0, +\infty)$ 上分段连续, 我们知道函数

$$g(t) = \int_0^t f(\tau)\mathrm{d}\tau$$

在 $[0, +\infty)$ 上连续, 且 $g'(t)$ 在 $[0, +\infty)$ 上分段连续. 根据性质 (3), 有

$$\mathscr{L}[f(t)](s) = \mathscr{L}[g'(t)](s) = s\mathscr{L}[g(t)](s) - g(0) = s\mathscr{L}[g(t)](s),$$

即有

$$\mathscr{L}[g(t)](s) = s^{-1}\mathscr{L}[f(t)](s).$$

(5) 因为含参变量 s 的广义积分

$$F(s) = \int_0^{+\infty} f(t)\mathrm{e}^{-st}\mathrm{d}t$$

当 $s > \sigma$ 时收敛, 且

$$\int_0^{+\infty} \frac{\mathrm{d}}{\mathrm{d}s}(f(t)\mathrm{e}^{-st})\mathrm{d}t$$

在区间 $(\sigma, +\infty)$ 上内闭一致收敛, 从而

$$F'(s) = \int_0^{+\infty} \frac{\mathrm{d}}{\mathrm{d}s}(f(t)\mathrm{e}^{-st})\mathrm{d}t = \int_0^{+\infty} (-tf(t))\mathrm{e}^{-st}\mathrm{d}t = \mathscr{L}[-tf(t)](s).$$

(6) 从性质 (5) 的证明过程可知, $F(s)$ 在区间 $(\sigma, +\infty)$ 内有连续的导函数. 注意到 $\lim\limits_{t\to 0+0} \dfrac{f(t)}{t}$ 存在, 当 $s > \sigma$ 时, 直接计算得

$$\int_s^{+\infty} F(\tau)\mathrm{d}\tau = \int_s^{+\infty} \mathrm{d}\tau \int_0^{+\infty} f(t)\mathrm{e}^{-\tau t}\mathrm{d}t$$

$$= \int_0^{+\infty} f(t)\mathrm{d}t \int_s^{+\infty} \mathrm{e}^{-\tau t}\mathrm{d}\tau$$

$$= \int_0^{+\infty} \frac{f(t)}{t}\mathrm{e}^{-st}\mathrm{d}t$$

$$= \mathscr{L}\left[\frac{f(t)}{t}\right](s).$$

这里, 我们使用了含参变量的广义积分次序交换定理, 参阅参考文献 [6] (下册, 第 254 页). □

【例 14】 计算 $\mathscr{L}[2\mathrm{e}^{4t} + 2\cos^2 2t](s)$.

解：由性质 4.11 (1), 得

$$\mathscr{L}[2\mathrm{e}^{4t} + 2\cos^2 2t](s) = \mathscr{L}[2\mathrm{e}^{4t} + 1 + \cos 4t](s)$$

$$= \frac{2}{s-4} + \frac{1}{s} + \frac{s}{s^2+16}$$

$$= \frac{4s^3 - 8s^2 + 48s - 64}{s(s-4)(s^2+16)}.$$

【例 15】 计算 $\mathscr{L}[\mathrm{e}^{2t}\cos t](s)$.

解：注意到 $\mathscr{L}[\cos t](s) = \dfrac{s}{s^2+1}$, 由性质 4.11 (2), 知

$$\mathscr{L}[\mathrm{e}^{2t}\cos t](s) = \frac{s-2}{(s-2)^2+1}.$$

【例 16】 设 $f(t), f'(t), \cdots, f^{(n-1)}(t)$ 在 $[0, +\infty)$ 上连续, 记 $F(s) = \mathscr{L}[f(t)](s)$, 证明：

$$\mathscr{L}[f^{(n)}(t)](s) = s^n F(s) - \sum_{j=1}^{n} s^{n-j} f^{(j-1)}(0).$$

解：由性质 4.11 (3), 得

$$\mathscr{L}[f'(t)](s) = sF(s) - f(0).$$

再次由性质 4.11 (3), 得

$$\mathscr{L}[f''(t)](s) = s(sF(s) - f(0)) - f'(0) = s^2 F(s) - sf(0) - f'(0).$$

由数学归纳法可知结论成立.

【例 17】 求 $G(s) = \dfrac{1}{s^3(s-a)}$ 的拉普拉斯逆变换.

解：由于 $\mathscr{L}[\mathrm{e}^{at}](s) = \dfrac{1}{s-a}$，因此有 $\mathscr{L}^{-1}\left[\dfrac{1}{s-a}\right] = \mathrm{e}^{at}$. 根据性质 4.11 (4)，即得

$$\mathscr{L}^{-1}\left[\frac{1}{s(s-a)}\right](t) = \int_0^t \mathscr{L}^{-1}\left[\frac{1}{s-a}\right](\tau)\mathrm{d}\tau$$

$$= \int_0^a \mathrm{e}^{a\tau}\mathrm{d}\tau$$

$$= \frac{1}{a}(\mathrm{e}^{at}-1).$$

再次由性质 4.11 (4)，得

$$\mathscr{L}^{-1}\left[\frac{1}{s^2(s-a)}\right](t) = \int_0^t \mathscr{L}^{-1}\left[\frac{1}{s(s-a)}\right](\tau)\mathrm{d}\tau$$

$$= \int_0^t \frac{1}{a}(\mathrm{e}^{a\tau}-1)\mathrm{d}\tau$$

$$= \frac{1}{a^2}(\mathrm{e}^{at}-at-1).$$

第三次使用性质 4.11 (4)，有

$$\mathscr{L}^{-1}\left[\frac{1}{s^3(s-a)}\right](t) = \int_0^t \mathscr{L}^{-1}\left[\frac{1}{s^2(s-a)}\right](\tau)\mathrm{d}\tau$$

$$= \int_0^t \frac{1}{a^2}(\mathrm{e}^{a\tau}-a\tau-1)\mathrm{d}\tau$$

$$= \frac{1}{a^3}\left(\mathrm{e}^{at}-\frac{a^2}{2}t^2-at-1\right).$$

【例 18】　计算 $\mathscr{L}[t^2\mathrm{e}^t](s)$ 和 $\mathscr{L}^{-1}\left[\dfrac{1}{(s-2)^3}\right](t)$.

解：注意到 $\mathscr{L}[\mathrm{e}^t](s) = \dfrac{1}{s-1}$，由性质 4.11 (5) 知

$$\mathscr{L}[t^2\mathrm{e}^t](s) = \frac{\mathrm{d}^2}{\mathrm{d}s^2}\mathscr{L}[\mathrm{e}^t](s) = 2(s-1)^{-3}.$$

再由 $\mathscr{L}[\mathrm{e}^{2t}](s) = \dfrac{1}{s-2}$ 知

$$\mathscr{L}[t^2\mathrm{e}^{2t}] = \frac{\mathrm{d}^2}{\mathrm{d}s^2}\mathscr{L}[\mathrm{e}^{2t}](s) = 2(s-2)^{-3},$$

从而有

$$\mathscr{L}^{-1}\left[\frac{1}{(s-2)^3}\right] = \frac{t^2}{2}\mathrm{e}^{2t}.$$

【例 19】 计算 $\mathscr{L}\left[\dfrac{\sinh t}{t}\right](s)$，其中 $\sinh t = \dfrac{\mathrm{e}^t - \mathrm{e}^{-t}}{2}$.

解：先计算

$$\mathscr{L}[\sinh t](s) = \int_0^{+\infty} \frac{\mathrm{e}^{-(s-1)t} - \mathrm{e}^{-(s+1)t}}{2}\mathrm{d}t = \frac{1}{2(s-1)} - \frac{1}{2(s+1)} = \frac{1}{s^2-1}.$$

利用性质 4.11 (6)，得

$$\begin{aligned}
\mathscr{L}\left[\frac{\sinh t}{t}\right](s) &= \int_s^{+\infty} \mathscr{L}[\sinh t](\tau)\mathrm{d}\tau \\
&= \frac{1}{2}\int_s^{+\infty}\left(\frac{1}{\tau-1} - \frac{1}{\tau+1}\right)\mathrm{d}\tau \\
&= \frac{1}{2}\ln\frac{s+1}{s-1}.
\end{aligned}$$

【例 20】 求解初值问题

$$\begin{cases} x'' + 2x = \sin 2t \\ x(0) = x'(0) = 0 \end{cases}.$$

解：记 $X(s) = \mathscr{L}[x(t)](s)$. 对方程两边作拉普拉斯变换，得

$$\begin{aligned}
\mathscr{L}[x''(t) + 2x(t)](s) &= s^2\mathscr{L}[x(t)](s) - sx(0) - x'(0) + 2\mathscr{L}[x(t)](s) \\
&= s^2 X(s) + 2X(s), \\
\mathscr{L}[\sin 2t](s) &= \frac{2}{s^2+4},
\end{aligned}$$

因此有

$$X(s) = \frac{2}{(s^2+2)(s^2+4)} = \frac{1}{s^2+2} - \frac{1}{s^2+4}.$$

注意到

$$\mathscr{L}[\sin\sqrt{2}t](s) = \frac{\sqrt{2}}{s^2+2}, \quad \mathscr{L}[\sin 2t](s) = \frac{2}{s^2+4},$$

有

$$\mathscr{L}^{-1}\left[\frac{1}{s^2+2}\right](t) = \frac{\sqrt{2}}{2}\sin\sqrt{2}t, \quad \mathscr{L}^{-1}\left[\frac{1}{s^2+4}\right](t) = \frac{1}{2}\sin 2t.$$

因此，原方程的解为

$$x(t) = \mathscr{L}^{-1}[X(s)](t) = \frac{\sqrt{2}}{2}\sin\sqrt{2}t - \frac{1}{2}\sin 2t.$$

【例 21】 求方程 $x''' + 3x'' + 3x' + x = \mathrm{e}^t$ 满足初值条件 $x(0) = x'(0) = x''(0) = 0$ 的解.

解：记 $X(s) = \mathscr{L}[x(t)](s)$. 对方程两边作拉普拉斯变换, 得

$$(s^3 + 3s^2 + 3s + 1)X(s) = \frac{1}{s-1},$$

由此得

$$X(s) = \frac{1}{(s+1)^3(s-1)} = -\frac{1}{8}\frac{1}{s+1} - \frac{1}{4}\frac{1}{(s+1)^2} - \frac{1}{2}\frac{1}{(s+1)^3} + \frac{1}{8}\frac{1}{s-1}.$$

因为

$$\mathscr{L}[\mathrm{e}^{-t}](s) = \frac{1}{s+1}, \quad \mathscr{L}[t\mathrm{e}^{-t}](s) = -\frac{\mathrm{d}}{\mathrm{d}s}\mathscr{L}[\mathrm{e}^{-t}](s) = \frac{1}{(s+1)^2},$$

$$\mathscr{L}[t^2\mathrm{e}^{-t}](s) = \frac{\mathrm{d}^2}{\mathrm{d}s^2}\left(\frac{1}{s+1}\right) = \frac{2}{(s+1)^3}, \quad \mathscr{L}[\mathrm{e}^t](s) = \frac{1}{s-1},$$

所以原初值问题的解为

$$x(t) = -\frac{1}{8}\mathrm{e}^{-t} - \frac{1}{4}t\mathrm{e}^{-t} - \frac{1}{4}t^2\mathrm{e}^{-t} + \frac{1}{8}\mathrm{e}^t.$$

习题 4.3

1. 求解下列常系数线性微分方程:

(1) $x^{(4)} - 2x'' + x = t^2 - 3$;

(2) $x'' + x' - 2x = \sin 2t$;

(3) $x''' - x = \mathrm{e}^t$;

(4) $x'' + x = 1 + \dfrac{1}{\sin t}$.

2. 利用拉普拉斯变换求下列初值问题的解:

(1) $x'' + 2x' + x = \mathrm{e}^{-t}$, $x(1) = x'(1) = 0$;

(2) $x' - x = \mathrm{e}^{2t}$, $x(0) = 0$;

(3) $x'' + 4x = 3\sin 4t$, $x(0) = 0$, $x'(0) = 1$;

(4) $x^{(4)} + x = \mathrm{e}^t$, $x(0) = x'(0) = x''(0) = x'''(0) = 1$.

4.4 一般高阶微分方程的若干解法

本节介绍高阶微分方程的降阶和幂级数解法. 一般来说, 低阶微分方程的求解比高阶微分方程的求解容易些. 特别地, 对于二阶变系数齐次微分方程, 如果能找到一个非零特解, 则利用降阶法可以求出与它线性无关的特解. 对于线性非齐次微分方程, 只需再利用常数变易法求出它的一个特解, 问题就解决了.

4.4.1 可降阶的方程类型

对于 n 阶微分方程

$$F(t, x, x', \cdots, x^{(n)}) = 0,$$

我们将讨论下面三种可降阶的类型.

类型 1. 方程不显含未知函数 x, 或不显含 $x, x', \cdots, x^{(k-1)}$, 即形如

$$F(t, x^{(k)}, x^{(k+1)}, \cdots, x^{(n)}) = 0. \tag{4.73}$$

令 $x^{(k)} = y$, 则方程降低 k 阶, 即

$$F(t, y, y', \cdots, y^{(n-k)}) = 0. \tag{4.74}$$

若能求得方程 (4.74) 的通解

$$y = \psi(t, c_1, \cdots, c_{n-k}),$$

则有

$$x^{(k)} = \psi(t, c_1, \cdots, c_{n-k}).$$

积分 k 次, 即求得方程 (4.73) 的通解.

【例 1】 求变系数线性齐次微分方程

$$x'' + t^2 x' = 0$$

的通解.

解: 令 $y = x'$. 原方程化为

$$y' + t^2 y = 0.$$

解得

$$y = c_1 \mathrm{e}^{-\frac{t^3}{3}}.$$

因而原方程的通解为

$$x = c_1 \int \mathrm{e}^{-\frac{t^3}{3}} \mathrm{d}t + c_2,$$

其中 c_1, c_2 为任意常数.

【例 2】 求变系数线性齐次微分方程

$$x^{(5)} - \frac{1}{t} x^{(4)} = 0$$

的通解.

解: 令 $y = x^{(4)}$, 则原方程变为

$$y' - \frac{1}{t}y = 0.$$

由此解得 $y = ct$, 从而有 $x^{(4)} = ct$. 原方程的通解为

$$x = c_1 t^5 + c_2 t^3 + c_3 t^2 + c_4 t + c_5,$$

其中 c_1, c_2, c_3, c_4, c_5 为任意常数.

【例 3】　求非线性微分方程

$$tx'' = x' \ln \frac{x'}{t}$$

的通解.

解: 方程不显含 x, 令 $p = x'$, 则 $x'' = p'$. 原方程化为

$$\frac{\mathrm{d}p}{\mathrm{d}t} = \frac{p}{t} \ln \frac{p}{t}. \tag{4.75}$$

令 $y = \dfrac{p}{t}$, 得 $\mathrm{d}p = y\mathrm{d}t + t\mathrm{d}y$. 代入式 (4.75) 并整理, 得

$$\frac{\mathrm{d}y}{y(\ln y - 1)} = \frac{\mathrm{d}t}{t},$$

解得

$$y = \mathrm{e}^{1+ct}.$$

因而 $x' = t\mathrm{e}^{1+ct}$, 原方程的通解为

$$x = \frac{1}{c}t\mathrm{e}^{1+ct} - \frac{1}{c^2}\mathrm{e}^{1+ct} + \tilde{c},$$

其中 $c, \tilde{c}$ 为任意常数.

类型 2. 不显含自变量 t 的方程

$$F(x, x', \cdots, x^{(n)}) = 0.$$

如果令 $y = x'$, 将 x 视为新的自变量, 则方程就能降低一阶.

【例 4】　求非线性方程

$$xx'' + (x')^2 = 0$$

的通解.

解: 方法 1: 令 $y = x'$, 将 x 视为自变量, 则有

$$x'' = y' = \frac{\mathrm{d}y}{\mathrm{d}x}\frac{\mathrm{d}x}{\mathrm{d}t} = y\frac{\mathrm{d}y}{\mathrm{d}x}.$$

原方程变成

$$xy\frac{\mathrm{d}y}{\mathrm{d}x} + y^2 = 0.$$

由此得 $y = 0$ 或 $x\dfrac{\mathrm{d}y}{\mathrm{d}x} + y = 0$, 从而有

$$y = \frac{c}{x},$$

即 $x' = \dfrac{c}{x}$. 所以原方程的通解为

$$x^2 = c_1 t + c_2,$$

其中 c_1, c_2 为任意常数.

方法 2: 注意到

$$xx'' + (x')^2 = (xx')',$$

代入原方程, 得

$$\left(\frac{x^2}{2}\right)' = xx' = c_1.$$

因此原方程的通解为

$$\frac{x^2}{2} = c_1 t + c_2,$$

其中 c_1, c_2 为任意常数.

【例 5】　求非线性方程

$$x'x''' = (x'')^2 + (x')^2 x''.$$

的通解.

解: 令 $y = x'$, 将 x 视为自变量, 则有

$$x''(t) = y'(t) = \frac{\mathrm{d}y}{\mathrm{d}x}\frac{\mathrm{d}x}{\mathrm{d}t} = y\frac{\mathrm{d}y}{\mathrm{d}x},$$

$$x'''(t) = \frac{\mathrm{d}}{\mathrm{d}t}x''(t) = \frac{\mathrm{d}}{\mathrm{d}x}\left(y\frac{\mathrm{d}y}{\mathrm{d}x}\right)y = y^2\frac{\mathrm{d}^2 y}{\mathrm{d}x^2} + y\left(\frac{\mathrm{d}y}{\mathrm{d}x}\right)^2.$$

代入原方程, 得

$$y^3\frac{\mathrm{d}^2 y}{\mathrm{d}x^2} = y^3\frac{\mathrm{d}y}{\mathrm{d}x}.$$

由此得 $y = 0$ 或 $\dfrac{\mathrm{d}^2 y}{\mathrm{d}x^2} = \dfrac{\mathrm{d}y}{\mathrm{d}x}$, 即得

$$y = c_1 \mathrm{e}^x + c_2.$$

因此有

$$\frac{\mathrm{d}x}{c_1 \mathrm{e}^x + c_2} = \mathrm{d}t.$$

原方程的通解为

$$\int \frac{\mathrm{d}x}{c_1 \mathrm{e}^x + c_2} = t + c_3,$$

其中 c_1, c_2, c_3 为任意常数.

【例 6】　求非线性方程

$$1 + xx'' + (x')^2 = 0$$

的通解.

解：方法 1: 此方程可视为例 4 的非齐次情形. 令 $p = x'$, 将 x 视为参数, 则

$$x'' = \frac{\mathrm{d}}{\mathrm{d}t}p = \frac{\mathrm{d}p}{\mathrm{d}x}\frac{\mathrm{d}x}{\mathrm{d}t} = p\frac{\mathrm{d}p}{\mathrm{d}x}.$$

代入原方程, 得

$$1 + xp\frac{\mathrm{d}p}{\mathrm{d}x} + p^2 = 0.$$

分离变量, 得

$$\frac{p\mathrm{d}p}{1 + p^2} = -\frac{\mathrm{d}x}{x}.$$

求解得 $(1 + p^2)x^2 = c_1$. 因而有 $p = \pm\frac{\sqrt{c_1 - x^2}}{x}$, 即

$$x' = \pm\frac{\sqrt{c_1 - x^2}}{x}.$$

原方程的通解为

$$(t + c_2)^2 + x^2 = c_1,$$

其中 c_1, c_2 为任意常数.

方法 2: 原方程化为

$$\left(\frac{x^2}{2}\right)'' = (x')^2 + xx'' = -1.$$

因而有

$$\frac{x^2}{2} = -\frac{t^2}{2} + ct + \tilde{c}.$$

此式可写为

$$(t + c_3)^2 + x^2 = c_4,$$

其中 c_3, c_4 为任意常数.

类型 3. 对于变系数线性齐次微分方程

$$\frac{\mathrm{d}^n x}{\mathrm{d}t^n} + a_1(t)\frac{\mathrm{d}^{n-1}x}{\mathrm{d}t^{n-1}} + \cdots + a_n(t)x = 0, \tag{4.76}$$

如果知道它的一个非零特解, 则利用变换可将方程降低一阶. 更一般地, 如果知道它的 k 个线性无关的特解, 则可通过变换使方程降低 k 阶.

事实上, 当 $k = 1$ 时, 设 x_1 为方程 (4.76) 的非零特解, 则通过变换

$$x(t) = x_1(t)y(t)$$

可以将方程 (4.76) 化为关于未知函数 $z = \dfrac{\mathrm{d}y}{\mathrm{d}t}$ 的一个 $n - 1$ 阶线性微分方程. 事实上, 注意到

$$\frac{\mathrm{d}^j x}{\mathrm{d}t^j} = x_1(t)\frac{\mathrm{d}^j y}{\mathrm{d}x^j} + \{y \text{ 的低于 } j \text{ 阶导数的项}\},$$

代入方程 (4.76), 得

$$x_1(t)\frac{\mathrm{d}^n y}{\mathrm{d}t^n} + b_1(t)\frac{\mathrm{d}^{n-1} y}{\mathrm{d}t^{n-1}} + \cdots + b_{n-1}\frac{\mathrm{d}y}{\mathrm{d}t} + b_n(t)y = 0. \tag{4.77}$$

由 $x_1(t)$ 是方程 (4.76) 的解知, $y = 1$ 是方程 (4.77) 的解, 从而有 $b_n(t) \equiv 0$. 在使 $x_1(t) \neq 0$ 的任一区间上, 令 $z = \dfrac{\mathrm{d}y}{\mathrm{d}t}$, 即得到关于 z 的微分方程

$$\frac{\mathrm{d}^{n-1} z}{\mathrm{d}t^{n-1}} + c_1(t)\frac{\mathrm{d}^{n-2} z}{\mathrm{d}t^{n-2}} + \cdots + c_{n-1}(t)z = 0, \tag{4.78}$$

其中

$$c_j(t) = \frac{b_j(t)}{x_1(t)}, \quad j = 1, 2, \cdots, n - 1.$$

如果方程 (4.78) 有解 $z(t)$, 则方程 (4.76) 有解

$$x = x_1(t)\int z(t)\mathrm{d}t.$$

因此, 在已知方程 (4.76) 的一个非零特解 $x_1(t)$ 的前提下, 至少在使 $x_1(t)$ 不等于零的区间上, 求解方程 (4.76) 可归结为求解一个低一阶的线性微分方程.

设 $x_1(t), x_2(t), \cdots, x_k(t)$ 是线性齐次微分方程 (4.76) 的 $k\,(k > 1)$ 个线性无关的解. 由变换 $z = y' = \dfrac{\mathrm{d}}{\mathrm{d}t}\left(\dfrac{x}{x_k}\right)$ 知, 若 $x(t)$ 是方程 (4.76) 的解, 则 $z(t)$ 是方程

$$\frac{\mathrm{d}^{n-1} z}{\mathrm{d}t^{n-1}} + b_1(t)\frac{\mathrm{d}^{n-2} z}{\mathrm{d}t^{n-2}} + \cdots + b_{n-1}(t)z = 0 \tag{4.79}$$

的解, 其中 $b_1(t), \cdots, b_{n-1}(t)$ 是确定的函数. 因此 $z_j = \dfrac{\mathrm{d}}{\mathrm{d}t}\left(\dfrac{x_j}{x_k}\right)(1 \leqslant j \leqslant k - 1)$ 均为方程 (4.79) 的解. 我们断言 $z_1(t), z_2(t), \cdots, z_{k-1}(t)$ 线性无关. 为此, 令

$$\gamma_1 z_1 + \gamma_2 z_2 + \cdots + \gamma_{k-1}z_{k-1} \equiv 0, \tag{4.80}$$

其中 $\gamma_1, \gamma_2, \cdots, \gamma_{k-1}$ 是常数. 则由式 (4.80) 推出, 存在常数 γ_k, 使得

$$\frac{\gamma_1 x_1(t) + \gamma_2 x_2(t) + \cdots + \gamma_{k-1} x_{k-1}(t)}{x_k(t)} \equiv \gamma_k.$$

再由 $x_1(t), x_2(t), \cdots, x_k(t)$ 线性无关, 得 $\gamma_1 = \gamma_2 = \cdots = \gamma_k = 0$, 从而 $z_1(t), z_2(t), \cdots, z_{k-1}(t)$ 线性无关. 这样一来, n 阶线性齐次微分方程 (4.76) 化为 $n-1$ 阶线性齐次微分方程 (4.79), 它有 $k-1$ 个线性无关的解 $z_1, z_2, \cdots, z_{k-1}$. 重复这一步骤, $n-1$ 阶线性齐次微分方程 (4.79) 可化为 $n-2$ 阶线性齐次微分方程, 且该方程有 $k-2$ 个线性无关的解. 依此类推, 我们就可以将 n 次线性齐次微分方程 (4.76) 化为 $n-k$ 阶线性齐次微分方程.

简单情况是 $n=2$. 对于二阶线性齐次微分方程, 如果已经知道它的一个非零解, 那么方程的求解问题就完全解决了. 事实上, 设 $x = x_1 \neq 0$ 是二阶线性齐次微分方程

$$x''(t) + p(t)x'(t) + q(t)x(t) = 0 \tag{4.81}$$

的解, 则由前面的讨论知, 经过变换 $x = x_1 \int y \mathrm{d}t$, 原方程转化成

$$x_1 y' + (2x_1' + p(t)x_1)y = 0.$$

此一阶微分方程的解为

$$y = c_1 \frac{1}{x_1^2} \mathrm{e}^{-\int p(t)\mathrm{d}t}.$$

因此

$$x = c_1 x_1 \int \frac{1}{x_1^2} \mathrm{e}^{-\int p(t)\mathrm{d}t} \mathrm{d}t + c_2 x_1,$$

其中 c_1, c_2 是常数. 取 $c_1 = 1, c_2 = 0$, 得方程 (4.81) 的一个特解

$$x_2 = x_1 \int \frac{1}{x_1^2} \mathrm{e}^{-\int p(t)\mathrm{d}t} \mathrm{d}t.$$

我们断言 $x_1(t), x_2(t)$ 线性无关. 事实上, 设有常数 γ_1, γ_2, 使得

$$\gamma_1 x_1 + \gamma_2 x_2 \equiv 0.$$

由 $x_1 \neq 0$ 知

$$\gamma_1 + \gamma_2 \int \frac{1}{x_1^2} \mathrm{e}^{-\int p(t)\mathrm{d}t} \mathrm{d}t \equiv 0. \tag{4.82}$$

上式两边关于 t 求导, 得

$$\gamma_2 \frac{1}{x_1^2} \mathrm{e}^{-\int p(t)\mathrm{d}t} \equiv 0.$$

因此有 $\gamma_2 = 0$, 从而由式 (4.82) 推出 $\gamma_1 = 0$, 即知 $x_1(t), x_2(t)$ 线性无关. 这样一来, 我们就得到方程 (4.81) 的基本解组 x_1, x_2.

【例 7】 已知变系数线性齐次微分方程

$$tx''' + 3x'' - tx' - x = 0$$

有特解 $x = \dfrac{1}{t}$，求它的通解.

解：令 $x = \dfrac{y}{t}$，直接计算，得

$$x' = \frac{1}{t}y' - \frac{1}{t^2}y,$$

$$x'' = \frac{1}{t}y'' - \frac{2}{t^2}y' + \frac{2}{t^3}y,$$

$$x''' = \frac{1}{t}y''' - \frac{3}{t^2}y'' + \frac{6}{t^3}y' - \frac{6}{t^4}y.$$

原方程变为

$$y''' - y' = 0.$$

令 $z = y'$，则

$$z'' - z = 0,$$

求解得

$$z = c_1 e^t + c_2 e^{-t}.$$

因此有

$$y = c_1 e^t - c_2 e^{-t} + c_3.$$

原方程的通解为

$$x = \frac{c_1}{t}e^t - \frac{c_2}{t}e^{-t} + \frac{c_3}{t},$$

其中 c_1, c_2, c_3 为任意常数.

【例 8】求变系数线性非齐次微分方程

$$t^2 x'' - t(2-t)x' + (2-t)x = t^3 \sin t$$

的通解.

解：对应的线性齐次微分方程

$$t^2 x'' - t(2-t)x' + (2-t)x = 0$$

有解 $x = t$. 作变换 $x = ty$，原方程变为

$$y'' + y' = \sin t.$$

令 $z = y'$, 则 $z' + z = \sin t$, 由常数变易法可解得

$$z = \frac{1}{2}(\sin t - \cos t) + ce^{-t}.$$

对 $z = y'$ 积分, 得

$$y = c_1 e^{-t} - \frac{\cos t + \sin t}{2} + c_2$$

原方程的通解为

$$x = c_1 t e^{-t} - \frac{t}{2}(\cos t + \sin t) + c_2 t,$$

其中 c_1, c_2 为任意常数.

4.4.2　幂级数解法

下面介绍线性微分方程求解的另一种重要方法——幂级数解法. 这一方法基于解析函数的理论. 原则上说幂级数解法适用于任意阶微分方程, 为简单起见, 我们在这里只讨论二阶线性齐次微分方程

$$x'' + p(t)x' + q(t)x = 0, \tag{4.83}$$

其中 $p(t)$ 和 $q(t)$ 皆为解析函数.

定理 4.12　若 $p(t)$, $q(t)$ 都能展开成 t 的幂级数, 且收敛区间为 $(-R, R)$, 则方程 (4.83) 有形如 $x = \sum\limits_{n=0}^{+\infty} a_n t^n$ 的幂级数解, 且解的幂级数收敛区间亦为 $(-R, R)$.

该定理的证明请参阅参考文献 [20] (3.2 节, 定理 31).

我们先看几个例子.

【例 9】　求常系数线性微分方程

$$x'' - x = 0$$

的通解.

解: 这个方程可以用前面的特征根法求解, 但这里使用幂级数法. 设原方程有形如 $x = \sum\limits_{n=0}^{+\infty} c_n t^n$ 的解. 直接计算, 得

$$x' = \sum_{n=1}^{+\infty} n c_n t^{n-1}, \quad x'' = \sum_{n=2}^{+\infty} n(n-1) c_n t^{n-2}.$$

代入原方程, 得

$$\sum_{n=0}^{+\infty} c_n t^n = \sum_{n=0}^{+\infty} (n+2)(n+1) c_{n+2} t^n.$$

比较系数, 得

$$c_n = (n+1)(n+2)c_{n+2}, \quad n = 0, 1, \cdots,$$

进一步有

$$c_n = \begin{cases} \dfrac{c_0}{n!}, & n = 2k \\ \dfrac{c_1}{n!}, & n = 2k+1 \end{cases}.$$

原方程的通解为

$$\begin{aligned} x &= c_0 \left(1 + \frac{t^2}{2!} + \frac{t^4}{4!} + \cdots \right) + c_1 \left(t + \frac{t^3}{3!} + \cdots \right) \\ &= c_0 \frac{e^t + e^{-t}}{2} + c_1 \frac{e^t - e^{-t}}{2} \\ &= \frac{c_0 + c_1}{2} e^t + \frac{c_0 - c_1}{2} e^{-t} \\ &= \tilde{c}_1 e^t + \tilde{c}_2 e^{-t}, \end{aligned}$$

其中 $\tilde{c}_1$, $\tilde{c}_2$ 为任意常数.

【例 10】　用幂级数法求常系数线性微分方程

$$x'' + x = 0$$

的通解.

解: 设方程有形如 $x = \displaystyle\sum_{n=0}^{+\infty} c_n t^n$ 的幂级数解. 原方程化为

$$\sum_{n=0}^{+\infty} (n+2)(n+1)c_{n+2}t^n + \sum_{n=0}^{+\infty} c_n t^n = 0.$$

比较系数, 得 $(n+2)(n+1)c_{n+2} + c_n = 0$, 由此递推关系知

$$c_n = \begin{cases} \dfrac{(-1)^k c_0}{(2k)!}, & n = 2k \\ \dfrac{(-1)^k c_1}{(2k+1)!}, & n = 2k+1 \end{cases}.$$

这样得到幂级数解

$$x = c_0 \left(1 - \frac{t^2}{2!} + \frac{t^4}{4!} - \frac{t^6}{6!} + \cdots \right) + c_1 \left(t - \frac{t^3}{3!} + \frac{t^5}{5!} - \frac{t^7}{7!} + \cdots \right).$$

因此 $x = c_0 \cos t + c_1 \sin t$, 其中 c_0, c_1 为任意常数.

【例 11】　求变系数线性齐次微分方程

$$x'' = tx$$

在 $t = 1$ 处展开的幂级数解.

解：设原方程有形如

$$x = \sum_{n=0}^{+\infty} c_n(t-1)^n$$

的解. 代入原方程, 得

$$\sum_{n=0}^{+\infty}(n+2)(n+1)c_{n+2}(t-1)^n = c_0 + \sum_{n=1}^{+\infty}(c_n + c_{n-1})(t-1)^n.$$

记 $c_{-1} = 0$, 比较系数, 得

$$(n+2)(n+1)c_{n+2} = c_n + c_{n-1}, \quad n = 0, 1, 2, \cdots.$$

因此, 原方程的幂级数解为

$$x = c_0 \left(1 + \frac{(t-1)^2}{2} + \frac{(t-1)^3}{6} + \frac{(t-1)^4}{24} + \cdots \right)$$
$$+ c_1 \left((t-1) + \frac{(t-1)^3}{6} + \frac{(t-1)^4}{12} + \cdots \right).$$

【例 12】　求解初值问题

$$\begin{cases} x'' - 2tx' = 0 \\ x(0) = 0, x'(0) = 1 \end{cases}.$$

解：可以用降阶法, 在这里用幂级数法. 设 $x = \sum_{n=0}^{+\infty} c_n t^n$ 是原初值问题的解, 由 $x(0) = 0, x'(0) = 1$ 知

$$c_0 = 0, \quad c_1 = 1.$$

注意到

$$x' = \sum_{n=1}^{+\infty} nc_n t^{n-1}, \quad x'' = \sum_{n=2}^{+\infty} n(n-1)c_n t^{n-2}.$$

代入原方程, 得

$$2c_2 + \sum_{n=1}^{+\infty}(n+2)(n+1)c_{n+2}t^n = \sum_{n=1}^{+\infty} 2nc_n t^n.$$

比较系数, 得

$$c_2 = 0, \quad 2nc_n = (n+2)(n+1)c_{n+2},$$

即有

$$c_{2k} = 0, \quad c_{2k+3} = \frac{1}{(k+1)!(2k+3)}, \quad k = 1, 2, \cdots.$$

这样, 原方程的解为

$$x = t + \frac{t^3}{3} + \frac{t^5}{10} + \cdots.$$

如果线性齐次微分方程 (4.83) 中的 $p(t), q(t)$ 不满足解析的要求, 在某些条件下, 方程 (4.83) 仍然会有幂级数形式的解.

定理 4.13 若 $(t - t_0)p(t)$ 和 $(t - t_0)^2 q(t)$ 都能展开成 $(t - t_0)$ 的幂级数, 且收敛区间为 $(t_0 - R, t_0 + R)$, 则方程 (4.83) 有形如

$$x = \sum_{n=0}^{+\infty} a_n (t - t_0)^{\alpha + n}$$

的解, 其中 α 是待定常数. 该级数的收敛半径亦为 $(t_0 - R, t_0 + R)$.

该定理的证明请参阅参考文献 [20] (3.2 节, 定理 32) 和参考文献 [3] (7.4 节, 定理 7.3).

【例 13】 设 $\alpha \geqslant 0$, 求贝塞尔 (Bessel) 方程

$$t^2 x'' + tx' + (t^2 - \alpha^2)x = 0 \tag{4.84}$$

的解.

解: 原方程可改写为

$$x'' + \frac{1}{t}x' + \frac{t^2 - \alpha^2}{t^2}x = 0.$$

记 $p(t) = \frac{1}{t}, q(t) = \frac{t^2 - \alpha^2}{t^2}$. 显然 $tp(t) = 1, t^2 q(t) = t^2 - \alpha^2$ 均为解析函数, 根据定理 4.13, 设原方程的幂级数形式的解为

$$x(t) = \sum_{n=0}^{+\infty} c_n t^{n+\beta},$$

其中 $c_0 \neq 0, c_n$ 和 β 是待定常数. 将此 $x(t)$ 代入方程 (4.84), 得

$$\sum_{n=0}^{+\infty} c_n \left((n+\beta)^2 - \alpha^2\right) t^{n+\beta} + \sum_{n=0}^{+\infty} c_n t^{n+\beta+2} = 0. \tag{4.85}$$

由 $c_0 \neq 0$, 易知 $\beta^2 - \alpha^2 = 0$, 因而 $\beta = \pm\alpha$. 为方便起见, 记 $c_{-1} = c_{-2} = 0$, 则方程 (4.85)
变为

$$\sum_{n=0}^{+\infty} \left(\left((n+\beta)^2 - \alpha^2\right) c_n + c_{n-2} \right) t^{n+\beta} = 0.$$

因此

$$((n+\beta)^2 - \alpha^2)c_n + c_{n-2} = 0, \quad n = 0, 1, 2, \cdots. \tag{4.86}$$

当 $\beta = \alpha$ 时, 由方程 (4.86) 解出

$$c_n = -\frac{1}{n(n+2\alpha)}c_{n-2}, \quad n = 1, 2, \cdots.$$

由此得

$$c_{2n+1} = 0,$$
$$c_{2n} = \frac{(-1)^n}{2^{2n}(\alpha+1)(\alpha+2)\cdots(\alpha+n)n!}c_0$$
$$= (-1)^n \frac{c_0\Gamma(\alpha+1)}{2^{2n}\Gamma(\alpha+n+1)\Gamma(n+1)},$$

其中 Γ 是式 (4.70) 中定义的 Γ 函数, $n = 0, 1, 2, \cdots$. 如果取 $c_0 = 1/(2^\alpha\Gamma(\alpha+1))$, 则

$$c_{2n} = \frac{(-1)^n}{2^{2n+\alpha}\Gamma(\alpha+n+1)\Gamma(n+1)}, \quad n = 0, 1, 2, \cdots.$$

从而得到贝塞尔方程的一个广义幂级数解

$$x = J_\alpha(t) = \sum_{n=0}^{+\infty} \frac{(-1)^n}{\Gamma(\alpha+n+1)\Gamma(n+1)} \left(\frac{t}{2}\right)^{2n+\alpha}. \tag{4.87}$$

容易看出, $J_\alpha(t)$ 在区间 $(-\infty, +\infty)$ 上收敛, 它称为**第一类贝塞尔函数**.

现在寻找贝塞尔方程的另一个与 $J_\alpha(t)$ 线性无关的解. 首先, 尝试寻找贝塞尔方程对应
于 $\beta = -\alpha$ 的广义幂级数解. 此时方程 (4.86) 化为

$$n(n-2\alpha)c_n + c_{n-2} = 0, \quad n = 0, 1, 2, \cdots. \tag{4.88}$$

下面分两种情形讨论.

情形 1: α 不等于任何整数.

在这种情形下, 当 n 是偶数时, $n(n-2\alpha) \neq 0$. 因而有

$$c_{2j} = \frac{(-1)^j\Gamma(1-\alpha)}{2^{2j}\Gamma(j+1-\alpha)\Gamma(j+1)}c_0, \quad k = 0, 1, 2, \cdots.$$

令 $c_{2j+1} = 0, j = 0, 1, 2, \cdots$, 得到满足式 (4.88) 的数列 $\{c_n\}$. 取 $c_0 = 2^\alpha/\Gamma(1-\alpha)$, 即得贝塞尔方程的一个广义幂级数解

$$x = J_{-\alpha}(t) = \sum_{n=0}^{+\infty} \frac{(-1)^n}{\Gamma(n-\alpha+1)\Gamma(n+1)} \left(\frac{t}{2}\right)^{2n-\alpha}. \tag{4.89}$$

显然, $J_\alpha(t)$ 与 $J_{-\alpha}$ 线性无关.

情形 2: α 是整数.

如果 $\alpha = 0$, 得到的广义幂级数解为 $J_0(t)$. 如果 $\alpha = 1$, 则在式 (4.88) 中取 $n = 2$, 即得 $c_0 = 0$. 这与 $c_0 \neq 0$ 的假设矛盾. 如果 $\alpha \geqslant 2$, 式 (4.88) 中依次取 $n = 2, 4, \cdots, 2\alpha-2$, 则有 $c_{2\alpha-2} \neq 0$. 再在式 (4.88) 中取 $n = 2\alpha$, 即得 $c_{2\alpha-2} = 0$, 矛盾! 总之, 当 α 是整数时, 贝塞尔方程没有与 $J_\alpha(t)$ 线性无关的广义幂级数解.

综合上面两种情形, 可得出结论: 当 $\alpha \geqslant 0$ 不取整数时, 贝塞尔方程 (4.84) 有两个线性无关的解 $J_\alpha(t)$ 和 $J_{-\alpha}(t)$; 当 $\alpha \geqslant 0$ 取整数时, 需要继续寻找方程 (4.84) 的另一个与 $J_\alpha(t)$ 线性无关的解.

设 $\alpha \geqslant 0, \alpha$ 不是整数, 定义**纽曼 (Neumann) 函数**

$$Y_\alpha(t) = \frac{J_\alpha(t)\cos\alpha\pi - J_{-\alpha}(t)}{\sin\alpha\pi}.$$

可以证明 $Y_\alpha(t), J_\alpha(t)$ 构成贝塞尔方程的一个线性无关解组.

对于非负整数 m, 定义 $J_{-m}(t) = \lim_{\alpha \to m} J_{-\alpha}(t)$, 则由式 (4.89) 以及式 (4.87) 推出

$$J_{-m}(t) = \sum_{n=m}^{+\infty} \frac{(-1)^n}{\Gamma(n-m+1)\Gamma(n+1)} \left(\frac{t}{2}\right)^{2n-m} = (-1)^m J_m(t).$$

因此, 当 $\alpha \to m$ 时, $Y_\alpha(t)$ 的分子和分母都趋于零. 利用洛必达 (L'Hospital) 法则, 得

$$Y_m(t) := \lim_{\alpha \to m} Y_\alpha(t) = \frac{1}{\pi}\left(\frac{\partial J_\alpha(t)}{\partial \alpha} - (-1)^m \frac{\partial J_{-\alpha}(t)}{\partial \alpha}\right)_{\alpha=m}.$$

无论 α 是否为整数, $Y_\alpha(t), J_\alpha(t)$ 都构成贝塞尔方程的一个线性无关解组. $Y_\alpha(t)$ 称为**第二类贝塞尔函数**.

习题 4.4

1. 求下列方程的解:
(1) $xx' - (x')^2 + (x')^3 = 0$;
(2) $(1-t)x'' + 2(x')^2 = 0$;
(3) $tx'' - (2t+1)x' + (t+1)x = t^2 e^t$;
(4) $t^2 x'' + 5tx' + 13x = 0, t > 0$.

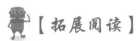

2. 用幂级数法求解下列方程:

(1) $(1-t)x'' + x = 0$;

(2) $x'' - tx' - x = 0$;

(3) $x'' + tx' + x$, $x(0) = 1$, $x'(0) = 0$.

3. 求解贝塞尔方程

$$t^2 x'' + tx' + \left(t^2 - \frac{(2n-1)^2}{4}\right)x = 0.$$

【拓展阅读】

人物小传——张芷芬

/ 第 5 章 /

线性微分方程组

在前几章, 我们研究了微分方程解的存在唯一性、解的延拓性质、解对初值的光滑性, 以及各种求解方法. 除了单个微分方程之外, 数学物理、控制工程、生物数学等问题中还会出现很多由若干微分方程联立的微分方程组. 在这一章, 我们将讨论一阶线性微分方程组, 包括与高阶线性微分方程的关系、解的存在唯一性、解空间的结构, 以及一些具体的求解方法.

5.1   解的存在唯一性

我们考虑如下形式的一阶线性微分方程组

$$\boldsymbol{x}'(t) = \boldsymbol{A}(t)\boldsymbol{x}(t) + \boldsymbol{f}(t), \tag{5.1}$$

其中

$$\boldsymbol{A}(t) = \begin{pmatrix} a_{11}(t) & a_{12}(t) & \cdots & a_{1n}(t) \\ a_{21}(t) & a_{22}(t) & \cdots & a_{2n}(t) \\ \vdots & \vdots & & \vdots \\ a_{n1}(t) & a_{n2}(t) & \cdots & a_{nn}(t) \end{pmatrix} \tag{5.2}$$

为系数矩阵, $a_{ij}(t)\,(1 \leqslant i, j \leqslant n)$ 是连续函数, $\boldsymbol{x}(t)$ 为未知向量函数, $\boldsymbol{x}'(t)$ 为向量函数 $\boldsymbol{x}(t)$ 的导数, $\boldsymbol{f}(t)$ 为向量值非齐次项, 分别记作

$$\boldsymbol{x}(t) = \begin{pmatrix} x_1(t) \\ x_2(t) \\ \vdots \\ x_n(t) \end{pmatrix}, \quad \boldsymbol{x}'(t) = \begin{pmatrix} x_1'(t) \\ x_2'(t) \\ \vdots \\ x_n'(t) \end{pmatrix}, \quad \boldsymbol{f}(t) = \begin{pmatrix} f_1(t) \\ f_2(t) \\ \vdots \\ f_n(t) \end{pmatrix}. \tag{5.3}$$

5.1.1　高阶微分方程转化为微分方程组

现在说明高阶线性微分方程解的存在唯一性问题可以转化为一阶线性微分方程组解的存在唯一性问题. 考虑 n 阶线性微分方程的初值问题

$$\begin{cases} x^{(n)} + a_1(t)x^{(n-1)} + \cdots + a_{n-1}(t)x' + a_n(t)x = f(t), \\ x(t_0) = b_0, x'(t_0) = b_1, \cdots, x^{(n-1)}(t_0) = b_{n-1} \end{cases}, \tag{5.4}$$

其中 $a_1(t), a_2(t), \cdots, a_n(t), f(t)$ 是区间 $[a, b]$ 上的连续函数, $t_0 \in [a, b]$, $b_0, b_1, \cdots, b_{n-1}$ 是常数. 一方面, 设 $x = x(t)$ 是初值问题 (5.4) 的解. 令 $x_1 = x$, $x_2 = x'$, $\cdots$, $x_n = x^{(n-1)}$, 容易验证

$$\begin{cases} \tilde{\boldsymbol{x}}' = \tilde{\boldsymbol{A}}(t)\tilde{\boldsymbol{x}} + \tilde{\boldsymbol{f}}(t), \\ \tilde{\boldsymbol{x}}(t_0) = \boldsymbol{b} \end{cases}, \tag{5.5}$$

其中

$$\tilde{\boldsymbol{A}}(t) = \begin{pmatrix} 0 & 1 & 0 & \cdots & 0 \\ 0 & 0 & 1 & \cdots & 0 \\ \vdots & \vdots & \vdots & & \vdots \\ 0 & 0 & 0 & \cdots & 1 \\ -a_n(t) & -a_{n-1}(t) & \cdots & -a_2(t) & -a_1(t) \end{pmatrix}, \tag{5.6}$$

$\tilde{\boldsymbol{x}} = (x_1, x_2 \cdots, x_n)^\top$, $\tilde{\boldsymbol{f}}(t) = (0, 0, \cdots, 0, f(t))^\top$, $\boldsymbol{b} = (b_0, b_1, \cdots, b_{n-1})^\top$, 我们用上标 "⊤" 表示行向量的转置, 即列向量.

另一方面, 设 $\tilde{\boldsymbol{x}} = (x_1, x_2, \cdots, x_n)^\top$ 是初值问题 (5.5) 的解. 定义函数 $x(t) = x_1(t)$, 根据方程组 (5.5), 得

$$\begin{cases} x'(t) = x_1'(t) = x_2(t) \\ x''(t) = x_2'(t) = x_3(t) \\ \cdots\cdots \\ x^{(n-1)}(t) = x_{n-1}'(t) = x_n(t) \end{cases},$$

以及

$$\begin{aligned} x^{(n)}(t) = x_n'(t) &= -a_n(t)x_1(t) - a_{n-1}(t)x_2(t) - \cdots - a_1(t)x_n(t) + f(t) \\ &= -a_n(t)x(t) - a_{n-1}(t)x'(t) - \cdots - a_1(t)x^{(n-1)}(t) + f(t). \end{aligned}$$

再注意到 $x(t_0) = x_1(t_0) = b_0$, $x'(t_0) = x_2(t_0) = b_1$, $\cdots$, $x^{(n-1)}(t_0) = x_n(t_0) = b_{n-1}$. 由此推出 $x(t)$ 是初值问题 (5.4) 的解.

因此初值问题 (5.4) 的可解性等价于初值问题 (5.5) 的可解性, 即若其中一个问题有解, 则必能构造出另外一个问题的解. 注意, 从上面的讨论可知, 高阶微分方程可以转化为线性微分方程组, 但反之不成立, 即不是所有的线性微分方程组都能转化为高阶微分方程 (参考文献 [10], 5.1.1 节), 而特殊形式的线性微分方程组可以转化为高阶微分方程.

5.1.2 存在唯一性定理

在 $\mathbb{R}^n$ 中, 定义 $\boldsymbol{x} = (x_1, x_2, \cdots, x_n)^\top \in \mathbb{R}^n$ 的范数为

$$\|\boldsymbol{x}\| = \sqrt{x_1^2 + x_2^2 + \cdots + x_n^2}.$$

对于 $n \times n$ 矩阵 $\boldsymbol{A}$, 定义 $\boldsymbol{A}$ 的范数为

$$\|\boldsymbol{A}\| = \sup_{\boldsymbol{x} \in \mathbb{R}^n, \boldsymbol{x} \neq 0} \frac{\|\boldsymbol{A}\boldsymbol{x}\|}{\|\boldsymbol{x}\|} = \sup_{\boldsymbol{x} \in \mathbb{R}^n, \|\boldsymbol{x}\|=1} \|\boldsymbol{A}\boldsymbol{x}\|.$$

容易验证范数满足下列性质:

(1) $\|\boldsymbol{A}\| \geqslant 0$, $\|\boldsymbol{A}\| = 0$ 当且仅当 $\boldsymbol{A} = \boldsymbol{O}$, 其中 $\boldsymbol{O}$ 表示零矩阵;

(2) $\|k\boldsymbol{A}\| = |k|\|\boldsymbol{A}\|, \forall k \in \mathbb{R}$;

(3) $\|\boldsymbol{A} + \boldsymbol{B}\| \leqslant \|\boldsymbol{A}\| + \|\boldsymbol{B}\|$;

(4) $\|\boldsymbol{A}\boldsymbol{x}\| \leqslant \|\boldsymbol{A}\|\|\boldsymbol{x}\|, \forall \boldsymbol{A} \in \mathbb{R}^{n \times n}, \boldsymbol{x} \in \mathbb{R}^n$;

(5) $\|\boldsymbol{A}\boldsymbol{B}\| \leqslant \|\boldsymbol{A}\|\|\boldsymbol{B}\|, \forall \boldsymbol{A}, \boldsymbol{B} \in \mathbb{R}^{n \times n}$;

(6) $\max\limits_{1 \leqslant i,j \leqslant n} |a_{ij}| \leqslant \|\boldsymbol{A}\| \leqslant n \max\limits_{1 \leqslant i,j \leqslant n} |a_{ij}|, \forall \boldsymbol{A} = (a_{ij}) \in \mathbb{R}^{n \times n}$.

定理 5.1 如果 $\boldsymbol{A}(t)$ 是 $n \times n$ 阶矩阵函数, $\boldsymbol{f}(t)$ 是 n 维列向量函数, 它们都在区间 $[a,b]$ 上连续, 则对任何 $t_0 \in [a,b]$ 和任一常数列向量 $\boldsymbol{\eta} \in \mathbb{R}^n$, 一阶线性微分方程组

$$\boldsymbol{x}'(t) = \boldsymbol{A}(t)\boldsymbol{x}(t) + \boldsymbol{f}(t) \tag{5.7}$$

存在唯一解 $\boldsymbol{x}^*(t)$, 定义于区间 $[a,b]$ 上, 且满足初值条件 $\boldsymbol{x}^*(t_0) = \boldsymbol{\eta}$.

证明: 用类似于定理 3.1 的证明方法, 我们只给出简要过程.

第一步, 首先证明, 若 $\boldsymbol{x}(t)$ 是线性微分方程组 (5.7) 定义于区间 $[a,b]$ 上且满足初值条件 $\boldsymbol{x}(t_0) = \boldsymbol{\eta}$ 的解, 则 $\boldsymbol{x}(t)$ 是积分方程组

$$\boldsymbol{x}(t) = \boldsymbol{\eta} + \int_{t_0}^{t} (\boldsymbol{A}(s)\boldsymbol{x}(s) + \boldsymbol{f}(s))\mathrm{d}s \tag{5.8}$$

定义于区间 $[a,b]$ 上的连续解; 反之亦然. 这里向量函数的积分规定为每个分量函数的积分构成的向量, 例如对于 $\boldsymbol{f}(s) = (f_1(s), f_2(s), \cdots, f_n(s))^\top$, 有积分

$$\int_{t_0}^{t} \boldsymbol{f}(s)\mathrm{d}s = (F_1(t), F_2(t), \cdots, F_n(t))^\top,$$

其中 $F_j(t) = \int_{t_0}^{t} f_j(s)\mathrm{d}s, j = 1, 2, \cdots, n$.

事实上, 对方程组 (5.7) 两边积分, 得

$$\boldsymbol{x}(t) - \boldsymbol{x}(t_0) = \int_{t_0}^{t} (\boldsymbol{A}(s)\boldsymbol{x}(s) + \boldsymbol{f}(s))\mathrm{d}s,$$

即方程组 (5.8) 成立. 反之, 若 $\boldsymbol{x}(t)$ 是积分方程组 (5.8) 的解, 则 $\boldsymbol{x}(t_0) = \boldsymbol{\eta}$. 对方程组 (5.8) 两边关于 t 求导, 得

$$\boldsymbol{x}'(t) = \boldsymbol{A}(t)\boldsymbol{x}(t) + \boldsymbol{f}(t),$$

即方程组 (5.7) 成立.

第二步, 构造皮卡逼近序列. 取 $\boldsymbol{x}_0(t) = \boldsymbol{\eta}$, 构造向量函数列

$$\boldsymbol{x}_k(t) = \boldsymbol{\eta} + \int_{t_0}^{t} (\boldsymbol{A}(s)\boldsymbol{x}_{k-1}(s) + \boldsymbol{f}(s))\mathrm{d}s, \quad k = 1, 2, \cdots. \tag{5.9}$$

容易看出, $\boldsymbol{x}_k(t)$ 定义于区间 $[a,b]$, 且在 $[a,b]$ 上连续.

第三步, 证明向量函数列 $\{\boldsymbol{x}_k(t)\}$ 在区间 $[a,b]$ 上一致收敛于积分方程组 (5.8) 的解.

注意到存在非负常数 L, K, 使得在区间 $[a,b]$ 上有 $\|\boldsymbol{A}(t)\| \leqslant L$, $\|\boldsymbol{f}(t)\| \leqslant K$, 记 $M = L\|\boldsymbol{\eta}\| + K$, 我们有

$$\begin{aligned}
\|\boldsymbol{x}_1(t) - \boldsymbol{x}_0(t)\| &\leqslant \left| \int_{t_0}^{t} \|\boldsymbol{A}(s)\boldsymbol{x}_0(t) + \boldsymbol{f}(s)\|\mathrm{d}s \right| \\
&\leqslant (L\|\boldsymbol{\eta}\| + K)|t - t_0| \\
&= M|t - t_0|,
\end{aligned}$$

$$\begin{aligned}
\|\boldsymbol{x}_2(t) - \boldsymbol{x}_1(t)\| &\leqslant \left| \int_{t_0}^{t} \|\boldsymbol{A}(s)(\boldsymbol{x}_1(t) - \boldsymbol{x}_0(s))\|\mathrm{d}s \right| \\
&\leqslant L \left| \int_{t_0}^{t} M(s - t_0)\mathrm{d}s \right| \\
&= \frac{ML}{2}(t - t_0)^2.
\end{aligned}$$

假设

$$\|\boldsymbol{x}_j(t) - \boldsymbol{x}_{j-1}(t)\| \leqslant \frac{ML^{j-1}}{j!}|t - t_0|^j,$$

则有

$$\begin{aligned}
\|\boldsymbol{x}_{j+1}(t) - \boldsymbol{x}_j(t)\| &\leqslant \left| \int_{t_0}^{t} \|\boldsymbol{A}(s)(\boldsymbol{x}_j(t) - \boldsymbol{x}_{j-1}(s))\|\mathrm{d}s \right| \\
&\leqslant L \left| \int_{t_0}^{t} \frac{ML^{j-1}}{j!}(s - t_0)^j \mathrm{d}s \right| \\
&\leqslant \frac{ML^j}{(j+1)!}|t - t_0|^{j+1}.
\end{aligned}$$

由数学归纳法知

$$\|\boldsymbol{x}_k(t) - \boldsymbol{x}_{k-1}(t)\| \leqslant \frac{ML^{k-1}}{k!}|t - t_0|^k, \quad \forall k \in \mathbb{N}.$$

因为数项级数

$$\frac{M}{L}\sum_{k=1}^{+\infty}\frac{L^k(b-a)^k}{k!}$$

收敛, 所以向量函数项级数

$$\sum_{k=1}^{+\infty}(\boldsymbol{x}_k(t)-\boldsymbol{x}_{k-1}(t))$$

在区间 $[a,b]$ 上一致收敛, 从而知向量函数列 $\{\boldsymbol{x}_k(t)\}$ 在区间 $[a,b]$ 上一致收敛. 记

$$\lim_{k\to+\infty}\boldsymbol{x}_k(t)=\boldsymbol{x}^*(t),$$

则 $\boldsymbol{x}^*(t)$ 在区间 $[a,b]$ 上. 在式 (5.9) 中令 $k\to+\infty$, 即知 $\boldsymbol{x}^*(t)$ 是积分方程组 (5.8) 的解, 亦是初值问题 (5.7) 的解.

第四步. 证明积分方程组 (5.8) 的解是唯一的.

设 $\boldsymbol{y}(t)$ 也是方程组 (5.8) 的解, 我们要证 $\boldsymbol{y}(t)=\boldsymbol{x}(t)$, $t\in[a,b]$. 事实上, 由于

$$\boldsymbol{y}(t)=\boldsymbol{\eta}+\int_{t_0}^t(\boldsymbol{A}(s)\boldsymbol{y}(s)+\boldsymbol{f}(s))\mathrm{d}s,$$

利用第三步中的方法, 我们有

$$\|\boldsymbol{x}_k(t)-\boldsymbol{y}(t)\|\leqslant\frac{ML^k}{(k+1)!}(b-a)^{k+1},$$

从而有 $\boldsymbol{x}_k(t)$ 在区间 $[a,b]$ 上一致收敛于 $\boldsymbol{y}(t)$. 由极限的唯一性知 $\boldsymbol{y}(t)=\boldsymbol{x}(t)$, $\forall t\in[a,b]$.

定理证毕.　□

作为此定理的直接结果, 我们得到定理 4.1.

定理 4.1 的证明: 结合定理 5.1 和 5.1.1 节中高阶微分方程初值问题与一阶线性微分方程组初值问题的等价性, 我们解决了高阶线性微分方程解的存在唯一性问题, 即证明了定理 4.1.　□

习题 5.1

1. 证明方阵范数的性质 (1)~(5).

2. 将定理 5.1 中证明的第四步补充完整.

3. 将下列初值问题转化为一阶方程组的初值问题:

(1) $x''+x'+tx=\mathrm{e}^t$, $x(0)=0$, $x'(0)=1$;

(2) $x^{(4)}-x=te^{-t}$, $x'(0)=x''(0)=x'''(0)=0$.

4. 利用存在唯一性定理, 验证初值问题

$$\begin{cases} \boldsymbol{x}' = \begin{pmatrix} 0 & 1 \\ -1 & 0 \end{pmatrix} \boldsymbol{x} \\ \boldsymbol{x}(0) = \begin{pmatrix} 1 \\ 1 \end{pmatrix} \end{cases}$$

存在唯一解

$$\boldsymbol{x} = \begin{pmatrix} \cos t + \sin t \\ \cos t - \sin t \end{pmatrix}.$$

5.2 线性微分方程组的一般理论

本节讨论一阶线性微分方程组

$$\boldsymbol{x}'(t) = \boldsymbol{A}(t)\boldsymbol{x}(t) + \boldsymbol{f}(t) \tag{5.10}$$

的一般理论, 重点分析解空间的结构. 若 $\boldsymbol{f}(t) \neq \boldsymbol{0}$, 则方程组 (5.10) 称为一阶线性非齐次微分方程组. 若 $\boldsymbol{f}(t) = \boldsymbol{0}$, 则方程组 (5.10) 为一阶线性齐次微分方程组

$$\boldsymbol{x}'(t) = \boldsymbol{A}(t)\boldsymbol{x}(t). \tag{5.11}$$

5.2.1 线性齐次微分方程组

现在研究线性齐次微分方程组 (5.11) 的解集合的结构. 首先, 我们有如下解的叠加原理.

定理 5.2 如果 $\boldsymbol{x}(t)$ 和 $\boldsymbol{y}(t)$ 是方程组 (5.11) 的解, 则对任何实数 α 和 β, $\alpha\boldsymbol{x}(t) + \beta\boldsymbol{y}(t)$ 也是方程组 (5.11) 的解. 即线性齐次微分方程组解的集合构成一个线性空间.

证明: 由 $(\alpha\boldsymbol{x}(t) + \beta\boldsymbol{y}(t))' = \alpha\boldsymbol{x}'(t) + \beta\boldsymbol{y}'(t)$ 及方程组的线性即得所要的结果.   □

如果存在不全为零的常数 $c_1, c_2, \cdots, c_\ell$ 使得定义在区间 $[a, b]$ 上的向量函数 $\boldsymbol{x}_1(t)$, $\boldsymbol{x}_2(t), \cdots, \boldsymbol{x}_\ell(t)$ 满足

$$c_1\boldsymbol{x}_1(t) + c_2\boldsymbol{x}_2(t) + \cdots + c_\ell\boldsymbol{x}_\ell(t) = \boldsymbol{0}, \ \forall t \in [a, b],$$

则称 $\boldsymbol{x}_1(t)$, $\boldsymbol{x}_2(t)$, $\cdots$, $\boldsymbol{x}_\ell(t)$ 在区间 $[a, b]$ 上线性相关. 否则, 称 $\boldsymbol{x}_1(t)$, $\boldsymbol{x}_2(t)$, $\cdots$, $\boldsymbol{x}_\ell(t)$ 在区间 $[a, b]$ 上线性无关. 例如对于任何正整数 ℓ, $\ell + 1$ 个 n 维向量函数 $\boldsymbol{\alpha}_0 = (1, 0, 0, \cdots, 0)^\top$, $\boldsymbol{\alpha}_1 = (t, 0, 0, \cdots, 0)^\top$, $\cdots$, $\boldsymbol{\alpha}_\ell = (t^\ell, 0, 0, \cdots, 0)^\top$ 在任何区间上都是线性无关的, 而向量函数 $(\cos^2 t, 0, \cdots, 0)^\top$ 和向量函数 $(\sin^2 t - 1, 0, \cdots, 0)^\top$ 在任何区间上都是线性相关的.

设有 n 个定义在区间 $[a,b]$ 上的向量函数 $\boldsymbol{x}_1(t)=(x_{11}(t),x_{21}(t),\cdots,x_{n1}(t))^\top$, $\boldsymbol{x}_2(t)=(x_{12}(t),x_{22}(t),\cdots,x_{n2}(t))^\top$, $\cdots$, $\boldsymbol{x}_n(t)=(x_{1n}(t),x_{2n}(t),\cdots,x_{nn}(t))^\top$, 我们定义这 n 个向量函数的**朗斯基行列式**为

$$W(t)=W[\boldsymbol{x}_1(t),\boldsymbol{x}_2(t),\cdots,\boldsymbol{x}_n(t)]=\det(x_{ij}(t)),$$

其中 $\det(x_{ij}(t))$ 表示 $n\times n$ 矩阵 $(x_{ij}(t))$ 的行列式.

定理 5.3 若向量函数 $\boldsymbol{x}_1(t)$, $\boldsymbol{x}_2(t)$, $\cdots$, $\boldsymbol{x}_n(t)$ 在区间 $[a,b]$ 上线性相关, 则它们的朗斯基行列式 $W(t)\equiv 0$ 在区间 $[a,b]$ 上成立.

证明: 由于 $\boldsymbol{x}_1(t)$, $\boldsymbol{x}_2(t)$, $\cdots$, $\boldsymbol{x}_n(t)$ 在区间 $[a,b]$ 上线性相关, 不妨设 $\boldsymbol{x}_1(t)$ 可以表示为 $\boldsymbol{x}_2(t)$, $\boldsymbol{x}_3(t)$, $\cdots$, $\boldsymbol{x}_n(t)$ 的线性组合, 即朗斯基行列式 $W(t)$ 的第一列必能表示为其他列的线性组合. 因而 $W(t)=0$ 在区间 $[a,b]$ 上成立. $\square$

定理 5.4 如果 $\boldsymbol{x}_1(t)$, $\boldsymbol{x}_2(t)$, $\cdots$, $\boldsymbol{x}_n(t)$ 是线性齐次微分方程组 (5.11) 在区间 $[a,b]$ 上的解, 且线性无关, 则它们的朗斯基行列式 $W(t)\neq 0$, $\forall t\in[a,b]$.

证明: 记 $\boldsymbol{x}_j(t)=(x_{1j}(t),x_{2j}(t),\cdots,x_{nj}(t))^\top$, $1\leqslant j\leqslant n$. 考虑线性方程组

$$\boldsymbol{X}(t)\boldsymbol{c}=\boldsymbol{0}, \tag{5.12}$$

其中 $\boldsymbol{X}(t)=(x_{ij}(t))$ 是以 $\boldsymbol{x}_j$ 为列的 $n\times n$ 矩阵, $\boldsymbol{c}=(c_1,c_2,\cdots,c_n)^\top$ 是未知向量. 注意到线性方程组 (5.12) 的系数行列式为朗斯基行列式 $W(t)$. 假设存在 $t_0\in[a,b]$, 使得 $W(t_0)=0$, 则当 $t=t_0$ 时方程组 (5.12) 必有非零解 $\boldsymbol{c}$, 即 $\boldsymbol{x}_1(t_0)$, $\boldsymbol{x}_2(t_0)$, $\cdots$, $\boldsymbol{x}_n(t_0)$ 线性相关, 这与已知它们在任何 $t\in[a,b]$ 处线性无关矛盾. $\square$

定理 5.5 线性齐次微分方程组 (5.11) 必存在 n 个线性无关的解 $\boldsymbol{x}_1(t)$, $\boldsymbol{x}_2(t)$, $\cdots$, $\boldsymbol{x}_n(t)$. 此外, 方程组 (5.11) 的通解可表示为

$$\boldsymbol{x}(t)=c_1\boldsymbol{x}_1(t)+c_2\boldsymbol{x}_2(t)\cdots+c_n\boldsymbol{x}_n(t),$$

其中 c_1, c_2, $\cdots$, c_n 为任意常数.

证明: 任取 $t_0\in[a,b]$, 根据解的存在唯一性定理 (定理 5.1), 线性微分方程组 (5.11) 分别满足 n 个初值 $\boldsymbol{x}_i(t_0)=(0,\cdots,1,\cdots,0)^\top$(其中第 i 个分量为 1, 其余分量为 0), $i=1,2,\cdots,n$ 的解 $\boldsymbol{x}_1(t)$, $\boldsymbol{x}_2(t)$, $\cdots$, $\boldsymbol{x}_n(t)$ 必存在. 又因为它们的朗斯基行列式 $W(t_0)\neq 0$, 由定理 5.3 知, $\boldsymbol{x}_1(t)$, $\boldsymbol{x}_2(t)$, $\cdots$, $\boldsymbol{x}_n(t)$ 线性无关.

设 $\boldsymbol{x}(t)$ 为方程组 (5.11) 的任一解. 考虑以 c_1, c_2, $\cdots$, c_n 为未知量的线性方程组

$$\boldsymbol{x}(t_0)=c_1\boldsymbol{x}_1(t_0)+c_2\boldsymbol{x}_2(t_0)+\cdots+c_n\boldsymbol{x}_n(t_0). \tag{5.13}$$

此方程组的系数行列式就是 $W(t_0)$, 由定理 5.4 知, $W(t_0)\neq 0$. 因而线性方程组 (5.13) 存在唯一解 $\tilde{c}_1$, $\tilde{c}_2$, $\cdots$, $\tilde{c}_n$. 由线性齐次微分方程组解的叠加原理 (定理 5.2) 知,

$$\tilde{\boldsymbol{x}}(t)=\tilde{c}_1\boldsymbol{x}_1(t)+\tilde{c}_2\boldsymbol{x}_2(t)+\cdots+\tilde{c}_n\boldsymbol{x}_n(t)$$

是方程组 (5.11) 的解. 而方程组 (5.13) 蕴含了 $\boldsymbol{x}(t_0) = \tilde{\boldsymbol{x}}(t_0)$, 即这两个解有相同的初值. 再由解的存在唯一性定理, 得

$$\boldsymbol{x}(t) \equiv \tilde{c}_1 \boldsymbol{x}_1(t) + \tilde{c}_2 \boldsymbol{x}_2(t) + \cdots + \tilde{c}_n \boldsymbol{x}_n(t), \quad \forall t \in [a, b].$$

定理证毕. □

定理 5.5 告诉我们, 线性齐次微分方程组 (5.11) 的解空间是一个 n 维线性空间. 方程组 (5.11) 的任意 n 个线性无关的解 $\boldsymbol{x}_1(t), \boldsymbol{x}_2(t), \cdots, \boldsymbol{x}_n(t)$ 称为方程组 (5.11) 的一个基本解组.

回到高阶微分方程. 我们有如下重要观察: $n-1$ 次可微的纯量函数 $x_1(t), x_2(t), \cdots, x_\ell(t)$ 线性相关的充要条件是向量函数

$$\begin{pmatrix} x_1(t) \\ x_1'(t) \\ \vdots \\ x_1^{(n-1)}(t) \end{pmatrix}, \begin{pmatrix} x_2(t) \\ x_2'(t) \\ \vdots \\ x_2^{(n-1)}(t) \end{pmatrix}, \cdots, \begin{pmatrix} x_\ell(t) \\ x_\ell'(t) \\ \vdots \\ x_\ell^{(n-1)}(t) \end{pmatrix} \tag{5.14}$$

线性相关. 事实上, 若 $x_1(t), x_2(t), \cdots, x_\ell(t)$ 线性相关, 则存在不全为零的常数 $c_1, c_2, \cdots, c_\ell$, 使得

$$c_1 x_1(t) + c_2 x_2(t) + \cdots + c_\ell x_\ell(t) = 0.$$

两边求导, 得

$$c_1 x_1'(t) + c_2 x_2'(t) + \cdots + c_\ell x_\ell'(t) = 0.$$

求直至 $n-1$ 阶导数, 得

$$c_1 x_1^{(n-1)}(t) + c_2 x_2^{(n-1)}(t) + \cdots + c_\ell x_\ell^{(n-1)}(t) = 0.$$

记式 (5.14) 中的向量函数分别为 $\boldsymbol{x}_1(t), \boldsymbol{x}_2(t) \cdots, \boldsymbol{x}_\ell(t)$. 联立以上各等式, 我们有

$$c_1 \boldsymbol{x}_1(t) + c_2 \boldsymbol{x}_2(t) + \cdots + c_\ell \boldsymbol{x}_\ell(t) = \boldsymbol{0},$$

即 $\boldsymbol{x}_1(t), \boldsymbol{x}_2(t), \cdots, \boldsymbol{x}_\ell(t)$ 线性相关. 反之, 如果式 (5.14) 中的向量函数线性相关, 则有不全为零的常数 $\tilde{c}_1, \tilde{c}_2, \cdots, \tilde{c}_\ell$, 使得

$$\tilde{c}_1 \boldsymbol{x}_1(t) + \tilde{c}_2 \boldsymbol{x}_2(t) + \cdots + \tilde{c}_\ell \boldsymbol{x}_\ell(t) = \boldsymbol{0}.$$

这 n 个等式中的第一个就是

$$\tilde{c}_1 x_1(t) + \tilde{c}_2 x_2(t) + \cdots + \tilde{c}_\ell x_\ell(t) = 0,$$

即 $x_1(t), x_2(t), \cdots, x_\ell(t)$ 线性相关.

若 $x_1(t),\ x_2(t),\ \cdots,\ x_n(t)$ 是 n 阶线性微分方程 (5.4) 的线性无关的解, $\boldsymbol{x}_1(t)$, $\boldsymbol{x}_2(t),\cdots,\boldsymbol{x}_\ell(t)$ 分别是式 (5.14) 中的向量, 它们是微分方程组

$$\boldsymbol{x}'(t)=\tilde{\boldsymbol{A}}(t)\boldsymbol{x}$$

的解, 其中 $\tilde{\boldsymbol{A}}(t)$ 是式 (5.6) 给出的矩阵函数, 显然有

$$W[\boldsymbol{x}_1(t),\cdots,\boldsymbol{x}_n(t)]=W[x_1(t),\cdots,x_n(t)]\neq 0,$$

即 $\boldsymbol{x}_1(t),\ \boldsymbol{x}_2(t),\cdots,\boldsymbol{x}_\ell(t)$ 线性无关.

基于上面的观察, 本节所证的关于一阶线性微分方程组的结果都能推出第 4 章中关于高阶线性微分方程的定理.

此外, 我们还可以将本节的定理用矩阵的形式加以叙述. 如果一个 $n\times n$ 矩阵的每一列都是线性齐次微分方程组 (5.11) 的解, 则称它为方程组 (5.11) 的**解矩阵**. 如果该解矩阵的 n 列在区间 $[a,b]$ 上线性无关, 则称为**基解矩阵**. 设 $\boldsymbol{X}(t)=(\boldsymbol{x}_1(t),\cdots,\boldsymbol{x}_n(t))$ 为方程组 (5.11) 的基解矩阵, 当 $\boldsymbol{X}(t_0)=\boldsymbol{E}$ ($n\times n$ 单位矩阵) 时, $\boldsymbol{X}(t)$ 称为**标准基解矩阵**.

定理 5.5 可改述如下.

定理 5.6 线性齐次微分方程组 (5.11) 必存在一个基解矩阵 $\boldsymbol{X}(t)$. 如果 $\boldsymbol{Y}(t)$ 是方程组 (5.11) 的任一解矩阵, 则

$$\boldsymbol{Y}(t)=\boldsymbol{X}(t)\boldsymbol{c},$$

其中 $\boldsymbol{c}$ 是某个 n 维常数列向量.

定理 5.3 和定理 5.4 给出了基解矩阵的判别准则, 从而有下面的表述.

定理 5.7 线性齐次微分方程组(5.11) 的解矩阵 $\boldsymbol{X}(t)$ 是基解矩阵的充要条件为 $\det\boldsymbol{X}(t)\neq 0,\ \forall t\in[a,b]$. 此外, 如果存在 $t_0\in[a,b]$, 使得 $\det\boldsymbol{X}(t_0)\neq 0$, 则 $\det\boldsymbol{X}(t)\neq 0,\ \forall t\in[a,b]$.

注意, 定理 5.7 的结论对一般的矩阵函数不成立, 即行列式恒等于零的矩阵的列向量未必是线性相关的, 例如矩阵

$$\boldsymbol{A}_1(t)=\begin{pmatrix}1 & t\\0 & 0\end{pmatrix}$$

的行列式在任何区间上等于零, 但它的列向量线性无关. 由定理 5.7 知, $\boldsymbol{A}_1(t)$ 不可能是任何线性齐次微分方程组的解矩阵.

进一步, 我们还有下面的定理.

定理 5.8 关于基解矩阵, 下面两个结论成立:

(1) 如果 $\boldsymbol{X}(t)$ 是方程组 (5.11) 在区间 $[a,b]$ 上的基解矩阵, $\boldsymbol{B}$ 是 $n\times n$ 非奇异常数矩阵, 则 $\boldsymbol{X}(t)\boldsymbol{B}$ 也是方程组 (5.11) 在区间 $[a,b]$ 上的基解矩阵;

(2) 如果 $\boldsymbol{X}(t)$ 和 $\boldsymbol{Y}(t)$ 是方程组 (5.11) 在区间 $[a,b]$ 上的两个基解矩阵, 则存在一个 $n\times n$ 非奇异常数矩阵 $\boldsymbol{C}$, 使得 $\boldsymbol{Y}(t)=\boldsymbol{X}(t)\boldsymbol{C},\ \forall t\in[a,b]$.

证明: (1) 直接计算, 得

$$(\boldsymbol{X}(t)\boldsymbol{B})' = \boldsymbol{X}'(t)\boldsymbol{B} = \boldsymbol{A}(t)\boldsymbol{X}(t)\boldsymbol{B} = \boldsymbol{A}(t)(\boldsymbol{X}(t)\boldsymbol{B}),$$

即 $\boldsymbol{X}(t)\boldsymbol{B}$ 是方程组 (5.11) 的解矩阵. 再由

$$\det(\boldsymbol{X}(t)\boldsymbol{B}) = \det \boldsymbol{X}(t)\det \boldsymbol{B} \neq 0, \quad \forall t \in [a,b],$$

知, $\boldsymbol{X}(t)\boldsymbol{B}$ 是方程组 (5.11) 的基解矩阵.

(2) 设 $\boldsymbol{X}(t), \boldsymbol{Y}(t)$ 为方程组 (5.11) 的基解矩阵. 注意到

$$\boldsymbol{O} = (\boldsymbol{X}^{-1}(t)\boldsymbol{X}(t))' = (\boldsymbol{X}^{-1}(t))'\boldsymbol{X}(t) + \boldsymbol{X}^{-1}(t)\boldsymbol{X}'(t),$$

其中 $\boldsymbol{X}^{-1}(t)$ 表示 $\boldsymbol{X}(t)$ 的逆矩阵, $\boldsymbol{O}$ 为零矩阵. 我们有

$$\begin{aligned}(\boldsymbol{X}^{-1}(t))' &= -\boldsymbol{X}^{-1}(t)\boldsymbol{X}'(t)\boldsymbol{X}^{-1}(t)\\&= -\boldsymbol{X}^{-1}(t)\boldsymbol{A}(t)\boldsymbol{X}(t)\boldsymbol{X}^{-1}(t)\\&= -\boldsymbol{X}^{-1}(t)\boldsymbol{A}(t).\end{aligned}$$

再利用基解矩阵的定义, 得

$$\begin{aligned}(\boldsymbol{X}^{-1}(t)\boldsymbol{Y}(t))' &= (\boldsymbol{X}^{-1}(t))'\boldsymbol{Y}(t) + \boldsymbol{X}^{-1}(t)\boldsymbol{Y}'(t)\\&= -\boldsymbol{X}^{-1}(t)\boldsymbol{A}(t)\boldsymbol{Y}(t) + \boldsymbol{X}^{-1}(t)\boldsymbol{A}(t)\boldsymbol{Y}(t)\\&= \boldsymbol{O}.\end{aligned}$$

因此存在常数矩阵 $\boldsymbol{C}$, 使得 $\boldsymbol{X}^{-1}(t)\boldsymbol{Y}(t) \equiv \boldsymbol{C}$, 即 $\boldsymbol{Y}(t) = \boldsymbol{X}(t)\boldsymbol{C}$. 显然

$$\det \boldsymbol{C} = \det \boldsymbol{Y}(t)/\det \boldsymbol{X}(t) \neq 0.$$

定理证毕. □

5.2.2 线性非齐次微分方程组

在这一部分, 我们讨论线性非齐次微分方程组解的结构.

定理 5.9 设 $\boldsymbol{X}(t)$ 是线性齐次微分方程组 (5.11) 的基解矩阵, $\tilde{\boldsymbol{x}}(t)$ 是线性非齐次微分方程组 (5.10) 的一个特解, 则方程组 (5.10) 的任一解 $\boldsymbol{x}(t)$ 都可以表示为

$$\boldsymbol{x}(t) = \boldsymbol{X}(t)\boldsymbol{c} + \tilde{\boldsymbol{x}}(t),$$

其中 $\boldsymbol{c}$ 是某个常数列向量.

证明: 将 $\boldsymbol{x}(t), \tilde{\boldsymbol{x}}(t)$ 分别代入方程组 (5.10), 得

$$(\boldsymbol{x}(t) - \tilde{\boldsymbol{x}}(t))' = \boldsymbol{A}(t)(\boldsymbol{x}(t) - \tilde{\boldsymbol{x}}(t)),$$

即 $\boldsymbol{x}(t) - \tilde{\boldsymbol{x}}(t)$ 是方程组 (5.11) 的一个解. 根据定理 5.6, 存在常数列向量 $\boldsymbol{c}$, 使得

$$\boldsymbol{x}(t) - \tilde{\boldsymbol{x}}(t) = \boldsymbol{X}(t)\boldsymbol{c}.$$

定理证毕.   □

由定理 5.9 可知, 为了寻求线性非齐次微分方程组 (5.10) 的通解, 只需要知道对应的齐次方程组 (5.11) 的基解矩阵和方程组 (5.10) 的一个特解. 如果已经知道方程组 (5.11) 的基解矩阵, 则可以通过常数变易法来求得方程组 (5.10) 的一个特解, 从而求得方程组 (5.10) 的通解.

定理 5.10 如果 $\boldsymbol{X}(t)$ 是方程组 (5.11) 的基解矩阵, 则向量函数

$$\boldsymbol{x}(t) = \boldsymbol{X}(t)\boldsymbol{X}^{-1}(t_0)\boldsymbol{\eta} + \boldsymbol{X}(t)\int_{t_0}^{t} \boldsymbol{X}^{-1}(s)\boldsymbol{f}(s)\mathrm{d}s \tag{5.15}$$

是方程组 (5.10) 的解, 且满足初值条件 $\boldsymbol{x}(t_0) = \boldsymbol{\eta}$.

证明: 如果 $\boldsymbol{c}$ 是常数列向量, 则 $\boldsymbol{X}(t)\boldsymbol{c}$ 是方程组 (5.11) 的解. 将 $\boldsymbol{c}$ 变为 t 的向量函数, 令

$$\boldsymbol{x}(t) = \boldsymbol{X}(t)\boldsymbol{c}(t),$$

代入方程组 (5.10), 得

$$\boldsymbol{X}'(t)\boldsymbol{c}(t) + \boldsymbol{X}(t)\boldsymbol{c}'(t) = \boldsymbol{A}(t)\boldsymbol{X}(t)\boldsymbol{c}(t) + \boldsymbol{f}(t).$$

因为 $\boldsymbol{X}(t)$ 是方程组 (5.11) 的基解矩阵, 我们有 $\boldsymbol{X}'(t) = \boldsymbol{A}(t)\boldsymbol{X}(t)$, 从而由上式推出

$$\boldsymbol{X}(t)\boldsymbol{c}'(t) = \boldsymbol{f}(t).$$

注意到 $\boldsymbol{X}(t)$ 在区间 $[a, b]$ 上非奇异, 可得 $\boldsymbol{c}'(t) = \boldsymbol{X}^{-1}(t)\boldsymbol{f}(t)$. 因而, 我们有

$$\boldsymbol{c}(t) - \boldsymbol{c}(t_0) = \int_{t_0}^{t} \boldsymbol{X}^{-1}(s)\boldsymbol{f}(s)\mathrm{d}s.$$

由此可知, 方程组 (5.10) 的解形如

$$\boldsymbol{x}(t) = \boldsymbol{X}(t)\boldsymbol{c}(t_0) + \boldsymbol{X}(t)\int_{t_0}^{t} \boldsymbol{X}^{-1}(s)\boldsymbol{f}(s)\mathrm{d}s.$$

由初值条件 $\boldsymbol{x}(t_0) = \boldsymbol{\eta}$, 可取

$$\boldsymbol{c}(t_0) = \boldsymbol{X}^{-1}(t_0)\boldsymbol{\eta}.$$

这样, 我们就得到初值问题

$$\begin{cases} \boldsymbol{x}'(t) = \boldsymbol{A}(t)\boldsymbol{x}(t) + \boldsymbol{f}(t) \\ \boldsymbol{x}(t_0) = \boldsymbol{\eta} \end{cases}$$

的解的表达式 (5.15). □

　　关于高阶线性微分方程, 我们有如下定理.

　　定理 5.11　若函数 $a_1(t), a_2(t), \cdots, a_n(t), f(t)$ 在区间 $[a, b]$ 上连续, $x_1(t), x_2(t), \cdots, x_n(t)$ 是区间 $[a, b]$ 上的 n 阶线性齐次微分方程

$$x^{(n)} + a_1(t)x^{(n-1)} + \cdots + a_n(t)x = 0 \tag{5.16}$$

的基本解组, 则线性非齐次微分方程

$$x^{(n)} + a_1(t)x^{(n-1)} + \cdots + a_n(t)x = f(t) \tag{5.17}$$

的满足初值条件

$$x^{(j)}(t_0) = 0, \quad j = 0, 1, \cdots, n-1, \ t_0 \in [a, b]$$

的解可以表示为

$$\tilde{x}(t) = \sum_{j=1}^{n} x_j(t) \int_{t_0}^{t} \frac{W_j(s)}{W(s)} f(s) \mathrm{d}s, \tag{5.18}$$

其中 $W_j(s)$ 是朗斯基行列式 $W(s) = W[x_1(s), x_2(s), \cdots, x_n(s)]$ 的第 j 列代以

$$(0, 0, \cdots, 0, 1)^\top$$

后得到的行列式. 此外, 方程 (5.17) 的通解为

$$x(t) = \sum_{j=1}^{n} c_j x_j(t) + \tilde{x}(t), \tag{5.19}$$

其中 $c_1, c_2, \cdots, c_n$ 是任意常数.

　　证明: 令 $\boldsymbol{x}_j(t) = (x_j(t), x_j'(t), \cdots, x_j^{(n-1)}(t))^\top$, $j = 1, 2, \cdots, n$. 高阶线性非齐次微分方程 (5.17) 的初值问题变为一阶线性非齐次微分方程组的初值问题

$$\begin{cases} \boldsymbol{x}' = \boldsymbol{A}(t)\boldsymbol{x} + \boldsymbol{f}(t) \\ \boldsymbol{x}(t_0) = \boldsymbol{0} \end{cases}, \tag{5.20}$$

其中

$$\boldsymbol{A}(t) = \begin{pmatrix} 0 & 1 & 0 & \cdots & 0 \\ 0 & 0 & 1 & \cdots & 0 \\ \vdots & \vdots & \vdots & & \vdots \\ 0 & 0 & 0 & \cdots & 1 \\ -a_n(t) & -a_{n-1}(t) & \cdots & -a_2(t) & -a_1(t) \end{pmatrix}, \tag{5.21}$$

$\boldsymbol{f}(t) = (0, 0, \cdots, 0, f(t))^{\top}$. 注意到 $\boldsymbol{X}_1(t) = (\boldsymbol{x}_1(t), \boldsymbol{x}_2(t), \cdots, \boldsymbol{x}_n(t))$ 是线性齐次微分方程组 $\boldsymbol{x}'(t) = \boldsymbol{A}(t)\boldsymbol{x}(t)$ 的基解矩阵. 根据定理 5.10, 知初值问题 (5.20) 的解为

$$\tilde{\boldsymbol{x}}(t) = \boldsymbol{X}_1(t) \int_{t_0}^{t} \boldsymbol{X}_1^{-1}(s) \boldsymbol{f}(s) \mathrm{d}s, \tag{5.22}$$

其中 $\tilde{\boldsymbol{x}}(t) = (\tilde{x}(t), \tilde{x}'(t), \cdots, \tilde{x}^{(n-1)}(t))^{\top}$. 记基解矩阵 $\boldsymbol{X}_1(s)$ 的伴随矩阵为

$$\boldsymbol{X}_1^*(s) = \begin{pmatrix} X_{11}(s) & X_{21}(s) & \cdots & X_{n1}(s) \\ X_{12}(s) & X_{22}(s) & \cdots & X_{n2}(s) \\ \vdots & \vdots & & \vdots \\ X_{1n}(s) & X_{2n}(s) & \cdots & X_{nn}(s) \end{pmatrix}.$$

特别地, $X_{nk}(s) = W_k(s) = W_k[\boldsymbol{x}_1(s), \boldsymbol{x}_2(s), \cdots, \boldsymbol{x}_n(s)]$, $k = 1, 2, \cdots, n$, 其中 $W_k(s)$ 表示朗斯基行列式 $W(s) = \det \boldsymbol{X}_1(s)$ 的第 k 列被列向量 $(0, \cdots, 0, 1)^{\top}$ 替代后所得的行列式. 注意到关系式

$$\boldsymbol{X}_1^{-1}(s)\boldsymbol{f}(s) = \frac{\boldsymbol{X}_1^*(s)\boldsymbol{f}(s)}{\det \boldsymbol{X}_1(s)} = \frac{f(s)}{\det \boldsymbol{X}_1(s)}(X_{n1}, X_{n2}(s), \cdots, X_{nn}(s))^{\top},$$

我们将式 (5.22) 中 n 个等式的第一个变为

$$\tilde{x}(t) = \sum_{k=1}^{n} x_k(t) \int_{t_0}^{t} \frac{W_k(s)}{W(s)} f(s) \mathrm{d}s,$$

即式 (5.18) 成立.

此外, 方程 (5.17) 的通解显然可表示为式 (5.19). □

【例 1】 试求方程

$$x'' - 6x' + 9x = \mathrm{e}^{3t}$$

的一个特解.

解: 线性齐次微分方程 $x'' - 6x' + 9x = 0$ 的基本解组为

$$x_1(t) = \mathrm{e}^{3t}, \quad x_2(t) = t\mathrm{e}^{3t}.$$

这两个函数的朗斯基行列式为

$$W(t) = \begin{vmatrix} x_1(t) & x_2(t) \\ x_1'(t) & x_2'(t) \end{vmatrix} = \begin{vmatrix} \mathrm{e}^{3t} & t\mathrm{e}^{3t} \\ 3\mathrm{e}^{3t} & (3t+1)\mathrm{e}^{3t} \end{vmatrix} = \mathrm{e}^{6t}.$$

此外还有

$$W_1(t) = \begin{vmatrix} 0 & t\mathrm{e}^{3t} \\ 1 & (3t+1)\mathrm{e}^{3t} \end{vmatrix} = -t\mathrm{e}^{3t}, \quad W_2(t) = \begin{vmatrix} \mathrm{e}^{3t} & 0 \\ 3\mathrm{e}^{3t} & 1 \end{vmatrix} = \mathrm{e}^{3t}.$$

由定理 5.11 知, 原方程有特解

$$\tilde{x}(t) = x_1(t) \int_{t_0}^t \frac{W_1(s)}{W(s)} e^{3s} ds + x_2(t) \int_{t_0}^t \frac{W_2(s)}{W(s)} e^{3s} ds$$

$$= -e^{3t} \int_{t_0}^t s ds + t e^{3t} \int_{t_0}^t ds$$

$$= \frac{e^{3t}(t - t_0)^2}{2}.$$

习题 5.2

1. 先验证

$$\boldsymbol{X}(t) = \begin{pmatrix} t^2 & t \\ 2t & 1 \end{pmatrix}$$

是线性齐次微分方程组

$$\boldsymbol{x}' = \begin{pmatrix} 0 & 1 \\ -\dfrac{2}{t^2} & \dfrac{2}{t} \end{pmatrix} \boldsymbol{x}$$

在任何不包含原点的区间 $[a, b]$ 上的基解矩阵, 再求线性非齐次微分方程组

$$\boldsymbol{x}' = \begin{pmatrix} 0 & 1 \\ -\dfrac{2}{t^2} & \dfrac{2}{t} \end{pmatrix} \boldsymbol{x} + \begin{pmatrix} 0 \\ t^2 \end{pmatrix}$$

的解.

2. 设 $\boldsymbol{x}_1(t)$, $\boldsymbol{x}_2(t)$ 分别是线性非齐次微分方程组

$$\boldsymbol{x}' = \boldsymbol{A}(t)\boldsymbol{x} + \boldsymbol{f}_1(t)$$

和

$$\boldsymbol{x}' = \boldsymbol{A}(t)\boldsymbol{x} + \boldsymbol{f}_2(t)$$

的解, 则 $\boldsymbol{x}_1(t) + \boldsymbol{x}_2(t)$ 是方程组

$$\boldsymbol{x}' = \boldsymbol{A}(t)\boldsymbol{x} + \boldsymbol{f}_1(t) + \boldsymbol{f}_2(t)$$

的解.

3. 求下列方程的通解:

(1) $x'' + x = \tan t$;

(2) $x''' - 8x = e^{2t}$;

(3) $x'' - 4x = e^{-2t}$.

4. 考虑方程

$$x'' + 8x' + 7x = f(t),$$

其中 $f(t)$ 在 $[0, +\infty)$ 上连续. 试利用定理 5.11, 证明:

(1) 如果 $f(t)$ 在区间 $[0, +\infty)$ 上有界, 则原方程的每个解在 $[0, +\infty)$ 上都有界;

(2) 如果当 $t \to +\infty$ 时, $f(t) \to 0$, 则原方程的每个解 $x(t)$ 都满足当 $t \to +\infty$ 时, $x(t) \to 0$.

5.3　常系数线性微分方程组

本节主要介绍常系数线性微分方程组的求解方法. 作为准备, 我们先观察一般的线性齐次微分方程组. 设 $\boldsymbol{A}(t) = (a_{ij}(t))$ 是区间 $[a, b]$ 上连续的 $n \times n$ 矩阵函数, $t_0 \in [a, b]$, $\boldsymbol{x}_0 \in \mathbb{R}^n$ 是常数列向量. 考虑初值问题

$$\begin{cases} \boldsymbol{x}'(t) = \boldsymbol{A}(t)\boldsymbol{x}(t) \\ \boldsymbol{x}(t_0) = \boldsymbol{x}_0 \end{cases}. \tag{5.23}$$

根据定理 5.1, 初值问题 (5.23) 在区间 $[a, b]$ 上存在唯一解. 然而, 要具体求出这个解是相当困难的.

5.3.1　矩阵指数与基解矩阵

下面我们在系数矩阵 $\boldsymbol{A}(t)$ 满足可交换条件

$$\boldsymbol{A}(t) \int_{t_0}^{t} \boldsymbol{A}(s)\mathrm{d}s = \int_{t_0}^{t} \boldsymbol{A}(s)\mathrm{d}s\, \boldsymbol{A}(t) \tag{5.24}$$

的情况下, 利用皮卡逼近法构造出初值问题 (5.23) 的解的具体表达式. 为此, 记区间 $[a, b]$ 上的 $n \times n$ 矩阵

$$\boldsymbol{D}(t) = \int_{t_0}^{t} \boldsymbol{A}(s)\mathrm{d}s = \left(\int_{t_0}^{t} a_{ij}(s)\mathrm{d}s \right).$$

令 $\boldsymbol{x}_0(t) = \boldsymbol{x}_0$, $\boldsymbol{x}_m(t)$ 为初值问题

$$\begin{cases} \boldsymbol{x}'_m(t) = \boldsymbol{A}(t)\boldsymbol{x}_{m-1}(t) \\ \boldsymbol{x}_m(t_0) = \boldsymbol{x}_0 \end{cases}$$

的解, 即

$$\boldsymbol{x}_m(t) = \boldsymbol{x}_0 + \int_{t_0}^{t} \boldsymbol{A}(s)\boldsymbol{x}_{m-1}(s)\mathrm{d}s, \quad m = 1, 2, \cdots. \tag{5.25}$$

注意到在可交换条件 $\boldsymbol{A}(t)\boldsymbol{D}(t) = \boldsymbol{D}(t)\boldsymbol{A}(t)$ 下, 有

$$\frac{\mathrm{d}}{\mathrm{d}t}(\boldsymbol{D}(t))^m = m\boldsymbol{A}(t)(\boldsymbol{D}(t))^{m-1},$$

从而

$$\frac{\mathrm{d}}{\mathrm{d}t}\left((\boldsymbol{D}(t))^m\boldsymbol{x}_0\right) = \left(\frac{\mathrm{d}}{\mathrm{d}t}(\boldsymbol{D}(t))^m\right)\boldsymbol{x}_0 = m\boldsymbol{A}(t)(\boldsymbol{D}(t))^{m-1}\boldsymbol{x}_0.$$

因为 $\boldsymbol{D}(t_0) = \boldsymbol{O}$ (零矩阵), 利用牛顿–莱布尼茨公式, 我们得到

$$(\boldsymbol{D}(t))^m\boldsymbol{x}_0 = m\int_{t_0}^t \boldsymbol{A}(s)(\boldsymbol{D}(s))^{m-1}\boldsymbol{x}_0\mathrm{d}s$$

$$= m\left(\int_{t_0}^t \boldsymbol{A}(s)(\boldsymbol{D}(s))^{m-1}\mathrm{d}s\right)\boldsymbol{x}_0, \quad m = 1, 2, \cdots.$$

因此, 我们有下列等式:

$$\boldsymbol{x}_1(t) = \boldsymbol{x}_0 + \int_{t_0}^t \boldsymbol{A}(s)\boldsymbol{x}_0\mathrm{d}s = (\boldsymbol{E} + \boldsymbol{D}(t))\boldsymbol{x}_0,$$

$$\boldsymbol{x}_2(t) = \boldsymbol{x}_0 + \int_{t_0}^t \boldsymbol{A}(t)\boldsymbol{x}_1(t)\mathrm{d}t$$

$$= \left(\boldsymbol{E} + \boldsymbol{D}(t) + \int_{t_0}^t \boldsymbol{A}(s)\boldsymbol{D}(s)\mathrm{d}s\right)\boldsymbol{x}_0$$

$$= \left(\boldsymbol{E} + \boldsymbol{D}(t) + \frac{(\boldsymbol{D}(t))^2}{2!}\right)\boldsymbol{x}_0.$$

利用数学归纳法, 容易证明

$$\boldsymbol{x}_m(t) = \left(\boldsymbol{E} + \boldsymbol{D}(t) + \cdots + \frac{(\boldsymbol{D}(t))^m}{m!}\right)\boldsymbol{x}_0$$

$$= \left(\sum_{j=0}^m \frac{(\boldsymbol{D}(t))^j}{j!}\right)\boldsymbol{x}_0. \tag{5.26}$$

注意到矩阵函数项级数

$$\sum_{m=0}^{+\infty} \frac{(\boldsymbol{D}(t))^m}{m!}$$

在区间 $[a, b]$ 上一致收敛于一个 $n \times n$ 矩阵函数. 我们称此矩阵函数为矩阵 $\boldsymbol{D}(t)$ 的指数函数, 并记为

$$\mathrm{e}^{\boldsymbol{D}(t)} = \boldsymbol{E} + \boldsymbol{D}(t) + \frac{1}{2!}(\boldsymbol{D}(t))^2 + \cdots + \frac{1}{m!}(\boldsymbol{D}(t))^m + \cdots = \sum_{m=0}^{+\infty} \frac{(\boldsymbol{D}(t))^m}{m!},$$

其中矩阵的零次幂规定为 $\boldsymbol{E}$, 零的阶乘规定为 1. 令 $\boldsymbol{x}(t) = \mathrm{e}^{\boldsymbol{D}(t)}\boldsymbol{x}_0$. 由式 (5.26) 知 $\boldsymbol{x}_m(t)$ 在区间 $[a, b]$ 上一致收敛于 $\boldsymbol{x}(t)$. 再由式 (5.25) 知

$$\boldsymbol{x}(t) = \boldsymbol{x}_0 + \int_{t_0}^{t} \boldsymbol{A}(s)\boldsymbol{x}(s)\mathrm{d}s,$$

即

$$\boldsymbol{x}(t) = \mathrm{e}^{\boldsymbol{D}(t)}\boldsymbol{x}_0 = \mathrm{e}^{\int_{t_0}^{t} \boldsymbol{A}(s)\mathrm{d}s}\boldsymbol{x}_0 \tag{5.27}$$

是初值问题 (5.23) 的解. 这样我们就证明了下面的定理.

定理 5.12 假设 $\boldsymbol{A}(t)$ 是区间 $[a, b]$ 上连续的 $n \times n$ 矩阵函数, $t_0 \in [a, b]$, 且满足可交换条件 (5.24), 则初值问题 (5.23) 的解可以表示为式 (5.27).

记 $\boldsymbol{\Psi}(t) = \mathrm{e}^{\int_{t_0}^{t} \boldsymbol{A}(s)\mathrm{d}s} = (\psi_{ij}(t))$. $\boldsymbol{e}_j$ 表示第 j 个元素为 1、其他元素为零的列向量. 定理 5.12 告诉我们, 初值问题

$$\begin{cases} \boldsymbol{x}'(t) = \boldsymbol{A}(t)\boldsymbol{x}(t) \\ \boldsymbol{x}(t_0) = \boldsymbol{e}_j \end{cases} \tag{5.28}$$

的解矩阵为 $(\boldsymbol{\psi}_{1j}(t), \boldsymbol{\psi}_{2j}(t), \cdots, \boldsymbol{\psi}_{nj}(t))$, 即矩阵 $\boldsymbol{\Psi}(t)$ 的第 j 列为初值问题 (5.28) 的解. 事实上, 由式 (5.27) 知, 方程组 (5.28) 的解表示为

$$\mathrm{e}^{\int_{t_0}^{t} \boldsymbol{A}(s)\mathrm{d}s}\boldsymbol{e}_j = (\psi_{ij}(t))\boldsymbol{e}_j = (\boldsymbol{\psi}_{1j}, \boldsymbol{\psi}_{2j}, \cdots, \boldsymbol{\psi}_{nj})^\top.$$

从而知矩阵 $\boldsymbol{\Psi}(t)$ 是线性齐次微分方程组 $\boldsymbol{x}'(t) = \boldsymbol{A}(t)\boldsymbol{x}(t)$ 的一个满足初值条件

$$\boldsymbol{\Psi}(t_0) = \boldsymbol{E}$$

的基解矩阵, 即 $\boldsymbol{\Psi}(t)$ 为标准基解矩阵.

一般地, 对 $n \times n$ 矩阵 $\boldsymbol{A}$, 矩阵指数 $\mathrm{e}^{\boldsymbol{A}}$ 定义为

$$\mathrm{e}^{\boldsymbol{A}} = \boldsymbol{E} + \boldsymbol{A} + \frac{1}{2!}\boldsymbol{A}^2 + \cdots + \frac{1}{j!}\boldsymbol{A}^j + \cdots. \tag{5.29}$$

性质 5.13 矩阵指数有下列性质:

(1) $\mathrm{e}^{\boldsymbol{O}} = \boldsymbol{E}$, 其中 $\boldsymbol{O}$ 为零矩阵;

(2) $\mathrm{e}^{\boldsymbol{T}^{-1}\boldsymbol{A}\boldsymbol{T}} = \boldsymbol{T}^{-1}\mathrm{e}^{\boldsymbol{A}}\boldsymbol{T}$, $\forall\, n \times n$ 可逆矩阵 $\boldsymbol{T}$;

(3) 若矩阵 $\boldsymbol{A}, \boldsymbol{B}$ 可交换, 即 $\boldsymbol{A}\boldsymbol{B} = \boldsymbol{B}\boldsymbol{A}$, 则 $\mathrm{e}^{\boldsymbol{A}}\mathrm{e}^{\boldsymbol{B}} = \mathrm{e}^{\boldsymbol{B}}\mathrm{e}^{\boldsymbol{A}} = \mathrm{e}^{\boldsymbol{A}+\boldsymbol{B}}$.

证明: (1) 由矩阵指数的定义式 (5.29) 可直接得到.

注意到 $(\boldsymbol{T}^{-1}\boldsymbol{A}\boldsymbol{T})^j = \boldsymbol{T}^{-1}\boldsymbol{A}^j\boldsymbol{T}$ 对所有的正整数 j 成立, 我们有

$$\mathrm{e}^{\boldsymbol{T}^{-1}\boldsymbol{A}\boldsymbol{T}} = \boldsymbol{E} + \boldsymbol{T}^{-1}\boldsymbol{A}\boldsymbol{T} + \frac{1}{2!}(\boldsymbol{T}^{-1}\boldsymbol{A}\boldsymbol{T})^2 + \cdots + \frac{1}{j!}(\boldsymbol{T}^{-1}\boldsymbol{A}\boldsymbol{T})^j + \cdots$$

$$= T^{-1} \left(E + A + \frac{1}{2!} A^2 + \cdots + \frac{1}{j!} A^j + \cdots \right) T$$
$$= T^{-1} \mathrm{e}^A T.$$

因此, 性质 (2) 成立.

对任何非负整数 m, 由 $AB = BA$ 以及 e^A, e^B 的级数绝对收敛, 知

$$\sum_{m=0}^{+\infty} \frac{(A+B)^m}{m!} = \sum_{m=0}^{+\infty} \sum_{j=0}^{m} C_m^j \frac{A^j B^{m-j}}{m!}$$
$$= \sum_{m=0}^{+\infty} \sum_{j=0}^{m} \frac{A^j}{j!} \frac{B^{m-j}}{(m-j)!}$$
$$= \left(\sum_{j=0}^{+\infty} \frac{A^j}{j!} \right) \left(\sum_{k=0}^{+\infty} \frac{A^k}{k!} \right),$$

其中 $C_m^j = \dfrac{m!}{j!(m-j)!}$, 最后一个等号成立是基于两个绝对收敛级数相乘的对角线求和法

则, 即若级数 $\sum\limits_{m=0}^{+\infty} a_m$, $\sum\limits_{m=0}^{+\infty} b_m$ 绝对收敛, 则

$$\left(\sum_{m=0}^{+\infty} a_m \right) \left(\sum_{m=0}^{+\infty} b_m \right) = a_0 b_0 + (a_0 b_1 + a_1 b_0) + (a_0 b_2 + a_1 b_1 + a_2 b_0) + \cdots$$
$$= \sum_{m=0}^{+\infty} \sum_{j=0}^{m} a_j b_{m-j}.$$

从而性质 (3) 得证. □

【例 1】 设
$$A = \mathrm{diag}(\lambda_1, \lambda_2, \cdots, \lambda_n)$$
是一个 $n \times n$ 的常数对角矩阵, 则
$$\mathrm{e}^{At} = \mathrm{diag}(\mathrm{e}^{\lambda_1 t}, \mathrm{e}^{\lambda_2 t}, \cdots, \mathrm{e}^{\lambda_n t}).$$

解: 对任意正整数 m, 有
$$A^m = \mathrm{diag}(\lambda_1^m, \lambda_2^m, \cdots, \lambda_n^m).$$

因此
$$\mathrm{e}^{At} = \sum_{m=0}^{+\infty} \frac{A^m t^m}{m!} = \mathrm{diag} \left(\sum_{m=0}^{+\infty} \frac{\lambda_1^m t^m}{m!}, \sum_{m=0}^{+\infty} \frac{\lambda_2^m t^m}{m!}, \cdots, \sum_{m=0}^{+\infty} \frac{\lambda_n^m t^m}{m!} \right)$$

$$= \mathrm{diag}(\mathrm{e}^{\lambda_1 t}, \mathrm{e}^{\lambda_2 t}, \cdots, \mathrm{e}^{\lambda_n t}).$$

【例 2】 设

$$\boldsymbol{J}_m = \begin{pmatrix} \lambda_m & 1 & 0 & \cdots & 0 & 0 \\ 0 & \lambda_m & 1 & \cdots & 0 & 0 \\ \vdots & \vdots & \vdots & & \vdots & \vdots \\ 0 & 0 & 0 & \cdots & \lambda_m & 1 \\ 0 & 0 & 0 & \cdots & 0 & \lambda_m \end{pmatrix}$$

为 m 阶若尔当块, 则

$$\mathrm{e}^{\boldsymbol{J}_m t} = \mathrm{e}^{\lambda_m t} \begin{pmatrix} 1 & t & \dfrac{t^2}{2!} & \cdots & \dfrac{t^{m-2}}{(m-2)!} & \dfrac{t^{m-1}}{(m-1)!} \\ 0 & 1 & t & \cdots & \dfrac{t^{m-3}}{(m-3)!} & \dfrac{t^{m-2}}{(m-2)!} \\ \vdots & \vdots & \vdots & & \vdots & \vdots \\ 0 & 0 & 0 & \cdots & 1 & t \\ 0 & 0 & 0 & \cdots & 0 & 1 \end{pmatrix}. \tag{5.30}$$

证明: 令

$$\boldsymbol{B}_m = \boldsymbol{J}_m - \lambda_m \boldsymbol{E} = \begin{pmatrix} 0 & 1 & 0 & \cdots & 0 & 0 \\ 0 & 0 & 1 & \cdots & 0 & 0 \\ \vdots & \vdots & \vdots & & \vdots & \vdots \\ 0 & 0 & 0 & \cdots & 0 & 1 \\ 0 & 0 & 0 & \cdots & 0 & 0 \end{pmatrix}.$$

注意到

$$\boldsymbol{B}_m^2 = \begin{pmatrix} 0 & 0 & 1 & \cdots & 0 & 0 \\ \vdots & \vdots & \vdots & & \vdots & \vdots \\ 0 & 0 & 0 & \cdots & 0 & 1 \\ 0 & 0 & 0 & \cdots & 0 & 0 \\ 0 & 0 & 0 & \cdots & 0 & 0 \end{pmatrix}, \cdots, \boldsymbol{B}_m^{m-1} = \begin{pmatrix} 0 & 0 & 0 & \cdots & 0 & 1 \\ 0 & 0 & 0 & \cdots & 0 & 0 \\ 0 & 0 & 0 & \cdots & 0 & 0 \\ \vdots & \vdots & \vdots & & \vdots & \vdots \\ 0 & 0 & 0 & \cdots & 0 & 0 \end{pmatrix},$$

且 $\boldsymbol{B}_m^j = \boldsymbol{O}$, $\forall j \geqslant m$. 又因为 $\lambda_m \boldsymbol{E}$ 与 $\boldsymbol{B}_m$ 可交换, 根据性质 5.13 (3), 得

$$\mathrm{e}^{\boldsymbol{J}_m t} = \mathrm{e}^{\lambda_m t \boldsymbol{E} + t \boldsymbol{B}_m}$$
$$= \mathrm{e}^{\lambda_m t \boldsymbol{E}} \mathrm{e}^{t \boldsymbol{B}_m}$$
$$= \mathrm{diag}(\mathrm{e}^{\lambda_m t}, \mathrm{e}^{\lambda_m t}, \cdots, \mathrm{e}^{\lambda_m t}) \sum_{j=0}^{m-1} \frac{t^j \boldsymbol{B}_m^j}{j!}$$

$$= \mathrm{e}^{\lambda_m t} \sum_{j=0}^{m-1} \frac{t^j \boldsymbol{B}_m^j}{j!},$$

等式 (5.30) 得证.

【例 3】 设 $\boldsymbol{A} = \mathrm{diag}(\boldsymbol{J}_1, \boldsymbol{J}_2, \cdots, \boldsymbol{J}_m)$ 为 $n \times n$ 的常数准对角阵, $\boldsymbol{J}_j$ 为若尔当块, $1 \leqslant j \leqslant m$, 则有等式

$$\mathrm{e}^{\boldsymbol{A}t} = \mathrm{diag}(\mathrm{e}^{\boldsymbol{J}_1 t}, \mathrm{e}^{\boldsymbol{J}_2 t}, \cdots, \mathrm{e}^{\boldsymbol{J}_m t}). \tag{5.31}$$

证明: 由矩阵的分块运算知, 对于任何正整数 j, 有 $\boldsymbol{A}^j = \mathrm{diag}(\boldsymbol{J}_1^j, \boldsymbol{J}_2^j, \cdots, \boldsymbol{J}_m^j)$. 由例 2 知等式 (5.31) 成立.

5.3.2 特征根法

下面我们假设 $\boldsymbol{A}$ 是一个 $n \times n$ 的常数矩阵. 考虑常系数线性齐次微分方程组

$$\boldsymbol{x}'(t) = \boldsymbol{A}\boldsymbol{x}(t). \tag{5.32}$$

注意到当 $\boldsymbol{A}$ 为常数矩阵时, 矩阵 $\boldsymbol{D}(t) = \int_{t_0}^{t} \boldsymbol{A}\mathrm{d}s = \boldsymbol{A}(t - t_0)$ 与 $\boldsymbol{A}$ 可交换, 从而由定理 5.12 和解的存在唯一性定理可知,

$$\mathrm{e}^{\boldsymbol{D}(t)} = \mathrm{e}^{\boldsymbol{A}(t-t_0)}$$

是线性微分方程组 (5.32) 的标准基解矩阵. 我们的目标是求出矩阵 $\mathrm{e}^{\boldsymbol{A}(t-t_0)}$ 的精确表达式. 为简单起见, 不失一般性, 设 $t_0 = 0$.

设 $\boldsymbol{x}(t)$ 是初值问题

$$\begin{cases} \boldsymbol{x}'(t) = \boldsymbol{A}\boldsymbol{x}(t) \\ \boldsymbol{x}(0) = \boldsymbol{\alpha} \end{cases} \tag{5.33}$$

的解, 其中 $\boldsymbol{\alpha} = (\alpha_1, \alpha_2, \cdots, \alpha_n)^\top$ 是矩阵 $\boldsymbol{A}$ 对应于特征根 λ 的一个特征向量, 即 $\boldsymbol{A}\boldsymbol{\alpha} = \lambda\boldsymbol{\alpha}$ 且 $\boldsymbol{\alpha} \neq \boldsymbol{0}$. 作变量替换 $\boldsymbol{y}(t) = \boldsymbol{A}\boldsymbol{x}(t) - \lambda\boldsymbol{x}(t)$. 容易验证 $\boldsymbol{y}(t)$ 是常系数线性齐次微分方程组

$$\begin{cases} \boldsymbol{y}'(t) = \boldsymbol{A}\boldsymbol{y}(t) \\ \boldsymbol{y}(0) = \boldsymbol{0} \end{cases}$$

的解. 由线性微分方程组解的存在唯一性定理知 $\boldsymbol{y}(t) \equiv \boldsymbol{0}$, 即 $\boldsymbol{A}\boldsymbol{x}(t) \equiv \lambda\boldsymbol{x}(t)$. 综上可知, $\boldsymbol{A}\boldsymbol{x}(0) = \lambda\boldsymbol{x}(0)$ 等价于 $\boldsymbol{A}\boldsymbol{x}(t) \equiv \lambda\boldsymbol{x}(t)$, 这样的 $\boldsymbol{x}(t)$ 均为矩阵 $\boldsymbol{A}$ 的对应于特征根 λ 的特征向量.

进一步, 将 $\boldsymbol{A}\boldsymbol{x}(t) = \lambda\boldsymbol{x}(t)$ 代入线性齐次微分方程组 (5.33), 我们得到

$$\begin{cases} \boldsymbol{x}'(t) = \lambda\boldsymbol{x}(t) \\ \boldsymbol{x}(0) = \boldsymbol{\alpha} \end{cases}$$

注意到这个初值问题由 n 个独立的初值问题

$$\begin{cases} x'_j(t) = \lambda x_j(t), \\ x_j(0) = \alpha_j \end{cases} \quad j = 1, 2, \cdots, n$$

组成, 因而有

$$\boldsymbol{x}(t) = (\alpha_1 e^{\lambda t}, \alpha_2 e^{\lambda t}, \cdots, \alpha_n e^{\lambda t})^\top = \boldsymbol{\alpha} e^{\lambda t}. \tag{5.34}$$

这样, 对于矩阵 $\boldsymbol{A}$ 的特征根 λ, 我们得到常系数线性齐次微分方程组 (5.33) 的一个解. 如果能通过这种方法找到 n 个线性无关的解, 则这 n 个解构成基本解组. 回忆朗斯基行列式的性质, 线性齐次微分方程组的 n 个解构成的朗斯基行列式要么恒为零, 要么恒不为零. 因此, 若矩阵 $\boldsymbol{A}$ 有 n 个线性无关的特征向量, 则可找到方程组 (5.33) 的 n 个线性无关解.

定理 5.14　设 $n \times n$ 的常数矩阵 $\boldsymbol{A}$ 有 n 个互不相同的特征根 $\lambda_1, \lambda_2, \cdots, \lambda_n$, 且 $\boldsymbol{\alpha}_1$, $\boldsymbol{\alpha}_2, \cdots, \boldsymbol{\alpha}_n$ 分别是相应的特征向量, 即 $\boldsymbol{A}\boldsymbol{\alpha}_j = \lambda_j \boldsymbol{\alpha}_j, j = 1, 2, \cdots, n$, 则向量函数 $\boldsymbol{\alpha}_1 e^{\lambda_1 t}$, $\boldsymbol{\alpha}_2 e^{\lambda_2 t}, \cdots, \boldsymbol{\alpha}_n e^{\lambda_n t}$ 是线性齐次微分方程组

$$\boldsymbol{x}'(t) = \boldsymbol{A}\boldsymbol{x}(t) \tag{5.35}$$

的一个基本解组.

证明: 由线性代数知, 属于不同特征根 $\lambda_1, \lambda_2, \cdots, \lambda_n$ 的特征向量 $\boldsymbol{\alpha}_1, \boldsymbol{\alpha}_2, \cdots, \boldsymbol{\alpha}_n$ 线性无关. 由式 (5.34) 知, 向量函数 $\boldsymbol{\alpha}_1 e^{\lambda_1 t}, \boldsymbol{\alpha}_2 e^{\lambda_2 t}, \cdots, \boldsymbol{\alpha}_n e^{\lambda_n t}$ 是齐次微分方程组 (5.35) 的 n 个解. 因为 $\boldsymbol{\alpha}_1, \boldsymbol{\alpha}_2, \cdots, \boldsymbol{\alpha}_n$ 线性无关, 所以有朗斯基行列式 $W[\boldsymbol{\alpha}_1, \boldsymbol{\alpha}_2, \cdots, \boldsymbol{\alpha}_n] \neq 0$, 从而由朗斯基行列式的性质, 得

$$W[\boldsymbol{\alpha}_1 e^{\lambda_1 t}, \boldsymbol{\alpha}_2 e^{\lambda_2 t}, \cdots, \boldsymbol{\alpha}_n e^{\lambda_n t}] \neq 0.$$

因此 $\boldsymbol{\alpha}_1 e^{\lambda_1 t}, \boldsymbol{\alpha}_2 e^{\lambda_2 t}, \cdots, \boldsymbol{\alpha}_n e^{\lambda_n t}$ 线性无关. 定理得证. □

注意, 当假设条件 "常数矩阵 $\boldsymbol{A}$ 有 n 个互不相同的特征根" 改为 "常数矩阵 $\boldsymbol{A}$ 有 n 个线性无关的特征向量" 时, 定理 5.14 的结论仍然成立. 作为这个定理的应用, 我们先看两个具体的例子.

【例 4】　求常系数线性齐次微分方程组 $\boldsymbol{x}'(t) = \boldsymbol{A}\boldsymbol{x}(t)$ 的通解, 其中

$$\boldsymbol{x}(t) = \begin{pmatrix} x_1(t) \\ x_2(t) \\ x_3(t) \end{pmatrix}, \quad \boldsymbol{A} = \begin{pmatrix} 1 & 0 & 0 \\ 1 & 2 & 0 \\ 1 & 0 & 3 \end{pmatrix}.$$

解: 由 $\det(\boldsymbol{A} - \lambda \boldsymbol{E}) = (\lambda - 1)(\lambda - 2)(\lambda - 3)$ 知, 矩阵 $\boldsymbol{A}$ 有三个不同的特征值: $\lambda_1 = 1$, $\lambda_2 = 2$, $\lambda_3 = 3$. 由 $(\boldsymbol{A} - \lambda_1 \boldsymbol{E})\boldsymbol{\alpha} = \boldsymbol{0}$, 即

$$\begin{cases} x_1 + x_2 = 0 \\ x_1 + 2x_3 = 0 \end{cases},$$

解得第一个特征向量 $\boldsymbol{\alpha}_1 = (2, -2, -1)^\top$. 由 $(\boldsymbol{A} - \lambda_2 \boldsymbol{E})\boldsymbol{\alpha} = \boldsymbol{0}$, 即

$$\begin{cases} -x_1 = 0 \\ x_1 = 0 \\ x_1 + x_3 = 0 \end{cases},$$

解得第二个特征向量 $\boldsymbol{\alpha}_2 = (0, 1, 0)^\top$. 再由 $(\boldsymbol{A} - \lambda_3 \boldsymbol{E})\boldsymbol{\alpha} = \boldsymbol{0}$, 即

$$\begin{cases} -2x_1 = 0 \\ x_1 - x_2 = 0, \\ x_1 = 0 \end{cases}$$

解得第三个特征向量 $\boldsymbol{\alpha}_3 = (0, 0, 1)^\top$.

根据定理 5.14, 原线性微分方程组的基本解组为

$$\mathrm{e}^t \begin{pmatrix} 2 \\ -2 \\ -1 \end{pmatrix}, \quad \mathrm{e}^{2t} \begin{pmatrix} 0 \\ 1 \\ 0 \end{pmatrix}, \quad \mathrm{e}^{3t} \begin{pmatrix} 0 \\ 0 \\ 1 \end{pmatrix}.$$

因此, 原方程组的通解为

$$\begin{pmatrix} x_1(t) \\ x_2(t) \\ x_3(t) \end{pmatrix} = c_1 \mathrm{e}^t \begin{pmatrix} 2 \\ -2 \\ -1 \end{pmatrix} + c_2 \mathrm{e}^{2t} \begin{pmatrix} 0 \\ 1 \\ 0 \end{pmatrix} + c_3 \mathrm{e}^{3t} \begin{pmatrix} 0 \\ 0 \\ 1 \end{pmatrix},$$

其中 c_1, c_2, c_3 为任意常数.

【例 5】 求常系数线性齐次微分方程组

$$\begin{cases} x'(t) = -x(t) + 2y(t) \\ y'(t) = -2x(t) - y(t) \end{cases}$$

的通解.

解: 系数矩阵为

$$\boldsymbol{A} = \begin{pmatrix} -1 & 2 \\ -2 & -1 \end{pmatrix}.$$

矩阵 $\boldsymbol{A}$ 的特征方程为

$$\det(\boldsymbol{A} - \lambda \boldsymbol{E}) = \begin{vmatrix} -1-\lambda & 2 \\ -2 & -1-\lambda \end{vmatrix} = 0,$$

其有两个不同的根: $\lambda_1 = -1 + 2\mathrm{i}$, $\lambda_2 = -1 - 2\mathrm{i}$.

由 $(\boldsymbol{A} - \lambda_1 \boldsymbol{E})\boldsymbol{\alpha} = \boldsymbol{0}$, 即

$$\begin{cases} -\mathrm{i}x_1 + x_2 = 0 \\ -x_1 - \mathrm{i}x_2 = 0 \end{cases},$$

解得第一个特征向量 $\boldsymbol{\alpha}_1 = (1, \mathrm{i})^{\top}$. 再由 $(\boldsymbol{A} - \lambda_2 \boldsymbol{E})\boldsymbol{\alpha} = \boldsymbol{0}$, 即

$$\begin{cases} \mathrm{i}x_1 + x_2 = 0 \\ -x_1 + \mathrm{i}x_2 = 0 \end{cases},$$

解得第二个特征向量 $\boldsymbol{\alpha}_2 = (1, -\mathrm{i})^{\top}$. 因此, 原方程组的复值通解为

$$\begin{pmatrix} x(t) \\ y(t) \end{pmatrix} = c_1 \mathrm{e}^{(-1+2\mathrm{i})t} \begin{pmatrix} 1 \\ \mathrm{i} \end{pmatrix} + c_2 \mathrm{e}^{(-1-2\mathrm{i})t} \begin{pmatrix} 1 \\ -\mathrm{i} \end{pmatrix},$$

其中 c_1, c_2 为任意复常数.

当 λ 为常数矩阵 $\boldsymbol{A}$ 的复特征根, $\boldsymbol{\alpha}$ 为相应的特征向量时, 由代数多项式的理论知, $\overline{\lambda}$ (λ 的共轭复数) 也是 $\boldsymbol{A}$ 的复特征根, 且 $\overline{\boldsymbol{\alpha}}$ ($\boldsymbol{\alpha}$ 的共轭复值向量) 是从属于 $\overline{\lambda}$ 的特征向量. 因此, 方程组 (5.35) 有解 $\boldsymbol{\alpha}\mathrm{e}^{\lambda t}$, $\overline{\boldsymbol{\alpha}}\mathrm{e}^{\overline{\lambda}t}$. 如果 $\boldsymbol{x}(t)$ 是常系数线性齐次微分方程组 (5.35) 的复向量值解, 则 $\boldsymbol{x}(t)$ 的共轭 $\overline{\boldsymbol{x}}(t)$、实部 $\mathrm{Re}\,\boldsymbol{x}(t)$ 和虚部 $\mathrm{Im}\,\boldsymbol{x}(t)$ 均为方程组 (5.35) 的解. 容易看出

$$\mathrm{Re}\,\boldsymbol{x}(t) = \frac{1}{2}(\boldsymbol{x}(t) + \overline{\boldsymbol{x}}(t)), \quad \mathrm{Im}\,\boldsymbol{x}(t) = \frac{1}{2\mathrm{i}}[\boldsymbol{x}(t) - \overline{\boldsymbol{x}}(t)]$$

皆为方程组 (5.35) 的实向量值解. 在例 5 中, 基本解组

$$\boldsymbol{x}_1(t) = \mathrm{e}^{(-1+2\mathrm{i})t} \begin{pmatrix} 1 \\ \mathrm{i} \end{pmatrix}, \quad \boldsymbol{x}_2(t) = \mathrm{e}^{(-1-2\mathrm{i})t} \begin{pmatrix} 1 \\ -\mathrm{i} \end{pmatrix}$$

互为共轭. 因此, 对应的实向量值基本解组为

$$\widetilde{\boldsymbol{x}}_1 = \mathrm{Re}\,\boldsymbol{x}_1(t) = \begin{pmatrix} \mathrm{e}^{-t}\cos 2t \\ -\mathrm{e}^{-t}\sin 2t \end{pmatrix}, \quad \widetilde{\boldsymbol{x}}_2 = \mathrm{Im}\,\boldsymbol{x}_1(t) = \begin{pmatrix} \mathrm{e}^{-t}\sin 2t \\ \mathrm{e}^{-t}\cos 2t \end{pmatrix}.$$

从而实向量值通解为

$$\begin{pmatrix} x(t) \\ y(t) \end{pmatrix} = c_1 \begin{pmatrix} \mathrm{e}^{-t}\cos 2t \\ -\mathrm{e}^{-t}\sin 2t \end{pmatrix} + c_2 \begin{pmatrix} \mathrm{e}^{-t}\sin 2t \\ \mathrm{e}^{-t}\cos 2t \end{pmatrix}, \tag{5.36}$$

其中 c_1, c_2 为任意实常数. 如果这里 c_1, c_2 为任意复数, 则式 (5.36) 是原线性微分方程组的复向量值通解.

考虑 $n \times n$ 的常数矩阵 $\boldsymbol{A}$ 有重特征根的情形. 假设 $\lambda_1, \lambda_2, \cdots, \lambda_\ell$ 分别是矩阵 $\boldsymbol{A}$ 的 $n_1, n_2, \cdots, n_\ell$ 重互不相同的特征根, $n_1 + n_2 + \cdots + n_\ell = n$, V_j 为线性代数方程组

$$(\boldsymbol{A} - \lambda_j \boldsymbol{E})^{n_j} \boldsymbol{u} = \boldsymbol{0} \tag{5.37}$$

的全体解构成的 $\mathbb{C}^n$ (复 n 维空间) 的线性子空间. 由高等代数的知识 (参考文献 [15], 6.11 节; 参考文献 [14], 第 6 章的定理 12) 可知, 方程组 (5.37) 的解空间 V_j 同构于 $\mathbb{C}^n$ 的 n_j 维子空间 $\mathbb{C}^{n_j}$, 即 $V_j \cong \mathbb{C}^{n_j}$ ($\cong$ 表示同构), 且有

$$\mathbb{C}^n = \oplus_{j=1}^{\ell} V_j. \tag{5.38}$$

给定向量 $\boldsymbol{v}_{j,k} \in V_j$, $k = 1, 2, \cdots, n_j$, $j = 1, 2, \cdots, \ell$, 我们有

$$(\boldsymbol{A} - \lambda_j \boldsymbol{E})^m \boldsymbol{v}_{j,k} = \boldsymbol{0}, \quad \forall m \geqslant n_j. \tag{5.39}$$

注意到

$$\mathrm{e}^{\lambda_j t} \mathrm{e}^{-\lambda_j \boldsymbol{E} t} = \mathrm{e}^{\lambda_j t} \mathrm{diag}(\mathrm{e}^{-\lambda_j t}, \cdots, \mathrm{e}^{-\lambda_j t}) = \boldsymbol{E}.$$

由方程组 (5.39) 及矩阵指数的定义知

$$\begin{aligned}
\mathrm{e}^{\boldsymbol{A}t} \boldsymbol{v}_{j,k} &= \mathrm{e}^{\boldsymbol{A}t} \mathrm{e}^{\lambda_j t} \mathrm{e}^{-\lambda_j \boldsymbol{E} t} \boldsymbol{v}_{j,k} \\
&= \mathrm{e}^{\lambda_j t} \mathrm{e}^{(\boldsymbol{A} - \lambda_j \boldsymbol{E})t} \boldsymbol{v}_{j,k} \\
&= \mathrm{e}^{\lambda_j t} \left(\sum_{m=0}^{n_j - 1} \frac{t^m}{m!} (\boldsymbol{A} - \lambda_j \boldsymbol{E})^m \right) \boldsymbol{v}_{j,k}.
\end{aligned}$$

根据解的存在唯一性定理, 对每个固定的列向量 $\boldsymbol{v}_{j,k}$, 初值问题

$$\begin{cases} \boldsymbol{x}'(t) = \boldsymbol{A}\boldsymbol{x}(t) \\ \boldsymbol{x}(0) = \boldsymbol{v}_{j,k} \end{cases}$$

存在唯一解

$$\begin{aligned}
\boldsymbol{x}_{j,k}(t) &= \mathrm{e}^{\boldsymbol{A}t} \boldsymbol{v}_{j,k} \\
&= \mathrm{e}^{\lambda_j t} \left(\sum_{m=0}^{n_j - 1} \frac{t^m}{m!} (\boldsymbol{A} - \lambda_j \boldsymbol{E})^m \right) \boldsymbol{v}_{j,k}.
\end{aligned}$$

根据式 (5.38), 我们可以取 n 个线性无关的向量 $\boldsymbol{v}_{j,k} \in V_j$, $k = 1, 2, \cdots, n_j$, $j = 1, 2, \cdots, \ell$. 由 $\boldsymbol{x}_{j,k}(0) = \boldsymbol{v}_{j,k}$ 及朗斯基行列式的性质, 可找到方程组 (5.32) 的 n 个线性无关的解. 事实上, 我们已经证明了如下定理.

定理 5.15 设 $\lambda_1, \lambda_2, \cdots, \lambda_\ell$ 分别是 $n \times n$ 的常数矩阵 $\boldsymbol{A}$ 的 $n_1, n_2, \cdots, n_\ell$ 重互异特征根, 且 $n_1 + n_2 + \cdots + n_\ell = n$. 令

$$V_j = \{\boldsymbol{u} \in \mathbb{C}^n : (\boldsymbol{A} - \lambda_j \boldsymbol{E})^{n_j} \boldsymbol{u} = \boldsymbol{0}\}$$

为对应于 λ_j 的 n_j 维根子空间, $j = 1, 2, \cdots, \ell$. 在 V_j 中取 n_j 个线性无关的向量 $\boldsymbol{v}_{j,k}$ $(1 \leqslant k \leqslant n_j)$, 令

$$\boldsymbol{x}_{j,k}(t) = \mathrm{e}^{\lambda_j t}\left(\sum_{m=0}^{n_j-1} \frac{t^m}{m!}(\boldsymbol{A} - \lambda_j \boldsymbol{E})^m\right)\boldsymbol{v}_{j,k},$$

则 $\{\boldsymbol{x}_{jk}(t) : 1 \leqslant k \leqslant n_j, 1 \leqslant j \leqslant \ell\}$ 是线性齐次微分方程组

$$\boldsymbol{x}'(t) = \boldsymbol{A}\boldsymbol{x}(t)$$

的一个基本解组.

当常数矩阵 $\boldsymbol{A}$ 有复特征根时, 定理 5.15 可能给出了一些复向量值解. 类似于单特征根情形, 注意到复特征根成对出现, 利用复向量值解的实部和虚部都是线性齐次微分方程组的解, 从而得到实向量值解. 此外, 根据定理 5.15, 我们可以构造出常系数线性微分方程组的一个基本解组, 从而得到一个基解矩阵 $\boldsymbol{X}(t)$. 显然, 矩阵 $\mathrm{e}^{\boldsymbol{A}t}$ 也是一个基解矩阵. 注意到这两个矩阵的列向量是方程组的解, 且各自的列向量为一组线性无关的解. 由定理 5.8 (2) 知, 存在一个非奇异矩阵 $\boldsymbol{T}$, 使得 $\boldsymbol{X}(t)\boldsymbol{T} = \mathrm{e}^{\boldsymbol{A}t}$. 因为 $\boldsymbol{X}(0)\boldsymbol{T} = \boldsymbol{E}$, 我们有 $\boldsymbol{T} = \boldsymbol{X}^{-1}(0)$, 从而有

$$\mathrm{e}^{\boldsymbol{A}t} = \boldsymbol{X}(t)\boldsymbol{X}^{-1}(0).$$

注意到

$$(\mathrm{e}^{\boldsymbol{A}t})^{-1} = \mathrm{e}^{-\boldsymbol{A}t}, \quad \mathrm{e}^{\boldsymbol{A}(t-s)} = \boldsymbol{X}(t-s)\boldsymbol{X}^{-1}(0).$$

设 $\boldsymbol{X}_0$ 为 $n \times n$ 矩阵. 根据定理 5.10, 常系数线性非齐次微分方程组的初值问题

$$\begin{cases} \boldsymbol{X}'(t) = \boldsymbol{A}\boldsymbol{X}(t) + \boldsymbol{B}(t) \\ \boldsymbol{X}(0) = \boldsymbol{X}_0 \end{cases}$$

的解矩阵满足

$$\boldsymbol{X}(t) = \mathrm{e}^{\boldsymbol{A}t}\boldsymbol{X}_0 + \mathrm{e}^{\boldsymbol{A}t}\int_0^t \mathrm{e}^{-\boldsymbol{A}s}\boldsymbol{B}(s)\mathrm{d}s$$

$$= \boldsymbol{X}(t)\boldsymbol{X}^{-1}(0)\boldsymbol{X}_0 + \int_0^t \boldsymbol{X}(t-s)\boldsymbol{X}^{-1}(0)\boldsymbol{B}(s)\mathrm{d}s.$$

再看一个特殊情形, 当 $\boldsymbol{A}$ 只有一个特征值 λ 时, λ 必为 n 重特征根且根子空间同构于 $\mathbb{C}^n$. 此时对任意的 $\boldsymbol{\eta} \in V$, 我们有

$$\mathrm{e}^{\boldsymbol{A}t}\boldsymbol{\eta} = \mathrm{e}^{\lambda t}\mathrm{e}^{(\boldsymbol{A}-\lambda\boldsymbol{E})t}\boldsymbol{\eta} = \mathrm{e}^{\lambda t}\sum_{j=0}^{n-1}\frac{t^j}{j!}(\boldsymbol{A}-\lambda\boldsymbol{E})^j\boldsymbol{\eta}.$$

由 $\boldsymbol{\eta}$ 的任意性可知

$$\mathrm{e}^{\boldsymbol{A}t} = \mathrm{e}^{\lambda t}\mathrm{e}^{(\boldsymbol{A}-\lambda\boldsymbol{E})t} = \mathrm{e}^{\lambda t}\sum_{j=0}^{n-1}\frac{t^j}{j!}(\boldsymbol{A}-\lambda\boldsymbol{E})^j.$$

【例 6】 求初值问题

$$\begin{cases} \boldsymbol{x}'(t) = \boldsymbol{A}\boldsymbol{x}(t) \\ \boldsymbol{x}(0) = \boldsymbol{\eta} \end{cases}$$

的解, 并求 $\mathrm{e}^{\boldsymbol{A}t}$, 其中

$$\boldsymbol{A} = \begin{pmatrix} 3 & 1 \\ -1 & 1 \end{pmatrix}, \quad \boldsymbol{\eta} \in \mathbb{R}^2.$$

解: 先求矩阵 $\boldsymbol{A}$ 的特征根, 由

$$\begin{vmatrix} 3 - \lambda & 1 \\ -1 & 1 - \lambda \end{vmatrix} = 0$$

得 $\lambda_1 = \lambda_2 = 2$. 原初值问题的解为

$$\begin{aligned} \boldsymbol{x}(t) &= \mathrm{e}^{\boldsymbol{A}t}\boldsymbol{\eta} = \mathrm{e}^{2t}\mathrm{e}^{(\boldsymbol{A}-2\boldsymbol{E})t}\boldsymbol{\eta} \\ &= \mathrm{e}^{2t}(\boldsymbol{E} + (\boldsymbol{A} - 2\boldsymbol{E})t)\boldsymbol{\eta} \\ &= \mathrm{e}^{2t}\left(\boldsymbol{E} + t\begin{pmatrix} 1 & 1 \\ -1 & -1 \end{pmatrix}\right)\begin{pmatrix} \eta_1 \\ \eta_2 \end{pmatrix} \\ &= \mathrm{e}^{2t}\begin{pmatrix} \eta_1 + t(\eta_1 + \eta_2) \\ \eta_2 - t(\eta_1 + \eta_2) \end{pmatrix}. \end{aligned}$$

分别取 $\boldsymbol{\eta} = (1,0)^\top$ 和 $\boldsymbol{\eta} = (0,1)^\top$, 得到两个线性无关的解

$$\boldsymbol{x}_1(t) = \mathrm{e}^{2t}\begin{pmatrix} 1+t \\ -t \end{pmatrix}, \quad \boldsymbol{x}_2(t) = \mathrm{e}^{2t}\begin{pmatrix} t \\ 1-t \end{pmatrix}.$$

基解矩阵为

$$\boldsymbol{X}(t) = \begin{pmatrix} 1+t & t \\ -t & 1-t \end{pmatrix}.$$

注意到 $\boldsymbol{X}(0) = \boldsymbol{E}$, 有

$$\mathrm{e}^{\boldsymbol{A}t} = \boldsymbol{X}(t)\boldsymbol{X}^{-1}(0) = \begin{pmatrix} 1+t & t \\ -t & 1-t \end{pmatrix}.$$

【例 7】 设

$$\boldsymbol{A} = \begin{pmatrix} 1 & 1 & 0 & 0 & 0 \\ 0 & 1 & 1 & 0 & 0 \\ 0 & 0 & 1 & 1 & 0 \\ 0 & 0 & 0 & 1 & 0 \\ 0 & 0 & 0 & 0 & 1 \end{pmatrix},$$

试求 e^{At}.

解: 记

$$
B = \begin{pmatrix} 0 & 1 & 0 & 0 & 0 \\ 0 & 0 & 1 & 0 & 0 \\ 0 & 0 & 0 & 1 & 0 \\ 0 & 0 & 0 & 0 & 0 \\ 0 & 0 & 0 & 0 & 0 \end{pmatrix} = A - E,
$$

则

$$
B^2 = \begin{pmatrix} 0 & 0 & 1 & 0 & 0 \\ 0 & 0 & 0 & 1 & 0 \\ 0 & 0 & 0 & 0 & 0 \\ 0 & 0 & 0 & 0 & 0 \\ 0 & 0 & 0 & 0 & 0 \end{pmatrix}, B^3 = \begin{pmatrix} 0 & 0 & 0 & 1 & 0 \\ 0 & 0 & 0 & 0 & 0 \\ 0 & 0 & 0 & 0 & 0 \\ 0 & 0 & 0 & 0 & 0 \\ 0 & 0 & 0 & 0 & 0 \end{pmatrix}, B^4 = \begin{pmatrix} 0 & 0 & 0 & 0 & 0 \\ 0 & 0 & 0 & 0 & 0 \\ 0 & 0 & 0 & 0 & 0 \\ 0 & 0 & 0 & 0 & 0 \\ 0 & 0 & 0 & 0 & 0 \end{pmatrix}.
$$

因此有

$$
\begin{aligned}
e^{At} &= e^{Et+Bt} = e^{Et}e^{Bt} = e^{t}e^{Bt} \\
&= e^{t}\left(E + tB + \frac{t^2}{2}B^2 + \frac{t^3}{6}B^3 \right) \\
&= e^{t} \begin{pmatrix} 1 & t & \dfrac{t^2}{2} & \dfrac{t^3}{6} & 0 \\ 0 & 1 & t & \dfrac{t^2}{2} & 0 \\ 0 & 0 & 1 & t & 0 \\ 0 & 0 & 0 & 1 & 0 \\ 0 & 0 & 0 & 0 & 1 \end{pmatrix}.
\end{aligned}
$$

【例 8】 试求线性齐次微分方程组

$$
\begin{cases}
x_1'(t) = 3x_1(t) + x_3(t) \\
x_2'(t) = x_2(t) + x_3(t) \\
x_3'(t) = -x_2(t) + 3x_3(t)
\end{cases}
$$

满足初值条件 $x_1(0) = \eta_1$, $x_2(0) = \eta_2$, $x_3(0) = \eta_3$ 的解, 并求 e^{At}, 其中

$$
A = \begin{pmatrix} 3 & 0 & 1 \\ 0 & 1 & 1 \\ 0 & -1 & 3 \end{pmatrix}
$$

为系数矩阵.

解: 由

$$\det(\boldsymbol{A} - \lambda \boldsymbol{E}) = (3 - \lambda)(\lambda - 2)^2 = 0$$

可知 $\lambda_1 = 3$ (单根), $\lambda_2 = \lambda_3 = 2$ (2 重根). 直接计算可得, 方程组 $(\boldsymbol{A} - 3\boldsymbol{E})\boldsymbol{u} = \boldsymbol{0}$ 的解为

$$\boldsymbol{u}_1 = (\alpha, 0, 0)^\top;$$

而方程组 $(\boldsymbol{A} - 2\boldsymbol{E})^2 \boldsymbol{u} = \boldsymbol{0}$ 的解为

$$\boldsymbol{u}_2 = (\beta - 2\gamma, \beta, \gamma)^\top,$$

其中 α, β, γ 为任意常数. 对于任何 $\boldsymbol{\eta} = (\eta_1, \eta_2, \eta_3) \in \mathbb{R}^3$, 可以把它分解为 $\boldsymbol{\eta} = \boldsymbol{u}_1 + \boldsymbol{u}_2$, 这等价于

$$\begin{cases} \alpha + \beta - 2\gamma = \eta_1 \\ \beta = \eta_2 \\ \gamma = \eta_3 \end{cases}.$$

因而 $\alpha = \eta_1 - \eta_2 + 2\eta_3$, $\beta = \eta_2$, $\gamma = \eta_3$, 即有

$$\boldsymbol{u}_1 = (\eta_1 - \eta_2 + 2\eta_3, 0, 0)^\top, \quad \boldsymbol{u}_2 = (\eta_2 - 2\eta_3, \eta_2, \eta_3)^\top.$$

满足初值条件 $\boldsymbol{x}(0) = \boldsymbol{\eta}$ 的解为

$$\begin{aligned} \boldsymbol{x}(t) &= \mathrm{e}^{3t}\boldsymbol{u}_1 + \mathrm{e}^{2t}\left(\boldsymbol{E} + t(\boldsymbol{A} - 2\boldsymbol{E})\right)\boldsymbol{u}_2 \\ &= \mathrm{e}^{3t}(\eta_1 - \eta_2 + 2\eta_3, 0, 0)^\top \\ &\quad + \mathrm{e}^{2t}((\eta_2 - 2\eta_3)(1 + t) + t\eta_3, (1 - t)\eta_2 + t\eta_3, -t\eta_2 + (1 + t)\eta_3)^\top. \end{aligned}$$

依次取 $\boldsymbol{\eta} = (1, 0, 0)^\top$, $(0, 1, 0)^\top$, $(0, 0, 1)^\top$, 可得 3 个线性无关的解:

$$\boldsymbol{x}_1 = (\mathrm{e}^{3t}, 0, 0)^\top, \boldsymbol{x}_2 = \mathrm{e}^{2t}(1 + t - \mathrm{e}^t, 1 - t, -t)^\top, \boldsymbol{x}_3 = \mathrm{e}^{2t}(2\mathrm{e}^t - 2 - t, t, 1 + t)^\top.$$

由解的存在唯一性定理知

$$\mathrm{e}^{\boldsymbol{A}t} = \begin{pmatrix} \mathrm{e}^{3t} & \mathrm{e}^{2t}(1 + t - \mathrm{e}^t) & \mathrm{e}^{2t}(2\mathrm{e}^t - 2 - t) \\ 0 & \mathrm{e}^{2t}(1 - t) & \mathrm{e}^{2t}t \\ 0 & \mathrm{e}^{2t}(-t) & \mathrm{e}^{2t}(1 + t) \end{pmatrix}.$$

【例 9】 求线性齐次微分方程组

$$\boldsymbol{x}'(t) = \boldsymbol{A}\boldsymbol{x}$$

的通解, 其中

$$A = \begin{pmatrix} -1 & 1 & 0 & 0 \\ -2 & 1 & 0 & 0 \\ 0 & 0 & 1 & -1 \\ 0 & 0 & 2 & -1 \end{pmatrix}.$$

解: 由

$$\det(A - \lambda E) = (\lambda^2 + 1)^2 = 0$$

知, A 的特征根为 $\lambda_1 = \lambda_2 = i$, $\lambda_3 = \lambda_4 = -i$. 注意到方程组 $(A - iE)^2 u = 0$ 等价于

$$\begin{cases} (i-1)u_1 - iu_2 = 0 \\ 2iu_1 - (1+i)u_2 = 0 \\ -(1+i)u_3 + iu_4 = 0 \\ -2iu_3 - (1+i)u_4 = 0 \end{cases},$$

从中解得 $u_2 = (1+i)u_1$, $u_4 = (1-i)u_3$, 因此找到两个线性无关的解:

$$u_1 = (1, 1+i, 0, 0)^\top, \quad u_2 = (0, 0, 1, 1-i)^\top.$$

对应于原线性齐次微分方程组的两个线性无关的复值解为

$$\widetilde{x}_1 = e^{it}(E + (A - iE)t)u_1$$

$$= e^{it} \begin{pmatrix} 1-t-it & t & 0 & 0 \\ -2t & 1+t-it & 0 & 0 \\ 0 & 0 & 1+t-it & -t \\ 0 & 0 & 2t & 1-t-it \end{pmatrix} \begin{pmatrix} 1 \\ 1+i \\ 0 \\ 0 \end{pmatrix}$$

$$= e^{it}(1, 1+i, 0, 0)^\top$$

和

$$\widetilde{x}_2 = e^{it}(E + (A - iE)t)u_2 = e^{it}(0, 0, 1, 1-i)^\top.$$

由此得到原方程组的四个线性无关的实值解:

$$x_1 = (\cos t, \cos t - \sin t, 0, 0)^\top, \quad x_2 = (\sin t, \cos t + \sin t, 0, 0)^\top,$$

$$x_3 = (0, 0, \cos t, \cos t + \sin t)^\top, \quad x_4 = (0, 0, \sin t, \sin t - \cos t)^\top.$$

原方程组的通解为

$$x(t) = c_1 x_1(t) + c_2 x_2(t) + c_3 x_3(t) + c_4 x_4(t),$$

其中 c_1, c_2, c_3, c_4 为任意常数.

5.3.3　拉普拉斯变换法

在本节的最后, 我们利用拉普拉斯变换法求常系数线性微分方程组的解. 我们先介绍向量函数的拉普拉斯变换. 对于任意 n 维向量函数 $\boldsymbol{x}(t)$, 与普通函数类似, 定义它的拉普拉斯变换为

$$\mathscr{L}[\boldsymbol{x}(t)](s) = \int_0^{+\infty} \mathrm{e}^{-st} \boldsymbol{x}(t) \mathrm{d}t.$$

在具体求解微分方程组的过程中, 我们一般对解的各个分量函数分别作普通的拉普拉斯变换, 然后利用第 4 章中关于函数拉普拉斯变换的性质, 将微分方程转化为代数方程, 并求出各个分量函数的拉普拉斯变换, 最后利用拉普拉斯逆变换求得原微分方程组的解. 这里用两个例子说明拉普拉斯变换法在某些情形下是有效的.

【例 10】　已知矩阵

$$\boldsymbol{A} = \begin{pmatrix} -1 & 2 \\ -2 & -1 \end{pmatrix}$$

和向量函数 $\boldsymbol{f}(t) = (\mathrm{e}^{-t}, 0)^\top$, 试求初值问题

$$\begin{cases} \boldsymbol{x}'(t) = \boldsymbol{A}\boldsymbol{x} + \boldsymbol{f}(t) \\ \boldsymbol{x}(0) = (0, 1)^\top \end{cases}$$

的解.

解: 将方程组写成

$$\begin{cases} x_1' = -x_1 + 2x_2 + \mathrm{e}^{-t} \\ x_2' = -2x_1 - x_2 \\ x_1(0) = 0,\ x_2(0) = 1 \end{cases}.$$

令 $X_1(s) = \mathscr{L}[x_1(t)](s)$, $X_2(s) = \mathscr{L}[x_2(t)](s)$, 对方程组作拉普拉斯变换, 得

$$\begin{cases} sX_1(s) = -X_1(s) + 2X_2(s) + \dfrac{1}{s+1} \\ sX_2(s) - 1 = -2X_1(s) - X_2(s) \end{cases},$$

即得

$$\begin{cases} X_1(s) = \dfrac{3}{4 + (1+s)^2} \\ X_2(s) = \dfrac{1 + s - \dfrac{2}{s+1}}{4 + (1+s)^2} \end{cases}.$$

注意到

$$\mathscr{L}^{-1}\left[\frac{1}{s}\right](t) = 1,\ \mathscr{L}^{-1}\left[\frac{\omega}{s^2 + \omega^2}\right](t) = \sin\omega t,\ \mathscr{L}^{-1}\left[\frac{s}{s^2 + \omega^2}\right](t) = \cos\omega t,$$

因此有

$$\mathcal{L}^{-1}[X_1(s)](t) = \frac{3}{2} \mathcal{L}^{-1} \left[\frac{2}{4 + (1 + s)^2} \right] (t)$$

$$= \frac{3}{2} e^{-t} \mathcal{L}^{-1} \left[\frac{2}{4 + s^2} \right] (t)$$

$$= \frac{3}{2} e^{-t} \sin 2t,$$

$$\mathcal{L}^{-1}[X_2(s)](t) = e^{-t} \mathcal{L}^{-1} \left[\frac{s - \dfrac{2}{s}}{4 + s^2} \right] (t)$$

$$= e^{-t} \mathcal{L}^{-1} \left[\frac{s}{4 + s^2} \right] (t) - 2e^{-t} \mathcal{L}^{-1} \left[\frac{1}{s(4 + s^2)} \right] (t)$$

$$= e^{-t} \cos 2t - 2e^{-t} \mathcal{L}^{-1} \left[\frac{1}{4s} - \frac{s}{4(s^2 + 4)} \right] (t)$$

$$= e^{-t} \left(\frac{3}{2} \cos 2t - \frac{1}{2} \right).$$

因此, 原微分方程组的解为

$$x_1(t) = \frac{3}{2} e^{-t} \sin 2t, \quad x_2(t) = e^{-t} \left(\frac{3}{2} \cos 2t - \frac{1}{2} \right).$$

【例 11】 求线性齐次微分方程组

$$\boldsymbol{x}'(t) = \boldsymbol{A}\boldsymbol{x}$$

的基解矩阵, 其中

$$\boldsymbol{A} = \begin{pmatrix} -1 & 2 \\ -2 & -1 \end{pmatrix}.$$

解: 为了寻求基解矩阵, 先求解初值问题

$$\begin{cases} \boldsymbol{x}'(t) = \boldsymbol{A}\boldsymbol{x} \\ \boldsymbol{x}(0) = (1, 0)^\top \end{cases}.$$

与例 10 的方法类似, 对线性齐次微分方程组 $\boldsymbol{x}'(t) = \boldsymbol{A}\boldsymbol{x}$ 作拉普拉斯变换, 得

$$\begin{cases} sX_1(s) - 1 = -X_1(s) + 2X_2(s) \\ sX_2(s) = -2X_1(s) - X_2(s) \end{cases},$$

即得

$$\begin{cases} X_1(s) = \dfrac{1+s}{4+(1+s)^2} \\ X_2(s) = -\dfrac{2}{4+(1+s)^2} \end{cases}.$$

作拉普拉斯逆变换, 得原微分方程组的解

$$\begin{aligned} x_1(t) &= \mathscr{L}^{-1}[X_1(s)](t) \\ &= \mathrm{e}^{-t}\mathscr{L}^{-1}\left[\frac{s}{4+s^2}\right](t) \\ &= \mathrm{e}^{-t}\cos 2t, \\ x_2(t) &= \mathscr{L}^{-1}[X_2(s)](t) \\ &= -\mathrm{e}^{-t}\mathscr{L}^{-1}\left[\frac{2}{4+s^2}\right](t) \\ &= -\mathrm{e}^{-t}\sin 2t. \end{aligned}$$

再求解初值问题

$$\begin{cases} \boldsymbol{x}'(t) = \boldsymbol{A}\boldsymbol{x} \\ \boldsymbol{x}(0) = (0,1)^{\top} \end{cases}.$$

作拉普拉斯变换, 得

$$\begin{cases} sX_1(s) = -X_1(s) + 2X_2(s) \\ sX_2(s) - 1 = -2X_1(s) - X_2(s) \end{cases},$$

即得

$$\begin{cases} X_1(s) = \dfrac{2}{4+(1+s)^2} \\ X_2(s) = \dfrac{1+s}{4+(1+s)^2} \end{cases}.$$

作拉普拉斯逆变换, 得原微分方程组的解

$$\begin{aligned} \tilde{x}_1(t) &= \mathscr{L}^{-1}[X_1(s)](t) = \mathrm{e}^{-t}\sin 2t, \\ \tilde{x}_2(t) &= \mathscr{L}^{-1}[X_2(s)](t) = \mathrm{e}^{-t}\cos 2t. \end{aligned}$$

因此得基解矩阵

$$\boldsymbol{X}(t) = \begin{pmatrix} \mathrm{e}^{-t}\cos 2t & \mathrm{e}^{-t}\sin 2t \\ -\mathrm{e}^{-t}\sin 2t & \mathrm{e}^{-t}\cos 2t \end{pmatrix}.$$

事实上, $\boldsymbol{X}(t)$ 是标准基解矩阵.

习题 5.3

1. 试求 $\boldsymbol{x}'(t) = \boldsymbol{A}\boldsymbol{x}$ 的基解矩阵, 其中

(1) $\boldsymbol{A} = \begin{pmatrix} 2 & 1 \\ 0 & 2 \end{pmatrix}$; (2) $\boldsymbol{A} = \begin{pmatrix} 3 & 5 \\ -5 & 3 \end{pmatrix}$; (3) $\boldsymbol{A} = \begin{pmatrix} 2 & 1 \\ -1 & 4 \end{pmatrix}$.

2. 设矩阵

$$\boldsymbol{A} = \begin{pmatrix} -2 & 1 & 0 & 0 & 0 \\ 0 & -2 & 1 & 0 & 0 \\ 0 & 0 & -2 & 0 & 0 \\ 0 & 0 & 0 & -2 & 0 \\ 0 & 0 & 0 & 0 & -2 \end{pmatrix},$$

试求 $\mathrm{e}^{\boldsymbol{A}t}$.

3. 考虑线性齐次微分方程组 $\boldsymbol{x}'(t) = \boldsymbol{A}\boldsymbol{x}(t)$, 其中

$$\boldsymbol{A} = \begin{pmatrix} 3 & -1 & 1 \\ 2 & 0 & 1 \\ 1 & -1 & 2 \end{pmatrix}.$$

试求满足初值 $\boldsymbol{x}(0) = \boldsymbol{\eta} = (\eta_1, \eta_2, \eta_3)^{\top}$ 的解, 并求 $\mathrm{e}^{\boldsymbol{A}t}$.

4. 试求线性非齐次微分方程组 $\boldsymbol{x}'(t) = \boldsymbol{A}\boldsymbol{x} + \boldsymbol{f}(t)$ 的解 $\boldsymbol{x}(t)$, 其中

(1) $\boldsymbol{x}(0) = (-1,1)^{\top}$, $\boldsymbol{A} = \begin{pmatrix} 1 & 2 \\ 4 & 3 \end{pmatrix}$, $\boldsymbol{f}(t) = (\mathrm{e}^{-t}, 1)^{\top}$;

(2) $\boldsymbol{x}(0) = (0,0,0)^{\top}$, $\boldsymbol{A} = \begin{pmatrix} 0 & 1 & 0 \\ 0 & 0 & 1 \\ -6 & -11 & -6 \end{pmatrix}$, $\boldsymbol{f}(t) = (0,0,\mathrm{e}^{-t})^{\top}$;

(3) $\boldsymbol{x}(0) = (1,1)^{\top}$, $\boldsymbol{A} = \begin{pmatrix} 4 & -3 \\ 2 & -1 \end{pmatrix}$, $\boldsymbol{f}(t) = (\sin t, -2\cos t)^{\top}$.

5. 设

$$\boldsymbol{A} = \begin{pmatrix} 3 & 5 \\ -5 & 3 \end{pmatrix}, \boldsymbol{f}(t) = (\mathrm{e}^{-t}, 0)^{\top}.$$

试利用拉普拉斯变换求方程 $\boldsymbol{x}'(t) = \boldsymbol{A}\boldsymbol{x}(t) + \boldsymbol{f}(t)$ 满足初值条件 $\boldsymbol{x}(0) = (0,1)^{\top}$ 的解.

6. 试利用拉普拉斯变换求解初值问题:

$$\begin{cases} x_1'' - 2x_1' - x_2' + 2x_2 = 0 \\ x_1' - 2x_1 + x_2' = -2\mathrm{e}^{-t} \\ x_1(0) = 3, x_1'(0) = 2 \\ x_2(0) = 0 \end{cases}.$$

【拓展阅读】

人物小传——我国近现代动力系统专家

/ 第 6 章 /

微分方程组解的稳定性

描述物质运动的微分方程组的特解密切依赖于初值, 而初值的计算或测定在实际中不可避免地会出现误差或受到干扰. 如果描述物质运动的微分方程组的特解不稳定, 则初值的微小误差将导致 "差之毫厘, 谬以千里" 的严重后果. 因此, 不稳定的特解不宜用来作为设计的依据, 而稳定的特解才是我们最感兴趣的. 这说明解的稳定性问题的研究十分重要. 因为大多数非线性微分方程组求不出解的具体表达式, 所以我们需要在不求出具体解的情况下判断微分方程组解的稳定性态. 本章只给出微分方程组的解相对于初值的李雅普诺夫稳定性概念及判定方法, 进一步的理论, 例如微分动力系统的极限环、混沌与分支等, 请读者参阅参考文献 [3], [5], [8], [10], [11], [12], [13], [17], [18], [19] 等书籍.

6.1 李雅普诺夫稳定性的概念

考虑非线性微分方程组

$$\boldsymbol{x}'(t) = \boldsymbol{f}(t, \boldsymbol{x}(t)), \tag{6.1}$$

其中 $\boldsymbol{x}(t) = (x_1(t), x_2(t), \cdots, x_n(t))^\top \in \mathbb{R}^n$, $\boldsymbol{f}(t, \boldsymbol{x}) = (f_1(t, \boldsymbol{x}), f_2(t, \boldsymbol{x}), \cdots, f_n(t, \boldsymbol{x}))^\top$. 与单个方程的情形相同, 非线性方程组 (6.1) 也有局部存在唯一性, 以及解对初值的连续性、可微性等.

定理 6.1 若向量函数 $\boldsymbol{f}(t, \boldsymbol{x})$ 在区域 $(a, +\infty) \times \mathcal{D} \subset \mathbb{R}^{n+1}$ 内连续, 且关于 $\boldsymbol{x}$ 满足局部利普希茨条件, 则对任何 $(t_0, \boldsymbol{x}_0) \in (a, +\infty) \times \mathcal{D}$, 微分方程组 (6.1) 满足初值条件 $\boldsymbol{x}(t_0) = \boldsymbol{x}_0$ 的解 $\boldsymbol{x}(t)$ 在 $(t_0, \boldsymbol{x}_0)$ 附近存在、唯一、连续, 且要么可以延拓至无穷远, 要么 $(t, \boldsymbol{x}(t))$ 可以任意接近区域 $(a, +\infty) \times \mathcal{D}$ 的边界. 此外, 解作为 $t, t_0, \boldsymbol{x}_0$ 的 $n+2$ 元函数在它的存在范围内连续. 更进一步, 如果在区域 $(a, +\infty) \times \mathcal{D}$ 内, $\boldsymbol{f}(t, \boldsymbol{x})$ 关于 $\boldsymbol{x}$ 有连续的一阶偏导数, 则初值问题的解在它的存在范围内, 对于各变元 $t, t_0, \boldsymbol{x}_0$ 有连续的一阶偏导数.

该定理的证明与第 3 章中单个方程的情形完全类似, 我们把它留给读者作为练习.

在介绍稳定性的概念之前, 我们先看一个例子.

【例 1】 一阶非线性微分方程

$$x'(t) = x(t) - x^2(t) \tag{6.2}$$

有通解

$$x = \frac{1}{1 + ce^{-t}},$$

其中 c 为任意常数, 此外还有特解 $x_1(t) = 0$ 和 $x_2(t) = 1$. 当 $x_0 \neq 0$ 且 $x_0 \neq 1$ 时, 方程 (6.2) 满足初值条件 $x(0) = x_0$ 的解为

$$x(t) = \frac{x_0}{x_0 + (1 - x_0)e^{-t}}.$$

现在讨论特解 $x_1(t) = 0$ 和 $x_2(t) = 1$ 附近积分曲线的变化情况. 在有限区间 $[0, T]$ 上

$$\lim_{x_0 \to 0} \|x(t) - x_1(t)\|_{C[0,T]} \leqslant \lim_{x_0 \to 0} \frac{|x_0|}{(1 - |x_0|)e^{-T} - |x_0|} = 0,$$

$$\lim_{x_0 \to 1} \|x(t) - x_2(t)\|_{C[0,T]} \leqslant \lim_{x_0 \to 1} \frac{|1 - x_0|}{|x_0| - |1 - x_0|} = 0.$$

这里 $\| \ \|_{C[0,T]}$ 表示 $[0, T]$ 上连续函数的范数, 即 $\|x\|_{C[0,T]} = \sup\limits_{t \in [0,T]} |x(t)|$. 类似地, $\|x\|_{C[0,T)} = \sup\limits_{t \in [0,T)} |x(t)|, \forall x \in C[0, T)$. 在无限区间 $[0, +\infty)$ 上, 对于特解 $x_2(t) = 1$, 我们仍有

$$\lim_{x_0 \to 1} \|x(t) - x_2(t)\|_{C[0,+\infty)} \leqslant \lim_{x_0 \to 1} \frac{|1 - x_0|}{|x_0| - |1 - x_0|} = 0,$$

即当初值发生微小变化时, 相应的解在无限区间上的变化仍然很小, 这种解称为稳定的. 然而, 对于特解 $x_1(t) = 0$, 尽管当 $x_0 > 0$ 时方程仍存在整体解, 但是不管 $x_0 > 0$ 多么小, 从 $(0, x_0)$ 出发的积分曲线总要离开特解 $x_1(t) = 0$, 即存在充分大的 $T > 0$, 使得

$$\inf_{t \in [T, +\infty)} |x(t) - x_1(t)| > \frac{1}{2}.$$

我们把这种特解称为不稳定的. 对于方程 $x'(t) = -x(t) + x^2(t)$, 也有类似现象. 它们的积分曲线分别如图 6.1 和图 6.2 所示.

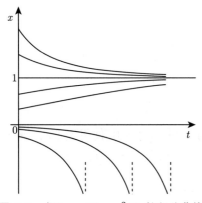

图 6.1 $x'(t) = x(t) - x^2(t)$ 的积分曲线

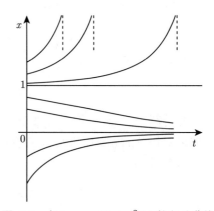

图 6.2 $x'(t) = -x(t) + x^2(t)$ 的积分曲线

为方便起见, 我们定义欧式空间 $\mathbb{R}^n$ 和 $\mathbb{R}^{n \times n}$ 中的范数如下:

$$\|\boldsymbol{x}\| = \max_{1 \leqslant j \leqslant n} |x_j|, \quad \forall \boldsymbol{x} = (x_1, x_2, \cdots, x_n)^\top \in \mathbb{R}^n;$$

$$\|\boldsymbol{A}\| = \max_{1 \leqslant j,k \leqslant n} |a_{jk}|, \quad \forall \boldsymbol{A} = (a_{jk})_{n \times n} \in \mathbb{R}^{n \times n}.$$

容易验证

$$\|\boldsymbol{A}\boldsymbol{x}\| \leqslant n\|\boldsymbol{A}\|\|\boldsymbol{x}\|, \quad \forall \boldsymbol{A} \in \mathbb{R}^{n \times n}, \ \boldsymbol{x} \in \mathbb{R}^n; \tag{6.3}$$

$$\|\boldsymbol{A}\boldsymbol{B}\| \leqslant n\|\boldsymbol{A}\|\|\boldsymbol{B}\|, \quad \forall \boldsymbol{A}, \boldsymbol{B} \in \mathbb{R}^{n \times n}; \tag{6.4}$$

$$\|\boldsymbol{A}\| = \max_{\boldsymbol{\xi} \in \mathbb{R}^n, \|\boldsymbol{\xi}\|=1} \|\boldsymbol{A}\boldsymbol{\xi}\|, \quad \forall \boldsymbol{A} \in \mathbb{R}^{n \times n}. \tag{6.5}$$

如果我们用其他范数的定义, 例如第 5 章中的范数, 实际上它们是等价的, 且后面关于稳定性的定义以及稳定性的判别准则完全相同. 这里, 线性空间 V 中两个范数 $\| \ \|_1$ 和 $\| \ \|_2$ 等价指存在常数 $C > 0$, 使得

$$C^{-1}\|\boldsymbol{x}\|_2 \leqslant \|\boldsymbol{x}\|_1 \leqslant C\|\boldsymbol{x}\|_2, \quad \forall \boldsymbol{x} \in V.$$

一般地, 考虑微分方程组 (6.1), 其中 $\boldsymbol{f}(t, \boldsymbol{x})$ 是定义在 $(a, +\infty) \times \mathbb{R}^n$ 上的向量函数, 且关于 $\boldsymbol{x}$ 满足局部利普希茨条件, a 是一个给定的常数或者 $a = -\infty$. 设 $\boldsymbol{x} = \boldsymbol{\varphi}(t)$ 是微分方程组 (6.1) 定义在 $(a, +\infty)$ 上的一个特解, 记该方程组满足初值条件 $\boldsymbol{x}(t_0) = \boldsymbol{x}_0$ 的解为 $\boldsymbol{x}(t; t_0, \boldsymbol{x}_0)$. 根据定理 6.1, 在有限区间 $[t_0, T]$ 上, 解 $\boldsymbol{x}(t; t_0, \boldsymbol{x}_0)$ 存在且连续地依赖于 $\boldsymbol{x}_0$, 即 $\forall \varepsilon > 0$, 存在 $\delta = \delta(\varepsilon, T) > 0$, 当 $\|\boldsymbol{x}_0 - \boldsymbol{\varphi}(t_0)\| < \delta$ 时, 解在区间 $[t_0, T]$ 上存在且满足

$$\|\boldsymbol{x}(t; t_0, \boldsymbol{x}_0) - \boldsymbol{\varphi}(t)\| < \varepsilon.$$

这等价于, 当 $\boldsymbol{x}_0 \to \boldsymbol{\varphi}(t_0)$ 时, $\boldsymbol{x}(t; t_0, \boldsymbol{x}_0)$ 关于 $t \in [t_0, T]$ 一致收敛于 $\boldsymbol{\varphi}(t)$. 由例 1 看出, 在无限区间上考虑微分方程组的解对初值以及方程本身小扰动的依赖性问题比在有限区间上要复杂得多. 我们关心在什么条件下, 解 $\boldsymbol{x}(t; t_0, \boldsymbol{x}_0)$ 整体存在, 且当 $\boldsymbol{x}_0$ 趋于 $\boldsymbol{\varphi}(t_0)$ 时关于 $t \in [t_0, +\infty)$ 一致收敛于 $\boldsymbol{\varphi}(t)$; 在什么条件下, 当 t 趋于无穷时, 有 $\|\boldsymbol{x}(t; t_0, \boldsymbol{x}_0) - \boldsymbol{\varphi}(t)\|$ 趋于零. 为了回答这些问题, 我们先给出李雅普诺夫稳定性的定义.

- 如果对任意的 $\varepsilon > 0$ 和 $t_0 > a$, 存在 $\delta(\varepsilon, t_0) > 0$, 使得当 $\|\boldsymbol{x}_0 - \boldsymbol{\varphi}(t_0)\| < \delta$ 时, 解 $\boldsymbol{x}(t; t_0, \boldsymbol{x}_0)$ 在区间 $[t_0, +\infty)$ 上总存在, 且对于所有的 $t \in [t_0, +\infty)$, 有

$$\|\boldsymbol{x}(t; t_0, \boldsymbol{x}_0) - \boldsymbol{\varphi}(t)\| < \varepsilon,$$

则称特解 $\boldsymbol{x} = \boldsymbol{\varphi}(t)$ 是**李雅普诺夫稳定**的, 简称**稳定**的.

- 如果对任意的 $\varepsilon > 0$ 和 $t_0 > a$, 存在仅依赖于 ε 的 $\delta(\varepsilon) > 0$, 使得当 $\|\boldsymbol{x}_0 - \boldsymbol{\varphi}(t_0)\| < \delta$ 时, 解 $\boldsymbol{x}(t; t_0, \boldsymbol{x}_0)$ 在 $[t_0, +\infty)$ 上总存在, 且对于所有的 $t \in [t_0, +\infty)$, 有

$$\|\boldsymbol{x}(t; t_0, \boldsymbol{x}_0) - \boldsymbol{\varphi}(t)\| < \varepsilon,$$

则称特解 $\boldsymbol{x} = \boldsymbol{\varphi}(t)$ 是**李雅普诺夫一致稳定**的, 简称**一致稳定**的.

- 如果存在 $\varepsilon_0 > 0$ 和 $t_0 > a$, 对任何 $\delta > 0$ 都存在至少一个满足 $\|\boldsymbol{x}_0 - \boldsymbol{\varphi}(t_0)\| < \delta$ 的 $\boldsymbol{x}_0$, 使得 $\boldsymbol{x}(t; t_0, \boldsymbol{x}_0)$ 在某个 $t_1 > t_0$ 处要么无定义, 要么 $\|\boldsymbol{x}(t; t_0, \boldsymbol{x}_0) - \boldsymbol{\varphi}(t)\| \geqslant \varepsilon_0$, 则称特解 $\boldsymbol{x} = \boldsymbol{\varphi}(t)$ 是**李雅普诺夫不稳定**的, 简称为**不稳定**的.
- 如果对任意的 $t_0 > a$, 存在常数 $\eta(t_0) > 0$, 使得当 $\|\boldsymbol{x}_0 - \boldsymbol{\varphi}(t_0)\| < \eta(t_0)$ 时, 有

$$\lim_{t \to +\infty} \|\boldsymbol{x}(t; t_0, \boldsymbol{x}_0) - \boldsymbol{\varphi}(t)\| = 0,$$

  则称特解 $\boldsymbol{x} = \boldsymbol{\varphi}(t)$ 是**李雅普诺夫吸引**的, 简称**吸引**的.
- 如果对任意的 $t_0 > a$, 存在不依赖于 t_0 的常数 $\eta > 0$ 和 $T > 0$, 使得当 $\|\boldsymbol{x}_0 - \boldsymbol{\varphi}(t_0)\| < \eta$ 时, 有

$$\|\boldsymbol{x}(t; t_0, \boldsymbol{x}_0) - \boldsymbol{\varphi}(t)\| < \varepsilon, \quad \forall t > t_0 + T,$$

  则称特解 $\boldsymbol{x} = \boldsymbol{\varphi}(t)$ 是**李雅普诺夫一致吸引**的, 简称**一致吸引**的.

注意, 稳定性与吸引性是两个不同的概念. 例如, 微分方程 $x'(t) = t$ 的通解是 $x = \dfrac{t^2}{2} + c$, 特解 $x = \dfrac{t^2}{2}$ 是李雅普诺夫稳定的, 但不是吸引的. 也有例子表明微分方程组的特解是吸引的, 但不稳定 (参阅参考文献 [8], 第 239 页). 此外, 微分方程组解的稳定性与有界性也是两个不同的概念. 例如微分方程

$$x'(t) = -x + t + 1 \tag{6.6}$$

的通解可表示为 $x = t + c\mathrm{e}^{-t}$, 其中 c 为任意常数. 因此, 满足初值条件 $x(t_0) = x_0$ 的解可以表示为

$$x(t; t_0, x_0) = t + (x_0 - t_0)\mathrm{e}^{-(t-t_0)}.$$

考虑特解 $\varphi(t) = t$. 对任何 $\varepsilon > 0$ 和 $t_0 > 0$, 取 $\delta = \varepsilon$, 则当 $|x_0 - \varphi(t_0)| < \delta$ 时, 有

$$|x(t; t_0, x_0) - \varphi(t)| = |x_0 - t_0|\mathrm{e}^{-(t-t_0)} < \varepsilon$$

对所有的 $t \in [t_0, +\infty)$ 成立. 因此, 特解 $\varphi(t) = t$ 是一致稳定的, 且是无界的.

进一步, 如果微分方程的特解是稳定的而且是吸引的, 则称该特解是**渐近稳定**的; 如果微分方程的特解是一致稳定的而且是一致吸引的, 则称该特解是**一致渐近稳定**的. 容易验证, 微分方程 (6.6) 的特解 $\varphi(t) = t$ 是一致渐近稳定的.

要讨论微分方程组 (6.1) 的特解 $\boldsymbol{x} = \boldsymbol{\varphi}(t)$ 的稳定性问题, 可以作变换 $\boldsymbol{y}(t) = \boldsymbol{x}(t) - \boldsymbol{\varphi}(t)$, 则 $\boldsymbol{y}(t)$ 满足

$$\begin{cases} \boldsymbol{y}'(t) = \boldsymbol{f}(t, \boldsymbol{y}(t) + \boldsymbol{\varphi}(t)) - \boldsymbol{f}(t, \boldsymbol{\varphi}(t)) \\ \boldsymbol{y}(t_0) = \boldsymbol{x}_0 - \boldsymbol{\varphi}(t_0) \end{cases}.$$

记 $\boldsymbol{F}(t, \boldsymbol{y}) = \boldsymbol{f}(t, \boldsymbol{y} + \boldsymbol{\varphi}(t)) - \boldsymbol{f}(t, \boldsymbol{\varphi}(t))$, 上述初值问题变为

$$\begin{cases} \boldsymbol{y}'(t) = \boldsymbol{F}(t, \boldsymbol{y}(t)) \\ \boldsymbol{y}(t_0) = \boldsymbol{x}_0 - \boldsymbol{\varphi}(t_0) \end{cases},$$

其中 $\boldsymbol{F}(t,\boldsymbol{0})=\boldsymbol{0}$. 这样一来, 微分方程组 (6.1) 特解的稳定性问题就转化为微分方程组

$$\boldsymbol{y}'(t)=\boldsymbol{F}(t,\boldsymbol{y}(t))$$

零解的稳定性问题. 因此我们后面只讨论微分方程组零解的稳定性.

习题 6.1

1. 证明定理 6.1.

2. 证明方程组 $\boldsymbol{x}'(t)=\boldsymbol{f}(t,\boldsymbol{x}(t))$ 的特解 $\boldsymbol{x}=\boldsymbol{\varphi}(t)$ 的稳定性问题等价于方程组 $\boldsymbol{y}'(t)=\boldsymbol{F}(t,\boldsymbol{y}(t))$ 零解的稳定性问题, 其中 $\boldsymbol{y}(t)=\boldsymbol{x}(t)-\boldsymbol{\varphi}(t)$, $\boldsymbol{F}(t)=f(t,\boldsymbol{y}(t)+\boldsymbol{\varphi}(t))-f(t,\boldsymbol{\varphi}(t))$.

3. 证明范数的性质式 (6.3) 至式 (6.5).

6.2　李雅普诺夫稳定性的判别法

本节我们介绍稳定性理论的线性近似方法. 考虑非线性微分方程组

$$\boldsymbol{x}'(t)=\boldsymbol{f}(t,\boldsymbol{x}(t)), \tag{6.7}$$

其中, $\boldsymbol{f}:(a,+\infty)\times\mathcal{D}\subset\mathbb{R}^{n+1}\to\mathbb{R}^n$ 为具有一阶连续偏导数的向量函数, 且 $\boldsymbol{f}(t,\boldsymbol{0})=\boldsymbol{0}$. 由一阶泰勒展开, 有

$$\boldsymbol{f}(t,\boldsymbol{x})=\boldsymbol{f}(t,\boldsymbol{0})+\sum_{j=1}^{n}\frac{\partial \boldsymbol{f}(t,\boldsymbol{0})}{\partial x_j}x_j+\mathcal{R}(t,\boldsymbol{x})=\sum_{j=1}^{n}\frac{\partial \boldsymbol{f}(t,\boldsymbol{0})}{\partial x_j}x_j+\mathcal{R}(t,\boldsymbol{x}).$$

非线性微分方程组 (6.7) 对应的线性化微分方程组为

$$\boldsymbol{x}'(t)=\boldsymbol{A}(t)\boldsymbol{x}(t), \tag{6.8}$$

其中 $\boldsymbol{A}(t)=(\partial f_k(t,\boldsymbol{0})/\partial x_j)_{n\times n}$. 线性近似方法的主要想法是通过讨论线性化微分方程组 (6.8) 零解的稳定性来研究非线性微分方程组 (6.7) 零解的稳定性. 当然, 这需要向量值余项函数 $\mathcal{R}(t,\boldsymbol{x})$ 满足适当的增长条件.

6.2.1　线性齐次微分方程组零解的稳定性

我们先考虑线性齐次微分方程组零解的稳定性.

定理 6.2　设 $\boldsymbol{X}(t)$ 是线性齐次微分方程组

$$\boldsymbol{x}'(t)=\boldsymbol{A}(t)\boldsymbol{x}(t) \tag{6.9}$$

定义于区间 $(a,+\infty)$ 的一个基解矩阵, 其中 $\boldsymbol{A}(t)$ 在 $(a,+\infty)$ 内连续. 则关于此方程组的零解, 下列结论成立:

(1) 零解稳定的充要条件是: 对任意的 $t_0 > a$, 存在一个常数 $K = K(t_0) > 0$, 使得

$$\|\boldsymbol{X}(t)\| \leqslant K, \quad \forall t \geqslant t_0;$$

(2) 零解一致稳定的充要条件是: 存在一个常数 $K = K(a) > 0$, 使得

$$\|\boldsymbol{X}(t)\boldsymbol{X}^{-1}(s)\| \leqslant K, \quad \forall t > s > a;$$

(3) 零解渐近稳定的充要条件是:

$$\lim_{t \to +\infty} \|\boldsymbol{X}(t)\| = 0;$$

(4) 零解一致渐近稳定的充要条件是: 存在常数 $M = M(a) > 0$ 和 $\theta = \theta(a) > 0$, 使得

$$\|\boldsymbol{X}(t)\boldsymbol{X}^{-1}(s)\| \leqslant M\mathrm{e}^{-\theta(t-s)}, \quad \forall t > s > a.$$

证明: (1) (必要性) 首先, 根据线性微分方程组解的存在唯一性定理, 微分方程组 (6.9) 满足初值条件 $\boldsymbol{x}(t_0) = \boldsymbol{x}_0$ 的解为

$$\boldsymbol{x}(t) = \boldsymbol{X}(t)\boldsymbol{X}^{-1}(t_0)\boldsymbol{x}_0.$$

由零解稳定知, 对于 $\varepsilon_0 = 1$, 存在 $\delta = \delta(t_0) > 0$, 使得当 $\|\boldsymbol{x}_0\| \leqslant \delta$ 时, 有

$$\|\boldsymbol{x}(t)\| = \|\boldsymbol{X}(t)\boldsymbol{X}^{-1}(t_0)\boldsymbol{x}_0\| < \varepsilon_0 = 1, \quad \forall t \geqslant t_0.$$

结合范数的性质式 (6.3) 至式 (6.5), 可得

$$
\begin{aligned}
\|\boldsymbol{X}(t)\| &= \|\boldsymbol{X}(t)\boldsymbol{X}^{-1}(t_0)\boldsymbol{X}(t_0)\| \\
&\leqslant \|\boldsymbol{X}(t_0)\| \cdot \sup_{\boldsymbol{\xi} \in \mathbb{R}^n, \|\boldsymbol{\xi}\|=1} \|\boldsymbol{X}(t)\boldsymbol{X}^{-1}(t_0)\boldsymbol{\xi}\| \\
&= \delta^{-1}\|\boldsymbol{X}(t_0)\| \cdot \sup_{\|\boldsymbol{x}_0\|=\delta} \|\boldsymbol{X}(t)\boldsymbol{X}^{-1}(t_0)\boldsymbol{x}_0\| \\
&< \delta^{-1}\|\boldsymbol{X}(t_0)\| = K.
\end{aligned}
$$

(充分性) 设存在常数 $K = K(t_0) > 0$, 使得

$$\|\boldsymbol{X}(t)\| \leqslant K, \quad t \geqslant t_0.$$

对任何 $\varepsilon > 0$, 取

$$\delta = \frac{\varepsilon}{K\|\boldsymbol{X}^{-1}(t_0)\|}.$$

再次注意到满足初值条件 $\boldsymbol{x}(t_0) = \boldsymbol{x}_0$ 的解为 $\boldsymbol{x}(t) = \boldsymbol{X}(t)\boldsymbol{X}^{-1}(t_0)\boldsymbol{x}_0$, 则当 $\|\boldsymbol{x}_0\| < \delta$ 时, 有

$$\|\boldsymbol{x}(t)\| = \|\boldsymbol{X}(t)\boldsymbol{X}^{-1}(t_0)\boldsymbol{x}_0\| \leqslant K\|\boldsymbol{X}^{-1}(t_0)\|\|\boldsymbol{x}_0\| < \varepsilon, \quad \forall t \geqslant t_0.$$

因此零解是稳定的.

(2) (必要性) 由零解一致稳定知, $\forall \varepsilon > 0$ 和 $t_0 > a$, 存在 $\delta = \delta(\varepsilon) > 0$, 使得当 $\|\boldsymbol{x}_0\| \leqslant \delta$ 时, 有

$$\|\boldsymbol{x}(t)\| = \|\boldsymbol{X}(t)\boldsymbol{X}^{-1}(t_0)\boldsymbol{x}_0\| < \varepsilon, \quad \forall t \geqslant t_0 > a.$$

结合此不等式与性质式 (6.5), 我们推出, 当 $t \geqslant t_0 > a$ 时必有

$$\begin{aligned}
\|\boldsymbol{X}(t)\boldsymbol{X}^{-1}(t_0)\| &= \sup_{\boldsymbol{\xi} \in \mathbb{R}^n, \|\boldsymbol{\xi}\|=1} \|\boldsymbol{X}(t)\boldsymbol{X}^{-1}(t_0)\boldsymbol{\xi}\| \\
&= \delta^{-1} \sup_{\|\boldsymbol{x}_0\|=\delta} \|\boldsymbol{X}(t)\boldsymbol{X}^{-1}(t_0)\boldsymbol{x}_0\| \\
&\leqslant \delta^{-1}\varepsilon = K.
\end{aligned}$$

把 t_0 换成 s, 即得

$$\|\boldsymbol{X}(t)\boldsymbol{X}^{-1}(s)\| \leqslant K, \quad \forall t \geqslant s > a.$$

(充分性) 设存在常数 $K = K(a) > 0$, 使得

$$\|\boldsymbol{X}(t)\boldsymbol{X}^{-1}(s)\| \leqslant K, \quad \forall t \geqslant s > a.$$

任给 $\varepsilon > 0$, 取 $\delta = K^{-1}\varepsilon$. 初值为 $\boldsymbol{x}(t_0) = \boldsymbol{x}_0$ 的解 $\boldsymbol{x}(t)$ 表示为

$$\boldsymbol{x}(t) = \boldsymbol{X}(t)\boldsymbol{X}^{-1}(t_0)\boldsymbol{x}_0.$$

当 $\|\boldsymbol{x}_0\| < \delta$ 时, 有

$$\|\boldsymbol{x}(t)\| = \|\boldsymbol{X}(t)\boldsymbol{X}^{-1}(t_0)\boldsymbol{x}_0\| \leqslant K\|\boldsymbol{x}_0\| < \varepsilon, \quad \forall t \geqslant t_0 > a.$$

因此零解是一致稳定的.

(3) (必要性) 由零解渐近稳定知, $\forall t_0 > a$, 存在 $\delta > 0$, 使得当 $\|\boldsymbol{x}_0\| < \delta$ 时, 初值为 $\boldsymbol{x}(t_0) = \boldsymbol{x}_0$ 的解 $\boldsymbol{x}(t)$ 满足

$$\lim_{t \to +\infty} \|\boldsymbol{x}(t)\| = \lim_{t \to +\infty} \|\boldsymbol{X}(t)\boldsymbol{X}^{-1}(t_0)\boldsymbol{x}_0\| = 0.$$

记 $\boldsymbol{e}_j$ 为 $n \times n$ 单位矩阵的第 j 列. 由于 $\left\|\dfrac{\delta}{2}\boldsymbol{e}_j\right\| < \delta$, 立即可得

$$\lim_{t \to +\infty} \|\boldsymbol{X}(t)\boldsymbol{X}^{-1}(t_0)\boldsymbol{e}_j\| = \frac{2}{\delta} \lim_{t \to +\infty} \left\|\boldsymbol{X}(t)\boldsymbol{X}^{-1}(t_0)\left(\frac{\delta}{2}\boldsymbol{e}_j\right)\right\| = 0, \quad 1 \leqslant j \leqslant n. \quad (6.10)$$

对任意的 $t_0 > a$, $\boldsymbol{x}_0 \in \mathbb{R}^n$, 存在常数 $c_j = c_j(t_0, \boldsymbol{x}_0)$, $j = 1, 2, \cdots, n$, 使得

$$\boldsymbol{X}(t_0)\boldsymbol{x}_0 = \sum_{j=1}^{n} c_j \boldsymbol{e}_j = \begin{pmatrix} c_1 & 0 & \cdots & 0 \\ 0 & c_2 & \cdots & 0 \\ \vdots & \vdots & & \vdots \\ 0 & 0 & \cdots & c_n \end{pmatrix}.$$

注意到

$$|c_j| \leqslant \|\boldsymbol{X}(t_0)\boldsymbol{x}_0\|, \quad \forall j = 1, 2, \cdots, n.$$

这样一来就有如下估计:

$$\|\boldsymbol{X}(t)\| = \sup_{\|\boldsymbol{x}_0\|=1} \|\boldsymbol{X}(t)\boldsymbol{x}_0\| = \sup_{\|\boldsymbol{x}_0\|=1} \|\boldsymbol{X}(t)\boldsymbol{X}^{-1}(t_0)\boldsymbol{X}(t_0)\boldsymbol{x}_0\|$$

$$\leqslant \sup_{\|\boldsymbol{x}_0\|=1} \sum_{j=1}^{n} |c_j| \|\boldsymbol{X}(t)\boldsymbol{X}^{-1}(t_0)\boldsymbol{e}_j\|$$

$$\leqslant \sup_{\|\boldsymbol{x}_0\|=1} \sum_{j=1}^{n} \|\boldsymbol{X}(t_0)\boldsymbol{x}_0\| \|\boldsymbol{X}(t)\boldsymbol{X}^{-1}(t_0)\boldsymbol{e}_j\|$$

$$\leqslant \|\boldsymbol{X}(t_0)\| \sum_{j=1}^{n} \|\boldsymbol{X}(t)\boldsymbol{X}^{-1}(t_0)\boldsymbol{e}_j\|.$$

结合式 (6.10), 得

$$\lim_{t \to +\infty} \|\boldsymbol{X}(t)\| = 0.$$

(充分性) 设 $\lim\limits_{t \to +\infty} \|\boldsymbol{X}(t)\| = 0$, 则存在常数 $K = K(t_0) > 0$, 使得

$$\|\boldsymbol{X}(t)\| \leqslant K, \quad \forall t \geqslant t_0.$$

由结论 (1) 知, 零解是稳定的. 此外, 初值为 $\boldsymbol{x}_0$ 的解 $\boldsymbol{x}(t)$ 满足

$$\lim_{t \to +\infty} \|\boldsymbol{x}(t)\| = \lim_{t \to +\infty} \|\boldsymbol{X}(t)\boldsymbol{X}^{-1}(t_0)\boldsymbol{x}_0\| = 0,$$

即零解是渐近稳定的.

(4) (必要性) 由零解一致渐近稳定知, 存在 $\delta > 0$, 对任何 $\varepsilon \in (0, \delta/2)$, 存在 $T = T(\delta, \varepsilon)$, 使得当 $\|\boldsymbol{x}_0\| < \delta$ 且 $t_0 > a$ 时, 初值为 $\boldsymbol{x}_0$ 的解 $\boldsymbol{x}(t)$ 满足

$$\|\boldsymbol{x}(t)\| = \|\boldsymbol{X}(t)\boldsymbol{X}^{-1}(t_0)\boldsymbol{x}_0\| < \varepsilon, \quad \forall t \geqslant t_0 + T.$$

结合范数的定义知

$$\|\boldsymbol{X}(t)\boldsymbol{X}^{-1}(t_0)\| = \sup_{\|\boldsymbol{x}_0\|=1} \|\boldsymbol{X}(t)\boldsymbol{X}^{-1}(t_0)\boldsymbol{x}_0\|$$

$$= \frac{2}{\delta} \sup_{\|\boldsymbol{x}_0\|=1} \left\| \boldsymbol{X}(t)\boldsymbol{X}^{-1}(t_0) \left(\frac{\delta}{2}\boldsymbol{x}_0\right) \right\|$$

$$\leqslant \frac{2\varepsilon}{\delta}, \quad \forall t \geqslant t_0 + T, \ t_0 > a.$$

由零解一致稳定以及结论 (2) 知, 存在 $K = K(a) > 0$, 使得

$$\|\boldsymbol{X}(t)\boldsymbol{X}^{-1}(s)\| \leqslant K, \quad \forall t > s > a.$$

当 $t > t_0 > a$ 时, 存在正整数 ℓ 使得 $\ell T \leqslant t - t_0 < (\ell+1)T$. 于是有

$$\|\boldsymbol{X}(t)\boldsymbol{X}^{-1}(t_0)\| = \|\boldsymbol{X}(t)\boldsymbol{X}^{-1}(\ell T + t_0)\boldsymbol{X}(\ell T + t_0)\boldsymbol{X}^{-1}(t_0)\|$$

$$\leqslant K\|\boldsymbol{X}(\ell T + t_0)\boldsymbol{X}^{-1}(t_0)\|$$

$$\leqslant K\prod_{j=1}^{\ell}\|\boldsymbol{X}(jT + t_0)\boldsymbol{X}^{-1}((j-1)T + t_0)\|$$

$$\leqslant K(2\varepsilon/\delta)^\ell = Ke^{-\alpha\ell T} \leqslant Me^{-\alpha(t-t_0)},$$

其中 $\alpha = -T^{-1}\ln(2\varepsilon/\delta)$, $M = Ke^{\alpha T}$.

(充分性) 由结论 (2) 知零解是一致稳定的. 还需证明零解是一致吸引的, 取 $\delta = 1$, $\forall \varepsilon > 0$, 取 $T = -\alpha^{-1}\ln(\varepsilon/M)$, 则当 $\|\boldsymbol{x}_0\| < \delta$, $t > t_0 + T$, $t_0 > a$ 时, 得到

$$\|\boldsymbol{x}(t)\| = \|\boldsymbol{X}(t)\boldsymbol{X}^{-1}(t_0)\boldsymbol{x}_0\| \leqslant Me^{-\alpha(t-t_0)} < Me^{-\alpha T} = \varepsilon.$$

定理证毕.　　　　　　　　　　　　　　　　　　　　　　　　　　　　　□

定理 6.2 中零解的稳定性判据需要线性齐次微分方程组的一个基解矩阵, 而对于常系数线性齐次微分方程组, 只需系数矩阵的特征值就可以判定零解的稳定性.

定理 6.3　设 $\boldsymbol{A}$ 是 $n \times n$ 常数矩阵, 则关于线性齐次微分方程组 $\boldsymbol{x}'(t) = \boldsymbol{A}\boldsymbol{x}(t)$ 的零解, 有下列结论:

(1) 零解 (一致) 渐近稳定的充要条件是矩阵 $\boldsymbol{A}$ 的所有特征根的实部都是负的;

(2) 零解 (一致) 稳定的充要条件是矩阵 $\boldsymbol{A}$ 的所有特征根的实部都是非负的, 且实部为零的特征根对应的若尔当块都是一阶的;

(3) 若矩阵 $\boldsymbol{A}$ 的特征值中至少有一个实部为正, 或实部为零的特征根所对应的若尔当块至少是二阶的, 则零解不稳定.

证明: 由于常系数线性微分方程组关于变量 t 是平移不变的, 易知零解的一致稳定性与稳定性等价, 吸引性与一致吸引性等价, 从而我们只需讨论零解的稳定性与渐近稳定性.

对 t 作平移变换可把 t_0 变换到零, 因此不妨设 $t_0 = 0$. 常系数线性微分方程组的标准基解矩阵为 $\boldsymbol{X}(t) = e^{\boldsymbol{A}t}$. 设 λ_1, λ_2, $\cdots$, λ_ℓ 为矩阵 $\boldsymbol{A}$ 的重数分别为 n_1, n_2, $\cdots$, n_ℓ 的全部不同的特征根, 对应的根子空间为

$$V_j = \{\boldsymbol{v} \in \mathbb{C}^n : (\boldsymbol{A} - \lambda_j\boldsymbol{E})^{n_j}\boldsymbol{v} = 0\}, \quad j = 1, 2, \cdots, \ell.$$

注意到 $\dim V_j = n_j$, $n_1 + n_2 + \cdots + n_\ell = n$, 因而存在 n 个线性无关的复值向量

$$\boldsymbol{v}_{j,k} \in V_j, \quad k = 1, 2, \cdots, n_j, j = 1, 2, \cdots, \ell,$$

使得任何 n 维复值向量均可唯一地表示为它们的线性组合. 特别地, 存在唯一的一组常数 $c_{j,k} = c_{j,k}(\boldsymbol{x}_0)$, 使得

$$\boldsymbol{x}_0 = \sum_{j=1}^{\ell}\sum_{k=1}^{n_j} c_{j,k}\boldsymbol{v}_{j,k}.$$

于是初值条件 $\boldsymbol{x}(0) = \boldsymbol{x}_0$ 对应的线性齐次微分方程的解为

$$\boldsymbol{x}(t) = \mathrm{e}^{\boldsymbol{A}t}\boldsymbol{x}_0 = \mathrm{e}^{\boldsymbol{A}t}\sum_{j=1}^{\ell}\sum_{k=1}^{n_j}c_{j,k}\boldsymbol{v}_{j,k}$$

$$= \sum_{j=1}^{\ell}\sum_{k=1}^{n_j}c_{j,k}\mathrm{e}^{(\boldsymbol{A}-\lambda_j\boldsymbol{E})t}\mathrm{e}^{\lambda_j\boldsymbol{E}t}\boldsymbol{v}_{j,k}$$

$$= \sum_{j=1}^{\ell}\sum_{k=1}^{n_j}\left(c_{j,k}\mathrm{e}^{\lambda_j t}\sum_{m=0}^{n_j-1}\frac{t^m}{m!}(\boldsymbol{A}-\lambda_j\boldsymbol{E})^m\boldsymbol{v}_{j,k}\right).$$

从这个等式看出, 矩阵 $\boldsymbol{A}$ 的所有特征根的实部都严格小于零, 等价于

$$\lim_{t\to+\infty}\|\boldsymbol{x}(t)\| = 0;$$

而矩阵 $\boldsymbol{A}$ 的所有特征根的实部都是非负的, 且实部为零的特征根对应的若尔当块都是一阶的, 等价于存在常数 C, 使得

$$\|\boldsymbol{x}(t)\| \leqslant C\sum_{j=1}^{\ell}\sum_{k=1}^{n_j}|c_{j,k}| \leqslant C\|\boldsymbol{x}_0\|,$$

由此即得结论 (1) 和结论 (2). 而结论 (3) 是结论 (1) 和结论 (2) 的推论. □

6.2.2　非线性微分方程组零解的稳定性

我们再考虑非线性微分方程组零解的稳定性. 假设 $\boldsymbol{f}(t,\boldsymbol{x})$ 为 n 维向量函数, $t\in\mathbb{R}$, $\boldsymbol{x}\in\mathbb{R}^n$, $\boldsymbol{f}(t,\boldsymbol{0})=\boldsymbol{0}$. 记 $\boldsymbol{f}(t,\boldsymbol{x})=\boldsymbol{A}(t)\boldsymbol{x}+\mathcal{R}(t,\boldsymbol{x})$, 其中

$$\boldsymbol{A}(t) = \left(\frac{\partial\boldsymbol{f}(t,\boldsymbol{x})}{\partial\boldsymbol{x}}\right)_{\boldsymbol{x}=\boldsymbol{0}}$$

是一个 $n\times n$ 矩阵, 而 $\mathcal{R}(t,\boldsymbol{x})$ 是 $\boldsymbol{f}(t,\boldsymbol{x})$ 在 $\boldsymbol{x}=\boldsymbol{0}$ 处的泰勒展开式中除一次项之外的余项, 从而有

$$\lim_{\boldsymbol{x}\to\boldsymbol{0}}\frac{\|\mathcal{R}(t,\boldsymbol{x})\|}{\|\boldsymbol{x}\|} = 0.$$

这样就把非线性微分方程组 $\boldsymbol{x}'(t)=\boldsymbol{f}(t,\boldsymbol{x}(t))$ 表示成

$$\boldsymbol{x}'(t) = \boldsymbol{A}(t)\boldsymbol{x}(t) + \mathcal{R}(t,\boldsymbol{x}(t)), \quad t > a. \tag{6.11}$$

我们希望通过线性齐次微分方程组

$$\boldsymbol{x}'(t) = \boldsymbol{A}(t)\boldsymbol{x}(t), \quad t > a \tag{6.12}$$

零解的稳定性来判断非线性微分方程组 (6.11) 零解的稳定性.

定理 6.4 假设 $\boldsymbol{A}(t)$ 为区间 $(a, +\infty)$ 上连续的矩阵函数, 线性齐次微分方程组 (6.12) 的零解是一致稳定的, 且存在常数 $\delta > 0$ 以及满足

$$\int_a^{+\infty} b(t)\mathrm{d}t < +\infty \tag{6.13}$$

的非负函数 $b(t)$, 使得

$$\|\mathcal{R}(t, \boldsymbol{x})\| \leqslant b(t)\|\boldsymbol{x}\|, \quad \forall t > a, \ \|\boldsymbol{x}\| \leqslant \delta,$$

则非线性微分方程组 (6.11) 的零解是一致稳定的.

证明: 记 $\boldsymbol{X}(t)$ 为线性齐次微分方程组 (6.12) 的基解矩阵, 由常数变易法知, 非线性方程组 (6.11) 满足初值条件 $\boldsymbol{x}(t_0) = \boldsymbol{x}_0$ 的局部解可以表示为

$$\boldsymbol{x}(t) = \boldsymbol{X}(t)\boldsymbol{X}^{-1}(t_0)\boldsymbol{x}_0 + \int_{t_0}^t \boldsymbol{X}(t)\boldsymbol{X}^{-1}(s)\mathcal{R}(s, \boldsymbol{x}(s))\mathrm{d}s. \tag{6.14}$$

设 $\|\boldsymbol{x}_0\| < \delta$, 则由局部存在唯一性定理知, 存在常数 $\eta > 0$, 使得解 $\boldsymbol{x}(t)$ 在区间 $[t_0, t_0 + \eta)$ 上存在且唯一, 并且满足 $\|\boldsymbol{x}(t)\| < \delta$ 对所有的 $t \in [t_0, t_0 + \eta)$ 成立. 记 t_1 为使得解 $\boldsymbol{x}(t)$ 在区间 $[t_0, t_1)$ 上存在且满足 $\|\boldsymbol{x}(t)\| \leqslant \delta$ 的上确界. 根据定理 6.2 的结论 (2), 存在常数 $K = K(a) > 0$, 使得

$$\|\boldsymbol{X}(t)\boldsymbol{X}^{-1}(t_0)\| \leqslant K, \quad \forall t > t_0 > a.$$

因此由式 (6.14) 推出当 $t \in [t_0, t_1)$ 时, 有

$$\|\boldsymbol{x}(t)\| \leqslant K\|\boldsymbol{x}_0\| + \int_{t_0}^t Kb(s)\|\boldsymbol{x}(s)\|\mathrm{d}s. \tag{6.15}$$

令 $F(t) = \int_{t_0}^t b(s)\|\boldsymbol{x}(s)\|\mathrm{d}s, \forall t \in [t_0, t_1)$, 则有

$$F'(t) = b(t)\|\boldsymbol{x}(t)\| \leqslant K\|\boldsymbol{x}_0\|b(t) + Kb(t)F(t),$$

从而有

$$\begin{aligned}
\frac{\mathrm{d}}{\mathrm{d}t}\left(\mathrm{e}^{-K\int_{t_0}^t b(s)\mathrm{d}s}F(t)\right) &= \mathrm{e}^{-K\int_{t_0}^t b(s)\mathrm{d}s}(F'(t) - Kb(t)F(t)) \\
&\leqslant K\|\boldsymbol{x}_0\|b(t)\mathrm{e}^{-K\int_{t_0}^t b(s)\mathrm{d}s} \\
&= -\frac{\mathrm{d}}{\mathrm{d}t}\mathrm{e}^{-K\int_{t_0}^t b(s)\mathrm{d}s}\|\boldsymbol{x}_0\|.
\end{aligned}$$

两边积分, 得

$$\mathrm{e}^{-K\int_{t_0}^t b(s)\mathrm{d}s}F(t) \leqslant \left(1 - \mathrm{e}^{-K\int_{t_0}^t b(s)\mathrm{d}s}\right)\|\boldsymbol{x}_0\| \leqslant \|\boldsymbol{x}_0\|.$$

将它代入式 (6.15), 我们得到

$$\|\boldsymbol{x}(t)\| \leqslant \left(K + K\mathrm{e}^{K\int_{t_0}^{t} b(s)\mathrm{d}s}\right)\|\boldsymbol{x}_0\| \leqslant \left(K + K\mathrm{e}^{K\int_{a}^{+\infty} b(s)\mathrm{d}s}\right)\|\boldsymbol{x}_0\|$$

对所有的 $t \in [t_0, t_1)$ 成立. 记 $\Lambda = K + K\mathrm{e}^{K\int_{a}^{+\infty} b(s)\mathrm{d}s}$, 则当 $\|\boldsymbol{x}_0\| \leqslant \delta/(2\Lambda)$ 时, 由解的延拓定理知, 初值为 $\boldsymbol{x}_0$ 的解在区间 $[t_0, +\infty)$ 上存在, 且满足

$$\|\boldsymbol{x}(t)\| \leqslant \delta/2.$$

因此, 零解是一致稳定的. □

注意定理中的条件 (6.13) 是必需的, 否则得不出零解一致稳定的结论. 事实上, 考虑线性齐次微分方程组

$$\begin{cases} x'(t) = y(t) \\ y'(t) = -x(t) \end{cases},$$

它的系数矩阵有两个不同的特征根 $\lambda_1 = \mathrm{i}$, $\lambda_2 = -\mathrm{i}$. 根据定理 6.3 的结论 (2), 零解是一致稳定的. 考虑扰动线性齐次微分方程组

$$\begin{cases} x'(t) = y(t) \\ y'(t) = -x(t) + \dfrac{2}{t}y(t) \end{cases}.$$

这里 $b(t) = \dfrac{2}{t}$, $\int_{t_0}^{+\infty} b(s)\mathrm{d}s = +\infty$, $\forall t_0 > 0$. 该方程组有两个线性无关的解:

$$(\sin t - t\cos t, t\sin t)^{\top}, \quad (\cos t + t\sin t, t\cos t)^{\top},$$

它们在区间 $[t_0, +\infty)$ 上无界. 显然零解是不稳定的.

关于渐近稳定, 我们有如下定理.

定理 6.5　设 $\boldsymbol{A}(t)$ 为区间 $(a, +\infty)$ 上连续的矩阵函数, 线性齐次微分方程组

$$\boldsymbol{x}'(t) = \boldsymbol{A}(t)\boldsymbol{x}(t)$$

的零解是一致渐近稳定的. 若存在常数 $\delta > 0$, $\gamma = \gamma(a)$, $\tau = \tau(a)$ 和函数 $b(t)$, 使得

$$\int_{t_0}^{t} b(s)\mathrm{d}s \leqslant \gamma(t - t_0) + \tau, \quad \forall t > t_0 > a, \tag{6.16}$$

且

$$\|\mathcal{R}(t, \boldsymbol{x})\| \leqslant b(t)\|\boldsymbol{x}\|, \quad \forall t > a, \|\boldsymbol{x}\| \leqslant \delta. \tag{6.17}$$

则存在一个常数 $\gamma_0 > 0$, 当 $\gamma < \gamma_0$ 时, 非线性微分方程组

$$\boldsymbol{x}'(t) = \boldsymbol{A}(t)\boldsymbol{x}(t) + \mathcal{R}(t, \boldsymbol{x}(t)) \tag{6.18}$$

的零解是一致渐近稳定的.

证明: 设 $\boldsymbol{X}(t)$ 是线性齐次微分方程组 $\boldsymbol{x}'(t) = \boldsymbol{A}(t)\boldsymbol{x}(t)$ 的一个基解矩阵. 由零解一致渐近稳定和定理 6.2 的结论 (4) 知, 存在常数 $K > 1$ 和 $\sigma > 0$, 使得对一切 $t \geqslant t_0 > a$ 有

$$\|\boldsymbol{X}(t)\boldsymbol{X}^{-1}(t_0)\| \leqslant K\mathrm{e}^{-\sigma(t-t_0)}. \tag{6.19}$$

根据常微分方程组解的局部存在唯一性定理, 式 (6.18) 满足初值条件 $\boldsymbol{x}(t_0) = \boldsymbol{x}_0$ 的解 $\boldsymbol{x} = \boldsymbol{x}(t)$ 至少在 $(t_0, \boldsymbol{x}_0)$ 附近存在, 且当 $\|\boldsymbol{x}_0\|$ 充分小时, 满足 $\|\boldsymbol{x}(t)\| < \delta$. 记满足 $\|\boldsymbol{x}(t)\| < \delta$ 的解的最大存在区间为 $[t_0, t_1)$. 由常数变易法知

$$\boldsymbol{x}(t) = \boldsymbol{X}(t)\boldsymbol{X}^{-1}(t_0)\boldsymbol{x}_0 + \int_{t_0}^{t} \boldsymbol{X}(t)\boldsymbol{X}^{-1}(s)\mathcal{R}(s, \boldsymbol{x}(s))\mathrm{d}s.$$

由式 (6.19) 和式 (6.17) 推出, 在区间 $[t_0, t_1)$ 上, 有

$$\|\boldsymbol{x}(t)\| \leqslant K\mathrm{e}^{-\sigma(t-t_0)}\|\boldsymbol{x}_0\| + K\int_{t_0}^{t} \mathrm{e}^{-\sigma(t-s)}b(s)\|\boldsymbol{x}(s)\|\mathrm{d}s. \tag{6.20}$$

两边同乘以 $\mathrm{e}^{\sigma t}$, 得

$$\mathrm{e}^{\sigma t}\|\boldsymbol{x}(t)\| \leqslant K\mathrm{e}^{\sigma t_0}\|\boldsymbol{x}_0\| + K\int_{t_0}^{t} \mathrm{e}^{\sigma s}b(s)\|\boldsymbol{x}(s)\|\mathrm{d}s.$$

令 $\phi(t) = \displaystyle\int_{t_0}^{t} \mathrm{e}^{\sigma s}b(s)\|\boldsymbol{x}(s)\|\mathrm{d}s$, 则

$$\phi'(t) = \mathrm{e}^{\sigma t}b(t)\|\boldsymbol{x}(t)\| \leqslant K\mathrm{e}^{\sigma t_0}\|\boldsymbol{x}_0\|b(t) + Kb(t)\phi(t),$$

从而有

$$\begin{aligned}
\frac{\mathrm{d}}{\mathrm{d}t}\left(\mathrm{e}^{-K\int_{t_0}^{t} b(s)\mathrm{d}s}\phi(t)\right) &= \mathrm{e}^{-K\int_{t_0}^{t} b(s)\mathrm{d}s}(\phi'(t) - Kb(t)\phi(t)) \\
&\leqslant \mathrm{e}^{-K\int_{t_0}^{t} b(s)\mathrm{d}s}K\mathrm{e}^{\sigma t_0}\|\boldsymbol{x}_0\|b(t) \\
&= -\frac{\mathrm{d}}{\mathrm{d}t}\left(\mathrm{e}^{-K\int_{t_0}^{t} b(s)\mathrm{d}s}\mathrm{e}^{\sigma t_0}\|\boldsymbol{x}_0\|\right).
\end{aligned}$$

两边积分, 得

$$\phi(t) \leqslant \mathrm{e}^{K\int_{t_0}^{t} b(s)\mathrm{d}s}\mathrm{e}^{\sigma t_0}\|\boldsymbol{x}_0\|.$$

与式 (6.20) 和式 (6.16) 结合可知, 在区间 $[t_0, t_1)$ 上有

$$\|\boldsymbol{x}(t)\| \leqslant 2K\mathrm{e}^{K\tau}\mathrm{e}^{-(\sigma-K\gamma)(t-t_0)}\|\boldsymbol{x}_0\|. \tag{6.21}$$

取 $\gamma_0 = \sigma/K$. 当 $\gamma < \gamma_0$ 且 $\|\boldsymbol{x}_0\| < \dfrac{1}{4}K^{-1}\mathrm{e}^{-K\tau}$ 时, 在区间 $[t_0, t_1)$ 上有

$$\|\boldsymbol{x}(t)\| \leqslant \frac{\delta}{2}.$$

根据延拓定理, 我们得出结论: 当 $\gamma < \gamma_0$ 且 $\|\boldsymbol{x}_0\| < \dfrac{1}{4}K^{-1}\mathrm{e}^{-K\tau}$ 时, $t_1 = +\infty$, 即 $\boldsymbol{x}(t)$ 对所有的 $t \geqslant t_0$ 有定义. 注意到常数 τ, K, γ, σ 与 $t_0 > a$ 无关, 式 (6.21) 蕴含了非线性微分方程组 (6.18) 的零解是一致渐近稳定的. □

【例 1】 设 $\lambda_1 < 0$, $\lambda_2 < 0$, 讨论非线性微分方程组

$$\begin{cases} x' = (\lambda_1 + a_{11}(t))x + a_{12}(t)y + xy \\ y' = a_{21}(t)x + (\lambda_2 + a_{22}(t))y - 3x^2y^3 \end{cases} \tag{6.22}$$

零解的稳定性.

解: 原方程改写为

$$\boldsymbol{x}'(t) = \boldsymbol{A}\boldsymbol{x}(t) + \mathcal{R}(t, \boldsymbol{x}),$$

其中

$$\boldsymbol{x} = \begin{pmatrix} x \\ y \end{pmatrix}, \quad \boldsymbol{A} = \begin{pmatrix} \lambda_1 & 0 \\ 0 & \lambda_2 \end{pmatrix}, \quad \mathcal{R}(t, \boldsymbol{x}) = \begin{pmatrix} a_{11}(t)x + a_{12}(t)y + xy \\ a_{21}(t)x + a_{22}(t)y - 3x^2y^3 \end{pmatrix}.$$

线性齐次微分方程组 $\boldsymbol{x}'(t) = \boldsymbol{A}\boldsymbol{x}(t)$ 的零解是一致稳定的. 当

$$\sup_{t>0} \max_{1 \leqslant i,j \leqslant 2} |a_{ij}(t)| < \min\{-\lambda_1, -\lambda_2\}$$

时, 非线性微分方程组 (6.22) 的零解是一致渐近稳定的.

关于常系数微分方程组, 稳定性叙述如下.

定理 6.6 设 $\boldsymbol{A}$ 是一个常数矩阵, 扰动项 $\mathcal{R}(t, \boldsymbol{x})$ 满足

$$\lim_{\|\boldsymbol{x}\| \to 0} \frac{\|\mathcal{R}(t, \boldsymbol{x})\|}{\|\boldsymbol{x}\|} = 0$$

关于 $t > a$ 一致成立. 我们有如下结论:

(1) 若矩阵 $\boldsymbol{A}$ 的全部特征根的实部都是负的, 则方程组

$$\boldsymbol{x}'(t) = \boldsymbol{A}\boldsymbol{x}(t) + \mathcal{R}(t, \boldsymbol{x})$$

的零解关于 $t > a$ 一致渐近稳定;

(2) 若矩阵 $\boldsymbol{A}$ 的特征根中至少有一个实部为正, 则上述方程组的零解不稳定.

证明: 结论 (1) 由定理 6.3 的结论 (1) 和定理 6.5 证得; 结论 (2) 的证明需要用到李雅普诺夫第二方法, 留待下节补充完整. □

我们在研究常系数线性微分方程组解的稳定性问题时, 往往需要考虑特征根实部的情况. 而特征多项式根的实部的符号判定是一个相当复杂的问题, 这里给出两个重要的判别准则.

定理 6.7 若实系数多项式

$$P(\lambda) = a_0\lambda^n + a_1\lambda^{n-1} + \cdots + a_{n-1}\lambda + a_n \quad (a_0 \neq 0)$$

的所有根都有负实部, 则

$$\frac{a_1}{a_0} > 0, \ \frac{a_2}{a_0} > 0, \ \cdots, \ \frac{a_n}{a_0} > 0.$$

证明: 设 $P(\lambda)$ 的全部根为 (实根) $\mu_1, \mu_2, \cdots, \mu_\ell$ 和 (复根) $\alpha_j \pm i\beta_j, j = 1, 2, \cdots, m$. 它们的实部都小于零, 即 $\mu_j < 0, \alpha_k < 0, 1 \leqslant j \leqslant \ell, 1 \leqslant k \leqslant m, \ell + 2m = n$. 因而有

$$\frac{P(\lambda)}{a_0} = \prod_{j=1}^{\ell}(\lambda - \mu_j)\prod_{k=1}^{m}(\lambda - \alpha_k - i\beta_k)(\lambda - \alpha_k + i\beta_k)$$

$$= \prod_{j=1}^{\ell}(\lambda - \mu_j)\prod_{k=1}^{m}(\lambda^2 - 2\alpha_k\lambda + \alpha_k^2 + \beta_k^2).$$

它的所有系数都是正的, 从而结论得证. □

定理 6.8 （劳斯–赫尔维茨 (Routh-Hurwitz) 准则）给定实系数多项式

$$P(\lambda) = a_0\lambda^n + a_1\lambda^{n-1} + \cdots + a_{n-1}\lambda + a_n,$$

其中 $a_0 > 0$. 记 $a_j = 0 \ (j > n)$, 构造 n 阶劳斯–赫尔维茨矩阵

$$\boldsymbol{\Delta}_n = \begin{pmatrix} a_1 & a_0 & 0 & 0 & 0 & 0 & 0 & \cdots & 0 \\ a_3 & a_2 & a_1 & a_0 & 0 & 0 & 0 & \cdots & 0 \\ a_5 & a_4 & a_3 & a_2 & a_1 & a_0 & 0 & \cdots & 0 \\ \vdots & \vdots & \vdots & \vdots & \vdots & \vdots & \vdots & & \vdots \\ a_{2n-1} & a_{2n-2} & a_{2n-3} & a_{2n-4} & a_{2n-5} & a_{2n-6} & a_{2n-7} & \cdots & a_n \end{pmatrix},$$

则 $P(\lambda)$ 的所有根的实部小于零当且仅当 n 阶劳斯–赫尔维茨矩阵的所有顺序主子式都大于零.

该定理的证明请参阅参考文献 [9].

【例 2】 讨论方程组

$$\begin{cases} x' = -2x + y - z + x^3 \\ y' = \sin x - \sin y + x^2y + z^3x \\ z' = x + y - z - z^2 \end{cases} \tag{6.23}$$

零解的稳定性.

解: 方程组在零解附近的线性化方程组为 $\boldsymbol{x}'(t) = \boldsymbol{A}\boldsymbol{x}(t)$, 其中

$$\boldsymbol{A} = \begin{pmatrix} -2 & 1 & -1 \\ 1 & -1 & 0 \\ 1 & 1 & -1 \end{pmatrix}.$$

矩阵 $\boldsymbol{A}$ 的特征方程为

$$P(\lambda) = \det(\boldsymbol{A} - \lambda\boldsymbol{E}) = \lambda^3 + 4\lambda^2 + 5\lambda + 3 = 0.$$

写出对应的劳斯–赫尔维茨矩阵

$$\boldsymbol{\Delta}_3 = \begin{pmatrix} 4 & 1 & 0 \\ 3 & 5 & 4 \\ 0 & 0 & 3 \end{pmatrix}.$$

容易验证, 该矩阵的所有顺序主子式都大于零. 由劳斯–赫尔维茨准则知, 所有特征根的实部小于零. 注意到

$$\mathcal{R}(t, x, y, z) = (x^3, \sin x - x - \sin y + y + x^2 y + z^3 x, -z^2)^\top$$

满足

$$\lim_{\|\boldsymbol{x}\| \to 0} \frac{\|\mathcal{R}(t, \boldsymbol{x})\|}{\|\boldsymbol{x}\|} = 0$$

关于 $t > a$ 一致成立. 由定理 6.6 知, 非线性方程组 (6.23) 的零解渐近稳定.

【例 3】 讨论方程组

$$\begin{cases} x' = -x - y + z + x^3 y \\ y' = x - 2y + 2z + x^2 + z^3 \\ z' = x + 2y + z - yz - x^2 \end{cases} \tag{6.24}$$

零解的稳定性.

解: 方程组在零解附近的线性化方程组为 $\boldsymbol{x}'(t) = \boldsymbol{A}\boldsymbol{x}(t)$, 其中

$$\boldsymbol{A} = \begin{pmatrix} -1 & -1 & 1 \\ 1 & -2 & 2 \\ 1 & 2 & 1 \end{pmatrix}.$$

矩阵 $\boldsymbol{A}$ 的特征方程为

$$P(\lambda) = \det(\boldsymbol{A} - \lambda\boldsymbol{E}) = -\lambda^3 - 2\lambda^2 + 5\lambda + 9 = 0.$$

注意到 $P(0) = 9 > 0$, $P(3) = -21 < 0$, 特征方程至少有一个根在 0 与 3 之间, 即至少有一个正根. 注意到

$$\mathcal{R}(t, x, y, z) = (x^3 y, x^2 + z^3, -yz - x^2)^\top$$

满足

$$\lim_{\|\boldsymbol{x}\| \to 0} \frac{\|\mathcal{R}(t, \boldsymbol{x})\|}{\|\boldsymbol{x}\|} = 0$$

关于 $t > a$ 一致成立. 由定理 6.6 知, 非线性方程组 (6.24) 的零解不稳定.

习题 6.2

1. 试求出下列方程组的所有驻定解①, 并讨论每个驻定解的稳定性.

(1) $\begin{cases} x' = x(1 - x - y) \\ y' = y(x - 1 - y) \end{cases}$;

(2) $\begin{cases} x' = y - x \\ y' = y - x^3 - xy \end{cases}$.

2. 讨论如下微分方程组的零解的稳定性:

$$\begin{cases} x' = -x - y + z \\ y' = x - 2y + 2z \\ z' = x + 2y + z \end{cases}.$$

3. 考虑有阻力的数学摆的振动, 其微分方程为

$$\frac{\mathrm{d}^2 \varphi}{\mathrm{d}t^2} + \frac{\mu}{m} \frac{\mathrm{d}\varphi}{\mathrm{d}t} + \frac{g}{\ell} \sin \varphi = 0,$$

其中长度 ℓ、质量 m 和重力加速度 g 均大于 0, 并设阻力系数 $\mu > 0$. 讨论零解的稳定性.

6.3 李雅普诺夫第二方法

李雅普诺夫在研究微分方程组 (系统) 解的稳定性的过程中创造了两种方法: 一是利用微分方程组的幂级数解间接判断解的稳定性, 这种方法在后续的研究中没有得到很好的发展; 二是利用一个与微分方程组相关的李雅普诺夫函数来直接判断解的稳定性, 这种方法在稳定性理论研究中一直发挥着重要作用, 并在很多实际问题中得到了成功的应用. 在本节中, 我们讨论李雅普诺夫第二方法分别在自治和非自治微分方程组稳定性问题中的应用.

---

① 若微分方程组 $\boldsymbol{x}' = \boldsymbol{f}(\boldsymbol{x})$ 的右端项不显含自变量 t, 则称它为自治微分方程组或驻定微分方程组. 代数方程组 $\boldsymbol{f}(\boldsymbol{x}) = \boldsymbol{0}$ 的解是微分方程组 $\boldsymbol{x}' = \boldsymbol{f}(\boldsymbol{x})$ 的常数解, 称为该微分方程组的平衡解或驻定解.

6.3.1　自治微分方程组的李雅普诺夫第二方法

考虑**自治微分方程组 (自治系统)**, 即右端项不显含自变量 t 的微分方程组

$$\boldsymbol{x}' = \boldsymbol{f}(\boldsymbol{x}), \tag{6.25}$$

其中 $\boldsymbol{x} = (x_1, x_2, \cdots, x_n)^\top \in \mathbb{R}^n$, $\boldsymbol{f}(\boldsymbol{x}) = (f_1(\boldsymbol{x}), f_1(\boldsymbol{x}), \cdots, f_n(\boldsymbol{x}))^\top \in \mathbb{R}^n$, 且满足 $\boldsymbol{f}(\boldsymbol{0}) = \boldsymbol{0}$. 回顾零解稳定的定义, 可以粗略地描述为当 $\|\boldsymbol{x}_0\|$ 很小时, 系统以 $\boldsymbol{x}_0$ 为初值的解 $\boldsymbol{x}(t)$ 一直在原点的小邻域内, 即 $\|\boldsymbol{x}(t)\|$ 一直保持很小. $\|\boldsymbol{x}(t)\|$ 的估计, 可以通过估计某些函数的值来间接得到, 例如

$$V(\boldsymbol{x}) = x_1^2 + x_2^2 + \cdots + x_n^2$$

或

$$V(\boldsymbol{x}) = \boldsymbol{x}^\top \boldsymbol{A} \boldsymbol{x},$$

其中 $\boldsymbol{A}$ 为任意给定的 $n \times n$ 正定矩阵. 我们只要能确定函数值 $V(\boldsymbol{x}(t))$ 对一切 $t \geqslant t_0$ 都充分小, 就可以保证 $\|\boldsymbol{x}(t)\|$ 充分小. 注意到当 $\|\boldsymbol{x}_0\|$ 很小时, 函数 $V(\boldsymbol{x}(t))$ 在点 t_0 处的值也很小, 若函数 $V(\boldsymbol{x}(t))$ 关于 $t \in [t_0, +\infty)$ 是非增的, 则特别当

$$\frac{\mathrm{d}}{\mathrm{d}t} V(\boldsymbol{x}(t)) \leqslant 0$$

时, 总有

$$V(\boldsymbol{x}(t)) \leqslant V(\boldsymbol{x}(t_0)) = V(\boldsymbol{x}_0),$$

从而对 $t \geqslant t_0$ 总有 $\|\boldsymbol{x}(t)\|$ 很小. 再注意到 $\boldsymbol{x}(t)$ 是系统 (6.25) 的一个解, 直接计算, 得

$$\begin{aligned} \frac{\mathrm{d}}{\mathrm{d}t} V(\boldsymbol{x}(t)) &= \sum_{j=1}^{n} \left(\frac{\partial V(\boldsymbol{x})}{\partial x_j} \right) \bigg|_{\boldsymbol{x}=\boldsymbol{x}(t)} \cdot \frac{\mathrm{d}}{\mathrm{d}t} x_j(t) \\ &= \sum_{j=1}^{n} \left(\frac{\partial V(\boldsymbol{x})}{\partial x_j} f_j(\boldsymbol{x}) \right) \bigg|_{\boldsymbol{x}=\boldsymbol{x}(t)} . \end{aligned}$$

此导数常常称为函数 $V(\boldsymbol{x})$ 关于系统 (6.25) 的**全导数**. 如果函数 $V(\boldsymbol{x})$ 在原点附近满足

$$\sum_{j=1}^{n} \frac{\partial V(\boldsymbol{x})}{\partial x_j} f_j(\boldsymbol{x}) \leqslant 0, \tag{6.26}$$

(注意此条件与系统的解无关) 我们也能得到 $V(\boldsymbol{x}(t))$ 关于 $t \geqslant t_0$ 单调不增的结论, 从而得到零解的稳定性.

综上所述, 我们知道要判别零解的稳定性, 关键要找到一个函数 $V: \mathbb{R}^n \to \mathbb{R}$ 满足: (1) 当 $V(\boldsymbol{x})$ 的函数值充分小时能保证 $\|\boldsymbol{x}\|$ 也充分小; (2) 在原点的某邻域内, 式 (6.26) 成立. 为此, 我们引入如下定义: 设常数 $h > 0$, 函数 $V(\boldsymbol{x})$ 在 $\|\boldsymbol{x}\| \leqslant h$ 内连续且关于各分量

有一阶连续偏导数. 如果 $V(\mathbf{0}) = 0$, 且在 $\|\boldsymbol{x}\| \leqslant h$ 内有 $V(\boldsymbol{x}) > 0$ (或 $V(\boldsymbol{x}) < 0$), 则称 $V(\boldsymbol{x})$ 是一个**定正** (或**定负**) 函数. 正定函数与负定函数统称为**定号**函数. 如果 $V(\mathbf{0}) = 0$, 且在 $\|\boldsymbol{x}\| \leqslant h$ 内有 $V(\boldsymbol{x}) \geqslant 0$ (或 $V(\boldsymbol{x}) \leqslant 0$), 则称 $V(\boldsymbol{x})$ 是一个**常正** (或**常负**) 函数. 常正函数与常负函数统称为**常号**函数.

定正函数 $V(\boldsymbol{x})$ 有一个重要的性质: 对任意给定的 ε, $0 < \varepsilon < h$, 存在 $\delta > 0$, 使得当 $V(\boldsymbol{x}) < \delta$ 时, 有 $\|\boldsymbol{x}\| < \varepsilon$. 事实上, 设 $V(\boldsymbol{x})$ 是正定函数, 则

$$\delta = \min_{\varepsilon \leqslant \|\boldsymbol{x}\| \leqslant h} V(\boldsymbol{x}) > 0.$$

于是当 $\|\boldsymbol{x}\| \geqslant \varepsilon$ 时 $V(\boldsymbol{x}) \geqslant \delta$, 从而推出当 $V(\boldsymbol{x}) < \delta$ 时有 $\|\boldsymbol{x}\| < \varepsilon$. 结合 $V(\boldsymbol{x})$ 的连续性及 $V(\mathbf{0}) = 0$, 我们知道: 对于正定函数 $V(\boldsymbol{x})$, $\|\boldsymbol{x}\|$ 充分小当且仅当 $V(\boldsymbol{x})$ 充分小, 且 $\|\boldsymbol{x}\|$ 趋于零当且仅当 $V(\boldsymbol{x})$ 趋于零.

【**例 1**】 在 $\mathbb{R}^3$ 中:

(1) 函数 $V(x,y,z) = x^2 + y^2 + z^2$, $V(x,y,z) = \tan(x^2 + y^2 + z^2)$ 都是定正函数;

(2) 函数 $V(x,y,z) = (x-y)^2 + z^2$, $V(x,y,z) = \sin(y^2 + z^2)$ 都是常正函数.

李雅普诺夫利用 V 函数及其导数建立了如下的零解稳定性判别定理.

定理 6.9 考虑自治系统 (6.25), 若存在 $h > 0$ 和定义在 $\|\boldsymbol{x}\| < h$ 内的一个定正函数 $V(\boldsymbol{x})$, 使得在 $\|\boldsymbol{x}\| < h$ 内 $V(\boldsymbol{x})$ 关于系统的全导数

$$\frac{\mathrm{d}V(\boldsymbol{x})}{\mathrm{d}t} = \sum_{j=1}^{n} \frac{\partial V(\boldsymbol{x})}{\partial x_j} f_j(\boldsymbol{x})$$

是常负函数, 则系统的零解是稳定的.

证明: 注意到 $V(\boldsymbol{x})$ 在 $\|\boldsymbol{x}\| < h$ 内有一阶连续偏导数, 且在 $\|\boldsymbol{x}\| < h$ 内满足 $V(\boldsymbol{x}) > 0$. 记圆柱域

$$\mathcal{D} = \{(t, \boldsymbol{x}) \in \mathbb{R}^{n+1} : t \geqslant t_0, \|\boldsymbol{x}\| < h\}.$$

对于任意的 ε, $0 < \varepsilon < h$, 存在 $\delta_1 > 0$, 使得满足 $V(\boldsymbol{x}) < \delta_1$ 的所有 $\boldsymbol{x}$ 必满足 $\|\boldsymbol{x}\| < \varepsilon$. 再由连续性, 存在 $\delta_2 > 0$, 使得当 $\|\boldsymbol{x}\| < \delta_2$ 时必有 $V(\boldsymbol{x}) < \delta_1$. 对于任何满足 $\|\boldsymbol{x}_0\| < \delta_2$ 的 $\boldsymbol{x}_0 \in \mathbb{R}^n$, 记系统满足初值 $\boldsymbol{x}(t_0) = \boldsymbol{x}_0$ 的解为 $\boldsymbol{x} = \boldsymbol{x}(t)$, 它在圆柱域 $\mathcal{D}$ 的最大存在区间为 $[t_0, t_1)$. 由于 $V(\boldsymbol{x}(t))$ 是关于 t 的非增函数, 从而在区间 $[t_0, t_1)$ 上, 有

$$V(\boldsymbol{x}(t)) \leqslant V(\boldsymbol{x}(t_0)) = V(\boldsymbol{x}_0) < \delta_1.$$

因此, 在区间 $[t_0, t_1)$ 上有

$$\|\boldsymbol{x}(t)\| < \varepsilon.$$

如果 $t_1 < +\infty$, 则由解的延拓定理知, 当 $t \to t_1 - 0$ 时积分曲线 $\boldsymbol{x} = \boldsymbol{x}(t)$ 趋于区域 $\mathcal{D}$ 的边界, 即 $\|\boldsymbol{x}(t)\| \to h$, 这与

$$\|\boldsymbol{x}(t)\| < \varepsilon < h, \quad \forall t \in [t_0, t_1)$$

矛盾! 因此必有 $t_1 = +\infty$, 且有

$$\|\boldsymbol{x}(t)\| < \varepsilon, \quad \forall t \in [t_0, +\infty),$$

即零解是稳定的. □

现在说明定正函数 $V : \mathbb{R}^n \to \mathbb{R}$ 和定理的几何意义. 设 $n = 3$, 且 $V(\boldsymbol{x})$ 是定义在 $\|\boldsymbol{x}\| \leqslant h$ 上的定正函数. 考虑曲面

$$\Sigma_c = \{\boldsymbol{x} \in \mathbb{R}^3 : V(\boldsymbol{x}) = c\}.$$

当 $c = 0$ 时, 曲面 Σ_c 退化成原点. 当 $c > 0$ 适当小时, 曲面 Σ_c 是一族包围原点的封闭曲面, 且彼此不相交. 事实上, 记

$$m = \min_{\|\boldsymbol{x}\| = h} V(\boldsymbol{x}).$$

对于球面 $\|\boldsymbol{x}\| = h$ 上任一点 $\boldsymbol{x}_1$, 任取一条完全在 $\|\boldsymbol{x}\| \leqslant h$ 内的连续曲线 $\Gamma : [0, 1] \to \mathbb{R}^3$, $\Gamma(0) = \boldsymbol{0}$, $\Gamma(1) = \boldsymbol{x}_1$. 显然 $\phi(t) = V \circ \Gamma(t)$ 在区间 $[0, 1]$ 上连续, 且满足 $\phi(0) = 0$, $\phi(1) \geqslant m$. 对于任意的 c, $0 < c < m$, 由连续函数的介值定理, 存在 $t_* \in (0, 1)$, 使得 $\phi(t_*) = c$, 即 Γ 总与 Σ_c 相交. 由此可知 Σ_c 是封闭曲面, 且把原点包围在其内部. 如果把 c 的值从某一足够小的数变为趋于零, 则得到一族封闭曲面 Σ_c, 并且最后退化为一点 $\boldsymbol{0}$. 此外, $V(\boldsymbol{x})$ 是单值函数, 因此对于任意固定的 $\boldsymbol{x}^*$, 它只能属于一个封闭曲面 Σ_{c^*}. 据此, 曲面族 Σ_c 两两互不相交. 定理 6.9 有如下几何解释: 如果在原点的邻域内存在一族包围原点的封闭曲面 $\Sigma_c = \{V(\boldsymbol{x}) = c\}$, 当 c 趋于零时, Σ_c 收缩于原点. 当 $\|\boldsymbol{x}_0\|$ 充分小时, 沿着以 $\boldsymbol{x}(t_0) = \boldsymbol{x}_0$ 为初值的解 $\boldsymbol{x} = \boldsymbol{x}(t)$, 函数 $V(\boldsymbol{x})$ 不增, 因而轨线 $\boldsymbol{x} = \boldsymbol{x}(t)$ 总在区域 $V(\boldsymbol{x}) \leqslant V(\boldsymbol{x}_0)$ 之内, 从而在封闭曲面 $V(\boldsymbol{x}) = \delta_1$ 之内, 当然也在 $\|\boldsymbol{x}\| < \varepsilon$ 之内. 所以使用定理判断零解的稳定性, 从几何上看就是寻找满足上述条件的一族封闭曲面.

关于零解的渐近稳定性, 李雅普诺夫有如下定理.

定理 6.10　考虑自治系统 (6.25), 若存在 $h > 0$ 和定义在 $\|\boldsymbol{x}\| < h$ 内的一个定正函数 $V(\boldsymbol{x})$, 使得在 $\|\boldsymbol{x}\| < h$ 内 $V(\boldsymbol{x})$ 关于系统的全导数

$$\frac{\mathrm{d}V(\boldsymbol{x})}{\mathrm{d}t} = \sum_{j=1}^{n} \frac{\partial V(\boldsymbol{x})}{\partial x_j} f_j(\boldsymbol{x})$$

是定负函数, 则系统的零解是渐近稳定的.

证明: 由定理 6.9 及其证明过程知, 零解是稳定的, 存在 $\delta > 0$, 当 $\|\boldsymbol{x}_0\| \leqslant \delta$ 时系统满足初值 $\boldsymbol{x}(t_0) = \boldsymbol{x}_0$ 的解 $\boldsymbol{x} = \boldsymbol{x}(t)$ 整体存在, 且对所有的 $t \geqslant t_0$ 有 $\|\boldsymbol{x}(t)\| \leqslant h/2$. 下面我们还需证明

$$\lim_{t \to +\infty} \boldsymbol{x}(t) = \boldsymbol{0}. \tag{6.27}$$

注意到 $V(\boldsymbol{x})$ 是一个定正函数, 式 (6.27) 等价于

$$\lim_{t \to +\infty} V(\boldsymbol{x}(t)) = 0. \tag{6.28}$$

事实上, 式 (6.27) 蕴含式 (6.28) 是基于 V 的连续性; 反之, 如果式 (6.28) 成立而式 (6.27) 不成立, 由于 $\boldsymbol{x}(t)$ 有界, 魏尔斯特拉斯定理告诉我们, 存在子列 $t_k \to +\infty$, 满足

$$\lim_{k \to +\infty} \boldsymbol{x}(t_k) = \boldsymbol{x}^* \neq \boldsymbol{0}.$$

由 $V(\boldsymbol{x})$ 是定正函数推出

$$\lim_{k \to +\infty} V(\boldsymbol{x}(t_k)) = V(\boldsymbol{x}^*) \neq 0,$$

这与式 (6.28) 矛盾, 从而证得式 (6.27) 成立等价于式 (6.28) 成立.

我们还需证明在定理条件下, 式 (6.28) 成立. 注意到 $V(\boldsymbol{x}(t))$ 关于 t 单调递减且非负连续, $\|\boldsymbol{x}(t)\| \leqslant h/2$, 于是

$$\lim_{t \to +\infty} V(\boldsymbol{x}(t)) = \alpha \geqslant 0$$

存在. 如果 $\alpha > 0$, 则由 $V(\boldsymbol{x})$ 是定正函数以及 $V(\boldsymbol{x}(t)) \geqslant \alpha > 0$ 推出, 存在 $\beta > 0$, 使得对任意 $t \geqslant t_0$, 有

$$\beta \leqslant \|\boldsymbol{x}(t)\| \leqslant h/2.$$

又由于 $\mathrm{d}V(\boldsymbol{x})/\mathrm{d}t$ 是定负函数, 于是存在 $\delta > 0$, 使得对一切 $t \geqslant t_0$, 有

$$\frac{\mathrm{d}V(\boldsymbol{x})}{\mathrm{d}t} \leqslant -\delta.$$

两边关于 t 积分, 得

$$V(\boldsymbol{x}(t)) \leqslant V(\boldsymbol{x}_0) - \delta(t - t_0).$$

当 t 充分大时上式右端为负, 这与 $V(\boldsymbol{x})$ 是定正函数矛盾, 故必有 $\alpha = 0$, 即式 (6.28) 成立, 定理证毕. □

关于系统 (6.25) 零解的不稳定性, 我们有下述定理.

定理 6.11 考虑自治系统 (6.25), 若存在 $h > 0$ 和定义在 $\|\boldsymbol{x}\| < h$ 内的一个定正函数 $V(\boldsymbol{x})$, 使得在 $\|\boldsymbol{x}\| < h$ 内 $V(\boldsymbol{x})$ 关于系统的全导数

$$\frac{\mathrm{d}V(\boldsymbol{x})}{\mathrm{d}t} = \sum_{j=1}^{n} \frac{\partial V(\boldsymbol{x})}{\partial x_j} f_j(\boldsymbol{x})$$

是定正函数, 则系统的零解是不稳定的.

证明: 注意到 $V(\boldsymbol{x})$ 在 $\|\boldsymbol{x}\| < h$ 内连续且有一阶连续偏导数, 在 $\|\boldsymbol{x}\| < h$ 内满足 $V(\boldsymbol{x}) > 0$. 记

$$\mathcal{D} = \{(t, \boldsymbol{x}) \in \mathbb{R}^{n+1} : t \geqslant t_0, \|\boldsymbol{x}\| < h\}, \quad \delta_0 = \max_{\|\boldsymbol{x}\| \leqslant h/2} V(\boldsymbol{x}) > 0.$$

对于任意给定的 ε, $0 < \varepsilon < h$, 取 $\boldsymbol{x}_0$ 满足 $\|\boldsymbol{x}_0\| < \varepsilon$, 记系统以 $\boldsymbol{x}(t_0) = \boldsymbol{x}_0$ 为初值的解是 $\boldsymbol{x} = \boldsymbol{x}(t)$. 设 $\boldsymbol{x}(t)$ 在区域 $\mathcal{D}$ 内的最大存在区间为 $[t_0, t_1)$. 已知 $V(\boldsymbol{x})$ 关于系统的全导数是定正函数, 即

$$\frac{\mathrm{d}}{\mathrm{d}t} V(\boldsymbol{x}(t)) = \left(\sum_{j=1}^{n} \frac{\partial V(\boldsymbol{x})}{\partial x_j} f_j(\boldsymbol{x}) \right) \bigg|_{\boldsymbol{x} = \boldsymbol{x}(t)} \geqslant 0,$$

从而 $V(\boldsymbol{x}(t))$ 在区间 $[t_0, t_1)$ 上关于 t 是非减函数, 因此

$$V(\boldsymbol{x}(t)) \geqslant V(\boldsymbol{x}_0) > 0, \quad \forall t \in [t_0, t_1).$$

由于 $V(\boldsymbol{x})$ 是定正的, 对于上述 $\boldsymbol{x}_0$, 存在 $\delta_1 > 0$, 使得在区间 $[t_0, t_1)$ 上有 $\|\boldsymbol{x}(t)\| \geqslant \delta_1 > 0$. 再由于 $V(\boldsymbol{x})$ 关于系统的全导数是定正函数, 存在 $\delta_2 > 0$, 使得

$$\frac{\mathrm{d}}{\mathrm{d}t} V(\boldsymbol{x}(t)) \geqslant \delta_2.$$

两边关于 t 积分, 得

$$V(\boldsymbol{x}(t)) \geqslant V(\boldsymbol{x}_0) + \delta_2(t - t_0), \quad \forall t \in [t_0, t_1). \tag{6.29}$$

注意到 $[t_0, t_1)$ 是解 $\boldsymbol{x}(t)$ 的最大存在区间, 根据延拓定理, $t_1 = +\infty$ 或 $t_1 < +\infty$, 且当 t_1 有限, $t \to t_1 - 0$ 时 $\|\boldsymbol{x}(t)\| \to h$. 结合式 (6.29) 知, 存在 $t_2 \in [t_0, t_1)$, 使得 $V(\boldsymbol{x}(t_2)) \geqslant \delta_0$, 或者 $\|\boldsymbol{x}(t_2)\| \geqslant h/2$. 注意到 δ_0 的定义, 有 $\|\boldsymbol{x}(t_2)\| \geqslant h/2$. 综上所述, 我们已经证明: 对于任意 $\varepsilon \in (0, h)$, 存在 $\boldsymbol{x}_0 \in \mathbb{R}^n$, $\|\boldsymbol{x}_0\| < \varepsilon$, 和 $t_2 \geqslant t_0$, 使得 $\|\boldsymbol{x}(t_2)\| \geqslant h/2$, 即零解是不稳定的. □

由定理 6.11 的证明过程可见, 在该定理条件下从 $\boldsymbol{x}_0$ 出发的所有积分曲线 $\boldsymbol{x} = \boldsymbol{x}(t)$ 最终都会离开零解, 即对于充分大的 t 总有 $\|\boldsymbol{x}(t)\| \geqslant h/2$. 而对于零解不稳定性的判别, 只要有一条从零解的任何给定邻域内出发的积分曲线最终会离开零解即可. 因此定理 6.11 的条件太强了. 对于不稳定性, 可以得到较弱条件下的一个判别准则.

定理 6.12　*假设存在函数 $V(\boldsymbol{x})$ 和原点某邻域中的开子区域 $\mathcal{N}$, 使得*

(1) $V(\boldsymbol{x})$ 在 $\overline{\mathcal{N}}$ 内连续可微,

(2) $\mathcal{N}$ 的边界 $\partial \mathcal{N}$ 通过原点, 且存在 $\delta > 0$, 使得 $V(\boldsymbol{x})|_{\partial \mathcal{N} \cap \mathcal{B}_\delta} = 0$, 其中 $\mathcal{B}_\delta = \{\boldsymbol{x} : \|\boldsymbol{x}\| \leqslant \delta\}$,

(3) 在区域 $\mathcal{N} \cap \mathcal{B}_\delta$ 内, $V(\boldsymbol{x})$ 及其关于系统 $\boldsymbol{x}' = \boldsymbol{f}(\boldsymbol{x})$ 的全导数皆为定正函数,

则系统的零解是不稳定的.

证明： 任意给定 ε, $0 < \varepsilon < \delta$, 记 $\mathcal{N}_\varepsilon = \mathcal{B}_\varepsilon \cap \mathcal{N}$. 取 $\boldsymbol{x}_0 \in \mathcal{N}_\varepsilon$, $\boldsymbol{x}_0 \neq \boldsymbol{0}$, 由 V 定正知 $\ell = V(\boldsymbol{x}_0) > 0$. 下面证明从 $\boldsymbol{x}_0$ 出发的轨线 $\boldsymbol{x} = \boldsymbol{x}(t)$ 在某点 $t_1 > t_0$ 处满足 $\|\boldsymbol{x}(t_1)\| \geqslant \varepsilon$. 用反证法. 假设轨线 $\boldsymbol{x} = \boldsymbol{x}(t)$ 在 $t > t_0$ 内始终满足 $\|\boldsymbol{x}(t)\| < \varepsilon$. 因为在 $\mathcal{N}_\varepsilon$ 内 $\mathrm{d}V/\mathrm{d}t$ 大于零, 所以函数 $V(\boldsymbol{x}(t))$ 是严格递增的. 故当 $t > t_0$ 时有

$$V(\boldsymbol{x}(t)) > V(\boldsymbol{x}_0) = \ell > 0.$$

注意到

$$V(\boldsymbol{x})|_{\partial\mathcal{N}\cap\mathcal{B}_\delta} = 0,$$

这蕴含轨线必定在 $\mathcal{N}_\varepsilon$ 中满足 $V(\boldsymbol{x}) \geqslant \ell > 0$ 的子区域 $\mathcal{D}_\varepsilon$ 内部, 且不会到达边界 $\partial\mathcal{N}$. 由定理的已知条件 (3) 可知

$$\frac{\mathrm{d}}{\mathrm{d}t}V(\boldsymbol{x}(t)) = \sum_{j=1}^n \frac{\partial V(\boldsymbol{x})}{\partial x_j}f_j(\boldsymbol{x})$$

在 $\mathcal{D}_\varepsilon$ 内有正下界, 即

$$\frac{\mathrm{d}}{\mathrm{d}t}V(\boldsymbol{x}(t)) \geqslant \alpha > 0.$$

两边关于 t 积分, 得

$$V(\boldsymbol{x}(t)) \geqslant V(\boldsymbol{x}_0) + \alpha(t-t_0) \geqslant \ell + \alpha(t-t_0), \quad t > t_0.$$

这样一来, 当 $t \to +\infty$ 时, $V(\boldsymbol{x}(t)) \to +\infty$. 但这是不可能的, 因为 $V(\boldsymbol{x})$ 在 $\overline{\mathcal{N}}_\varepsilon$ 内连续, 所以它在 $\overline{\mathcal{N}}_\varepsilon$ 内有界. 此矛盾说明, 轨线 $\boldsymbol{x} = \boldsymbol{x}(t)$ 必定在有限的区间内越出区域 $\|\boldsymbol{x}\| < \varepsilon$. 由于 $\boldsymbol{x}_0$ 可以任意靠近原点, 因此, 系统的零解是不稳定的. $\square$

【例 2】 讨论无阻尼单摆运动方程组

$$\frac{\mathrm{d}\theta}{\mathrm{d}t} = \omega, \quad \frac{\mathrm{d}\omega}{\mathrm{d}t} = -\frac{g}{\ell}\sin\theta$$

零解 $\theta = 0$, $\omega = 0$ 的稳定性.

解： 令

$$V(\theta,\omega) = \omega^2 + \frac{2g}{\ell}(1-\cos\theta),$$

易知在点 $(\theta,\omega) = (0,0)$ 的充分小的邻域内, $V(\theta,\omega)$ 是一个定正函数. V 对 t 的全导数

$$\frac{\mathrm{d}}{\mathrm{d}t}V(\theta,\omega) = 2\omega\frac{\mathrm{d}\omega}{\mathrm{d}t} + \frac{2g}{\ell}\sin\theta\frac{\mathrm{d}\theta}{\mathrm{d}t} = -\frac{2g}{\ell}\omega\sin\theta + \frac{2g}{\ell}\omega\sin\theta = 0.$$

由定理 6.9 知, 解 $\theta = 0$, $\omega = 0$ 是稳定的, 但由于在 $(\theta,\omega) = (0,0)$ 的充分小的邻域内, 轨线为封闭曲线, 所以解 $\theta = 0$, $\omega = 0$ 不是渐近稳定的.

【例 3】　讨论微分方程组

$$\begin{cases} x' = -y + ax^3 \\ y' = x^3 + ay^3 \end{cases}$$

零解的稳定性.

解: 注意到原非线性系统的线性化系统为

$$\boldsymbol{x}'(t) = \boldsymbol{A}\boldsymbol{x}(t),$$

其中

$$\boldsymbol{A} = \begin{pmatrix} 0 & -1 \\ 0 & 0 \end{pmatrix}.$$

这是临界状态, 原系统零解的稳定性问题不适合用线性化方法讨论. 为此, 我们利用李雅普诺夫第二方法, 取定正函数

$$V(x, y) = \frac{1}{4}x^4 + \frac{1}{2}y^2,$$

则全导数为

$$\frac{\mathrm{d}}{\mathrm{d}t}V(x(t), y(t)) = x^3(-y + ax^3) + y(x^3 + ay^3) = a(x^6 + y^4).$$

根据前面的定理, 可得如下结论:
(1) 如果 $a < 0$, 则 $\mathrm{d}V/\mathrm{d}t$ 定负, 原系统的零解渐近稳定;
(2) 如果 $a > 0$, 则 $\mathrm{d}V/\mathrm{d}t$ 定正, 原系统的零解是不稳定的;
(3) 如果 $a = 0$, 则 $\mathrm{d}V/\mathrm{d}t = 0$, 原系统的零解稳定, 但不渐近稳定.

【例 4】　讨论微分方程组

$$\begin{cases} x' = y - xy^2 \\ y' = -x^3 \end{cases}$$

零解的稳定性.

解: 取函数

$$V(x, y) = ax^{2m} + by^{2n},$$

其中 a, b, m, n 为待定常数. V 的全导数为

$$\frac{\mathrm{d}V}{\mathrm{d}t} = 2(max^{2m-1}y - max^{2m}y^2 - nbx^3y^{2n-1}).$$

如果取 $2m - 1 = 3$, $2n - 1 = 1$, $ma = nb$, 即 $m = 2$, $n = 1$, $2a = b$, 不妨取 $a = 1$, $b = 2$, 则有

$$V(x, y) = x^4 + 2y^2, \quad \frac{\mathrm{d}V}{\mathrm{d}t} = -4x^4y^2.$$

显然, $V(x, y)$ 是定正的, $\mathrm{d}V/\mathrm{d}t$ 是常负的, 故零解稳定.

【例 5】 讨论微分方程组

$$\begin{cases} x' = xy - x^2y \\ y' = xy^2 \end{cases}$$

零解的稳定性.

解: 取区域 $\mathcal{N} = \{(x, y) : x > 0, y > 0\}$ 上的函数

$$V(x, y) = xy.$$

则在区域 $\mathcal{N} \cap \mathcal{B}_{1/2}$ 内 $V(x, y) > 0$, 且全导数

$$\mathrm{d}V/\mathrm{d}t = xy^2 > 0.$$

在 $\partial\mathcal{N} \cap \mathcal{B}_{1/2}$ 上有 $V(x, y) = 0$. 根据定理 6.12, 原方程组的零解不稳定.

【例 6】 讨论微分方程组

$$\begin{cases} x' = c_1 x + xy \\ y' = -c_2 y + x^2 \end{cases}$$

零解的稳定性, 其中 $c_1 > 0, c_2 > 0$ 是常数.

解: 取 $V(x, y) = x^2 - y^2$. 则在区域 $\mathcal{N} = \{(x, y) : |x| > |y|\}$ 内 $V(x, y) > 0$, 全导数

$$\mathrm{d}V/\mathrm{d}t = 2(c_1 x^2 + c_2 y^2) > 0.$$

在边界 $\partial\mathcal{N}$ 上 $V(x, y) = 0$. 根据定理 6.12, 原方程组的零解不稳定.

在上述定理中所有的函数 V 都称为**李雅普诺夫函数**或 **V 函数**. 通过寻找李雅普诺夫函数来解决零解的稳定性或不稳定性的方法称为李雅普诺夫第二方法. 寻找李雅普诺夫函数比较困难, 这里我们只讨论常系数线性齐次微分方程组

$$\boldsymbol{x}'(t) = \boldsymbol{A}\boldsymbol{x}(t) \tag{6.30}$$

的李雅普诺夫函数的构造问题, 并用所得结果证明定理 6.6.

为此我们先证明一个引理.

引理 6.13 假设矩阵 $\boldsymbol{A}$ 的特征根为 $\lambda_1, \lambda_2, \cdots, \lambda_n$, 对于任意的对称矩阵 $\boldsymbol{C}$, 有唯一的对称矩阵 $\boldsymbol{B}$ 使得 $\boldsymbol{A}^\top\boldsymbol{B} + \boldsymbol{B}\boldsymbol{A} = \boldsymbol{C}$ 的充要条件是

$$\lambda_i + \lambda_j \neq 0, \quad i, j = 1, 2, \cdots, n.$$

证明: 由线性代数知识, 存在非奇异矩阵 $\boldsymbol{P}$, 使得

$$\boldsymbol{A}_1 = \boldsymbol{P}^{-1}\boldsymbol{A}\boldsymbol{P} = (a_{ij})_{n \times n}$$

是上三角矩阵, 且 $a_{jj} = \lambda_j$. 记

$$\boldsymbol{B}_1 = \boldsymbol{P}^\top \boldsymbol{B} \boldsymbol{P} = (b_{ij})_{n\times n}, \quad \boldsymbol{C}_1 = \boldsymbol{P}^\top \boldsymbol{C} \boldsymbol{P} = (c_{ij})_{n\times n}.$$

则矩阵方程 $\boldsymbol{A}^\top \boldsymbol{B} + \boldsymbol{B} \boldsymbol{A} = \boldsymbol{C}$ 等价于矩阵方程 $\boldsymbol{A}_1^\top \boldsymbol{B}_1 + \boldsymbol{B}_1 \boldsymbol{A}_1 = \boldsymbol{C}_1$. 而后者可以写成如下含 $\dfrac{n(n+1)}{2}$ 个变量 $b_{ij} \, (i \leqslant j)$ 的线性代数方程组

$$\begin{cases} 2\lambda_1 b_{11} = c_{11} \\ a_{12} b_{11} + (\lambda_1 + \lambda_2) b_{12} = c_{12}. \\ \cdots\cdots \end{cases} \tag{6.31}$$

它的系数矩阵是一个下三角矩阵, 其行列式为

$$\Delta = \prod_{i \leqslant j} (\lambda_i + \lambda_j).$$

线性代数方程组 (6.31) 存在唯一解的充要条件是 $\Delta \neq 0$, 从而存在唯一的对称矩阵 $\boldsymbol{B}$, 使得 $\boldsymbol{A}^\top \boldsymbol{B} + \boldsymbol{B} \boldsymbol{A} = \boldsymbol{C}$ 的充要条件是

$$\lambda_i + \lambda_j \neq 0, \quad i, j = 1, 2, \cdots, n.$$

引理证毕.　　　　　　　　　　　　　　　　　　　　　　　　　　□

定理 6.14　考虑线性齐次微分方程组 (6.30).

(1) 如果矩阵 $\boldsymbol{A}$ 的所有特征根都有负实部, 则存在唯一的定正二次型 $V(\boldsymbol{x}) = \boldsymbol{x}^\top \boldsymbol{B} \boldsymbol{x}$, 使得 $\mathrm{d}V/\mathrm{d}t = -\boldsymbol{x}^\top \boldsymbol{x}$;

(2) 如果矩阵 $\boldsymbol{A}$ 至少有一个特征根有正实部, 且 $\lambda_i + \lambda_j \neq 0$, $i, j = 1, 2, \cdots, n$, 则存在唯一的不是常负的二次型 $V(\boldsymbol{x}) = \boldsymbol{x}^\top \boldsymbol{B} \boldsymbol{x}$, 使得 $\mathrm{d}V/\mathrm{d}t = \boldsymbol{x}^\top \boldsymbol{x}$.

证明: (1) 根据引理 6.13, 存在唯一的对称矩阵 $\boldsymbol{B}$, 使得 $\boldsymbol{A}^\top \boldsymbol{B} + \boldsymbol{B} \boldsymbol{A} = -\boldsymbol{E}$. 令 $V(\boldsymbol{x}) = \boldsymbol{x}^\top \boldsymbol{B} \boldsymbol{x}$, 则有

$$\mathrm{d}V/\mathrm{d}t = \boldsymbol{x}^\top (\boldsymbol{A}^\top \boldsymbol{B} + \boldsymbol{B} \boldsymbol{A}) \boldsymbol{x} = -\boldsymbol{x}^\top \boldsymbol{x}.$$

下证 $V(\boldsymbol{x}) = \boldsymbol{x}^\top \boldsymbol{B} \boldsymbol{x}$ 是定正的. 用反证法. 假设 $V(\boldsymbol{x})$ 不是定正的, 则 $V(\boldsymbol{x})$ 只能是如下三种情形之一: ① $V(\boldsymbol{x})$ 变号; ② $V(\boldsymbol{x})$ 常负; ③ $V(\boldsymbol{x})$ 常正但不定正.

如果情形 ① 和情形 ② 发生, 必存在 $\boldsymbol{x}_0 \neq \boldsymbol{0}$, 使得 $V(\boldsymbol{x}_0) < 0$. 由于 $V(\boldsymbol{x})$ 是齐次函数, 故对任何 $a \in \mathbb{R}$, 都有

$$V(a\boldsymbol{x}_0) = a^2 V(\boldsymbol{x}_0) < 0,$$

即在原点的任何邻域内 $V(\boldsymbol{x})$ 都能取到负值. 根据定理 6.11 和定理 6.12 可知系统 (6.30) 的零解是不稳定的. 然而, 当矩阵 $\boldsymbol{A}$ 的所有特征根都有负实部时, 系统 (6.30) 的零解渐近

稳定, 这就得到矛盾, 从而情形 ① 和情形 ② 不可能发生. 再考虑情形 ③, 在这种情形下必有 $\boldsymbol{x}_0 \neq \boldsymbol{0}$. 使得 $V(\boldsymbol{x}_0) = 0$. 设初值为 $\boldsymbol{x}(t_0) = \boldsymbol{x}_0$ 的系统的轨线为 $\boldsymbol{x} = \boldsymbol{x}(t)$, 注意到

$$\frac{\mathrm{d}}{\mathrm{d}t} V(\boldsymbol{x}(t))\Big|_{t=t_0} = -\boldsymbol{x}_0^\top \boldsymbol{x}_0 < 0,$$

我们推出, 存在 $t_1 > t_0$, 使得 $V(\boldsymbol{x}(t_1)) < 0$, 这是情形 ①, 已经证明不会发生. 因此, $V(\boldsymbol{x})$ 是定正二次型.

结论 (2) 的证明类似, 留作练习. $\qquad\qquad\qquad\qquad\qquad\qquad\qquad\qquad\qquad\qquad$ □

我们现在利用李雅普诺夫函数给出定理 6.6 的完整证明.

定理 6.6 的证明: (1) 如果矩阵 $\boldsymbol{A}$ 的所有特征根都有负实部, 则由定理 6.14 (1) 知, 存在定正二次型 $V(\boldsymbol{x}) = \boldsymbol{x}^\top \boldsymbol{B} \boldsymbol{x}$, 使得沿着线性系统 $\boldsymbol{x}'(t) = \boldsymbol{A}\boldsymbol{x}(t)$ 的轨线, $\mathrm{d}V/\mathrm{d}t = -\boldsymbol{x}^\top \boldsymbol{x}$. 根据条件

$$\lim_{\|\boldsymbol{x}\| \to 0} \frac{\|\mathcal{R}(t,\boldsymbol{x})\|}{\|\boldsymbol{x}\|} = 0$$

关于 $t > a$ 一致成立, 我们推出, 存在 $r_1 > 0$, 使得

$$\|\boldsymbol{B}\mathcal{R}(t,\boldsymbol{x})\| \leqslant \frac{1}{4}\|\boldsymbol{x}\|, \quad \forall \|\boldsymbol{x}\| \leqslant r_1.$$

取上述 $V(\boldsymbol{x})$ 为非线性微分方程组的李雅普诺夫函数, 则当 $\|\boldsymbol{x}\| \leqslant r_1$ 时, 有

$$\mathrm{d}V/\mathrm{d}t = -\boldsymbol{x}^\top \boldsymbol{x} + \mathcal{R}^\top \boldsymbol{B} \boldsymbol{x} + \boldsymbol{x}^\top \boldsymbol{B} \mathcal{R} \leqslant -\frac{1}{2}\|\boldsymbol{x}\|^2.$$

由定理 6.10 知非线性微分方程组的零解是渐近稳定的.

(2) 由于矩阵 $\boldsymbol{A}$ 的特征根有可能不满足 $\lambda_i + \lambda_j \neq 0$, $i, j = 1, 2, \cdots, n$, 我们取扰动矩阵 $\boldsymbol{A}_1$, 使得 $\boldsymbol{A}_1$ 的特征根满足 $\lambda_{1,i} + \lambda_{1,j} \neq 0$ $(i, j = 1, 2, \cdots, n)$, 且

$$\|\boldsymbol{A} - \boldsymbol{A}_1\| \leqslant \frac{1}{4}.$$

则由定理 6.14 (2) 知, 存在唯一的不是常负的二次型 $V(\boldsymbol{x}) = \boldsymbol{x}^\top \boldsymbol{B} \boldsymbol{x}$, 使得沿着系统 $\boldsymbol{x}'(t) = \boldsymbol{A}_1 \boldsymbol{x}$ 的轨线满足 $\mathrm{d}V/\mathrm{d}t = \boldsymbol{x}^\top \boldsymbol{x}$. 根据条件

$$\lim_{\|\boldsymbol{x}\| \to 0} \frac{\|\mathcal{R}(t,\boldsymbol{x})\|}{\|\boldsymbol{x}\|} = 0$$

关于 $t > a$ 一致成立知, 存在 $r_2 > 0$, 使得

$$\|\boldsymbol{B}\mathcal{R}(t,\boldsymbol{x})\| \leqslant \frac{1}{4}\|\boldsymbol{x}\|, \quad \forall \|\boldsymbol{x}\| \leqslant r_2.$$

取 $V(\boldsymbol{x})$ 为非线性微分方程组的李雅普诺夫函数, 则当 $\|\boldsymbol{x}\| \leqslant r_2$ 时, 有

$$\mathrm{d}V/\mathrm{d}t = \boldsymbol{x}^\top \boldsymbol{x} + \mathcal{R}^\top \boldsymbol{B} \boldsymbol{x} + \boldsymbol{x}^\top \boldsymbol{B} \mathcal{R} + \boldsymbol{x}^\top (\boldsymbol{A} - \boldsymbol{A}_1)\boldsymbol{x} \geqslant \frac{1}{4}\|\boldsymbol{x}\|^2.$$

根据定理 6.11 和定理 6.12, 我们推出非线性系统的零解是不稳定的. $\qquad\qquad$ □

6.3.2　非自治微分方程组的李雅普诺夫第二方法

我们讨论非自治微分方程组 (非自治系统, 即右端项含自变量 t 的微分方程组) 的李雅普诺夫第二方法, 即讨论微分方程组

$$\boldsymbol{x}'(t) = \boldsymbol{f}(t, \boldsymbol{x}) \tag{6.32}$$

零解的稳定性问题, 其中 $t \in [t_0, +\infty), \boldsymbol{x} \in \mathcal{D} \subset \mathbb{R}^n, \mathcal{D}$ 是包含原点的某个区域, 向量函数

$$\boldsymbol{f}(t, \boldsymbol{x}) = (f_1(t, \boldsymbol{x}), f_2(t, \boldsymbol{x}), \cdots, f_n(t, \boldsymbol{x}))^{\top}$$

满足 $\boldsymbol{f}(t, \boldsymbol{0}) = \boldsymbol{0}$, 且在 $[t_0, +\infty) \times \mathcal{D}$ 内连续, 关于 $\boldsymbol{x}$ 满足局部利普希茨条件.

【例 7】　考虑微分方程

$$x'(t) = \frac{x}{t}, \quad t > 2.$$

取 $V(t, x) = \mathrm{e}^{-t} x^2$. 当 $x \neq 0$ 时, $V(t, x) > 0$, 全导数

$$\frac{\mathrm{d}}{\mathrm{d}t} V(t, x) = \mathrm{e}^{-t} x^2 \left(-1 + \frac{2}{t}\right) < 0.$$

但微分方程的零解是不稳定的. 这是因为对任何 $k \in \mathbb{R}$, 微分方程存在无界解

$$x = kt, \quad t > 2.$$

这说明对于非自治系统, 由 $V(t, x)$ 定正, $\mathrm{d}V/\mathrm{d}t$ 定负, 不能推出零解稳定.

设 $\Omega \subset \mathcal{D}$ 是包含原点的某个区域, $V(t, \boldsymbol{x})$ 是定义在 $[t_0, +\infty) \times \Omega$ 上的连续可微的单值函数, 且对于 $t \geqslant t_0$, 有 $V(t, \boldsymbol{0}) = \boldsymbol{0}$. $V(t, \boldsymbol{x})$ 沿非自治系统的解对 t 的全导数为

$$\frac{\mathrm{d}V}{\mathrm{d}t} = \frac{\partial V}{\partial t} + \sum_{j=1}^{n} \frac{\partial V}{\partial x_j} f_j(t, \boldsymbol{x}).$$

若在 $[t_0, +\infty) \times \Omega$ 上有 $V(t, \boldsymbol{x}) \geqslant 0$ (或 $V(t, \boldsymbol{x}) \leqslant 0$), 则称 $V(t, x)$ 是**常正** (或**常负**) 函数. 常正或常负函数统称为**常号函数**, 非常号函数称为**变号函数**. 若定义在 $[0, a)$ ($a > 0$ 为常数或 $a = +\infty$) 上的严格递增的连续函数 $\alpha(r)$ 满足 $\alpha(0) = 0$, 则称 $\alpha(r)$ 属于**函数类K**, 记为 $\alpha(r) \in K$. 若存在 $\alpha(r) \in K$, 使得对一切 $[t_0, +\infty) \times \Omega$, 都有 $V(t, \boldsymbol{0}) = \boldsymbol{0}$ 以及

$$V(t, \boldsymbol{x}) \geqslant \alpha(\|\boldsymbol{x}\|) \ (\text{或} V(t, \boldsymbol{x}) \leqslant -\alpha(\|\boldsymbol{x}\|)),$$

则称 $V(t, \boldsymbol{x})$ 是**定正** (或**定负**) 函数, 统称为**定号函数**. 若存在 $\beta(r) \in K$, 使得

$$|V(t, \boldsymbol{x})| \leqslant \beta(\|\boldsymbol{x}\|), \quad \forall (t, \boldsymbol{x}) \in [t_0, +\infty) \times \Omega,$$

则称 $V(t, \boldsymbol{x})$ 是**渐减**的.

定理 6.15   如果存在一个定正函数 $V(t, \boldsymbol{x})$, 使得它沿非自治系统 (6.32) 的解关于 t 的全导数是常负的, 则非自治系统的零解是稳定的.

证明: 设 $V(t, \boldsymbol{x})$ 是定正的, 则存在原点的邻域 Ω 和函数 $\alpha(r) \in K$, 使得对 $(t, \boldsymbol{x}) \in [t_0, +\infty) \times \Omega$ 有

$$V(t, \boldsymbol{x}) \geqslant \alpha(\|\boldsymbol{x}\|).$$

由于 $V(t, \boldsymbol{x})$ 连续, 任给 $\varepsilon > 0$, 存在 $\delta = \delta(t_0, \varepsilon) > 0$, 使得当 $\|\boldsymbol{x}_0\| < \delta$ 时必有 $V(t_0, \boldsymbol{x}_0) < \alpha(\varepsilon)$. 对于任何满足 $\|\boldsymbol{x}_0\| < \delta$ 的 $\boldsymbol{x}_0$, 设满足初值条件 $\boldsymbol{x}(t_0) = \boldsymbol{x}_0$ 的解 $\boldsymbol{x} = \boldsymbol{x}(t)$ 的最大区间为 $[t_0, t_1)$. 因为

$$\frac{\mathrm{d}}{\mathrm{d}t}V(t, \boldsymbol{x}(t)) = \frac{\partial V}{\partial t} + \sum_{j=1}^{n} \frac{\partial V}{\partial x_j} f_j(t, \boldsymbol{x}) \bigg|_{\boldsymbol{x}=\boldsymbol{x}(t)} \leqslant 0,$$

所以函数 $V(t, \boldsymbol{x}(t))$ 关于 t 递减, 从而在解的存在区间 $[t_0, t_1)$ 上

$$\alpha(\|\boldsymbol{x}(t)\|) \leqslant V(t, \boldsymbol{x}(t)) \leqslant V(t_0, \boldsymbol{x}_0) < \alpha(\varepsilon).$$

因此在区间 $[t_0, t_1)$ 上有 $\|\boldsymbol{x}(t)\| < \varepsilon$. 再由解的延拓定理得 $t_1 = +\infty$. 至此, 我们已经证明了 $\forall \varepsilon > 0$, 存在 $\delta > 0$, 当 $\|\boldsymbol{x}_0\| < \delta$ 时解 $\boldsymbol{x}(t)$ 满足

$$\|\boldsymbol{x}(t)\| < \varepsilon, \quad t \in [t_0, +\infty).$$

这说明非自治系统 (6.32) 的零解是稳定的.   □

【例 8】   讨论非自治系统

$$\begin{cases} x_1' = -x_1 + x_2 - t^2 x_1 x_2^2 \\ x_2' = x_1 \cos t - x_2 \end{cases}$$

零解的稳定性.

解: 取

$$V(t, \boldsymbol{x}) = x_1^2 + x_2^2,$$

显然, 它是正定且渐减的. V 的全导数为

$$\mathrm{d}V/\mathrm{d}t = -2\left(x_1^2 + x_2^2 - 2x_1 x_2 \cos^2 \frac{t}{2}\right) - 2t^2 x_1^2 x_2^2 \leqslant 0.$$

它是常负的, 由定理 6.15 知非自治系统的零解是稳定的.

定理 6.16   如果存在一个定正的渐减函数 $V(t, \boldsymbol{x})$, 使得它关于非自治系统 (6.32) 的全导数 $\mathrm{d}V/\mathrm{d}t$ 是定负的, 则零解是渐近稳定的.

证明：由定理 6.15 知零解是稳定的, 从而存在 $\varepsilon_0 > 0$ 以及 $\delta_0 > 0$, 以 $\boldsymbol{x}_0 \in \mathbb{R}^n$, $\|\boldsymbol{x}_0\| < \delta_0$ 为初值的解 $\boldsymbol{x} = \boldsymbol{x}(t)$ 在区间 $[t_0, +\infty)$ 内存在且满足 $\|\boldsymbol{x}(t)\| < \varepsilon_0$. 下面只需要证明它是吸引的. 由 $\mathrm{d}V/\mathrm{d}t$ 是定负的, 且 $V(t, \boldsymbol{x})$ 是渐减函数, 知 $V(t, \boldsymbol{x}(t))$ 是递减的, 且存在 $\alpha(r), \beta(r), \gamma(r) \in K$, 使得

$$\mathrm{d}V/\mathrm{d}t \leqslant -\gamma(\|\boldsymbol{x}\|), \; 0 \leqslant \alpha(\|\boldsymbol{x}\|) \leqslant V(t, \boldsymbol{x}) \leqslant \beta(\|\boldsymbol{x}\|) \leqslant \beta(\varepsilon_0).$$

于是, 极限

$$\lim_{t \to +\infty} V(t, \boldsymbol{x}(t)) = \mu$$

存在, 下面我们证明 $\mu = 0$. 用反证法, 假设 $\mu > 0$. 由 $V(t, \boldsymbol{x}(t))$ 递减, 得

$$\beta(\|\boldsymbol{x}(t)\|) \geqslant V(t, \boldsymbol{x}(t)) \geqslant \mu > 0, \quad t \in [t_0, +\infty),$$

从而有

$$\|\boldsymbol{x}(t)\| \geqslant \beta^{-1}(\mu) > 0, \quad t \in [t_0, +\infty).$$

因为全导数 $\mathrm{d}V/\mathrm{d}t$ 是定负的, 我们有

$$\mathrm{d}V/\mathrm{d}t \leqslant -\gamma(\|\boldsymbol{x}\|) \leqslant -\gamma(\beta^{-1}(\mu)) < 0,$$

积分, 得

$$V(t, \boldsymbol{x}(t)) \leqslant V(t_0, \boldsymbol{x}_0) - \gamma(\beta^{-1}(\mu))(t - t_0),$$

这与 $V(t, \boldsymbol{x}(t)) \geqslant \alpha(\|\boldsymbol{x}(t)\|) \geqslant 0$ 矛盾. 进一步, 由 $\alpha(r) \in K$ 以及

$$\lim_{t \to +\infty} V(t, \boldsymbol{x}(t)) = 0, \quad V(t, \boldsymbol{x}(t)) \geqslant \alpha(\|\boldsymbol{x}(t)\|)$$

推出 $\lim\limits_{t \to +\infty} \|\boldsymbol{x}(t)\| = 0$, 即零解是吸引的, 定理证毕. □

【例 3】 讨论非自治系统

$$\begin{cases} x_1' = \dfrac{1-t}{2t}x_1 + \dfrac{1-t}{t}x_2 \\[2mm] x_2' = \dfrac{1+t}{t}x_1 + \dfrac{1+t^2}{2t(1-t)}x_2 \end{cases}$$

零解的稳定性 (其中 $t \geqslant 2$).

解：取

$$V(t, \boldsymbol{x}) = \left(1 + \frac{1}{t}\right)x_1^2 + \left(1 - \frac{1}{t}\right)x_2^2,$$

它的全导数为

$$\frac{\mathrm{d}}{\mathrm{d}t}V(t, \boldsymbol{x}(t)) = -(x_1^2 + x_2^2).$$

从而在区间 $[2, +\infty)$ 内 $V(t, \boldsymbol{x})$ 是定正的递减函数, 且全导数为定负的, 由定理 6.16 得零解是渐近稳定的.

定理 6.17 如果存在连续可微的渐减函数 $V(t, \boldsymbol{x})$ 满足

(1) 在原点的任一个小邻域内存在点 $\boldsymbol{x}$, 使得 $V(t_0, \boldsymbol{x}) > 0$,

(2) 函数 $V(t, \boldsymbol{x})$ 关于非自治系统 (6.32) 的全导数是定正的,

则零解是不稳定的.

证明: 因为函数 $V(t, \boldsymbol{x})$ 是渐减的, 且全导数 $\mathrm{d}V/\mathrm{d}t$ 是定正的, 故存在 $\beta(r), \alpha(r) \in K$, 使得对一切 $(t, \boldsymbol{x}) \in [t_0, +\infty) \times \Omega$, 有

$$|V(t, \boldsymbol{x})| \leqslant \beta(\|\boldsymbol{x}\|), \quad \mathrm{d}V/\mathrm{d}t \geqslant \alpha(\|\boldsymbol{x}\|).$$

任取 $\varepsilon > 0$ 以及 $\delta > 0$, 由定理的条件 (1) 知, 存在 $\boldsymbol{x}_0$ 满足 $\|\boldsymbol{x}_0\| < \delta$, 使得 $V(t_0, \boldsymbol{x}_0) > 0$. 记非自治系统 (6.32) 满足初值条件 $\boldsymbol{x}(t_0) = \boldsymbol{x}_0$ 的解为 $\boldsymbol{x} = \boldsymbol{x}(t)$, 我们要证明在 $t > t_0$ 的某点 t^* 处有 $\|\boldsymbol{x}(t^*)\| = \varepsilon$, 从而零解是不稳定的. 用反证法, 假设对一切 $t > t_0$ 都有 $\|\boldsymbol{x}(t)\| < \varepsilon$. 考虑到全导数 $\mathrm{d}V/\mathrm{d}t$ 是定正的, $V(t, \boldsymbol{x}(t))$ 是单调递增的, 对 $t > t_0$, 有

$$\beta(\|\boldsymbol{x}(t)\|) \geqslant V(t, \boldsymbol{x}(t)) \geqslant V(t_0, \boldsymbol{x}_0) = V_0 > 0.$$

记 $\gamma = \beta^{-1}(V_0)$, 对一切 $t > t_0$ 都有

$$\mathrm{d}V/\mathrm{d}t \geqslant \alpha(\|\boldsymbol{x}(t)\|) \geqslant \alpha(\gamma) > 0,$$

对 t 积分, 得

$$\beta(\varepsilon) > \beta(\|\boldsymbol{x}(t)\|) \geqslant V(t, \boldsymbol{x}(t)) \geqslant V(t_0, \boldsymbol{x}_0) + \alpha(\gamma)(t - t_0).$$

当 $t \to +\infty$ 时, 这是一个矛盾, 从而证明了零解是不稳定的. □

习题 6.3

1. 讨论 a 取何值时, 微分方程组

$$\begin{cases} x'(t) = -y + x^3 \\ y'(t) = x + ay + y^3 \end{cases}$$

的零解是稳定的、渐近稳定的或不稳定的.

2. 讨论非自治系统

$$\begin{cases} x'(t) = -x + y\sin t \\ y'(t) = x\cos t - y \end{cases}$$

零解的稳定性.

3. 证明:

(1) $V(t, x, y) = \mathrm{e}^{-3t}(x^2 + y^2)$ 为常正而非定正函数;

(2) 微分方程组

$$\begin{cases} x'(t) = x + xy^2 \\ y'(t) = -y - x^2y \end{cases}$$

的零解是不稳定的.

4. 证明定理 6.14 的结论 (2).

参 考 文 献

[1] 陈省身, 陈维桓. 微分几何讲义. 北京: 北京大学出版社, 1983.

[2] 陈维桓. 全微分方程的积分因子的存在性. 数学的实践与认识, 1990(4): 74-75+62.

[3] 丁同仁, 李承治. 常微分方程教程. 2 版. 北京: 高等教育出版社, 2004.

[4] M.A. 拉夫连季耶夫, Б. В. 沙巴特. 复变函数论方法: 第 2 版. 施祥林, 夏定中, 吕乃刚, 译. 北京: 高等教育出版社, 2006.

[5] 楼红卫, 林伟. 常微分方程. 上海: 复旦大学出版社, 2007.

[6] 欧阳光中, 朱学炎, 金福临, 等. 数学分析. 3 版. 北京: 高等教育出版社, 2007.

[7] 苏步青, 胡和生, 沈纯理, 等. 微分几何. 北京: 人民教育出版社, 1979.

[8] 方道元, 薛儒英. 常微分方程. 杭州: 浙江大学出版社, 2008.

[9] A. HURWITZ. Ueber die Bedingungen, unter welchen eine Gleichung nur Wurzeln mit negativen reellen Theilen besitzt. Math. Ann., 1895, 46: 273-284.

[10] 王高雄, 周之铭, 朱思铭, 等. 常微分方程. 3 版. 北京: 高等教育出版社, 2006.

[11] 叶彦谦. 常微分方程讲义. 2 版. 北京: 人民教育出版社, 1982.

[12] 叶彦谦, 等. 极限环论. 2 版. 上海: 上海科学技术出版社, 1984.

[13] 叶彦谦. 多项式微分系统定性理论: Qualitative theory of polynomial differential systems. 上海: 上海科学技术出版社, 1995.

[14] 北京大学数学系几何与代数教研室前代数小组编. 王萼芳, 石生明修订. 高等代数. 3 版. 北京: 高等教育出版社, 2003.

[15] 丘维声. 高等代数. 北京: 科学出版社, 2013.

[16] 张恭庆, 林源渠. 泛函分析讲义. 北京: 北京大学出版社, 1987.

[17] 张锦炎, 冯贝叶. 常微分方程几何理论与分支问题. 3 版. 北京: 北京大学出版社, 2000.

[18] 张芷芬, 丁同仁, 黄文灶, 等. 微分方程定性理论. 北京: 科学出版社, 1985.

[19] 张芷芬, 李承治, 郑志明, 等. 向量场的分岔理论基础. 北京: 高等教育出版社, 1997.

[20] 张祥. 常微分方程. 北京: 科学出版社, 2015.

图书在版编目（CIP）数据

常微分方程 / 杨云雁编著. -- 北京 ：中国人民大学出版社，2025. 1. --（普通高等学校数学系列教材）.
ISBN 978-7-300-33612-1

Ⅰ. O175.1

中国国家版本馆 CIP 数据核字第 20250155VY 号

普通高等学校数学系列教材
中国人民大学数学学院　组编
常微分方程
杨云雁　编著
Changweifen Fangcheng

出版发行	中国人民大学出版社	
社　　址	北京中关村大街 31 号	**邮政编码**　100080
电　　话	010-62511242（总编室）	010-62511770（质管部）
	010-82501766（邮购部）	010-62514148（门市部）
	010-62515195（发行公司）	010-62515275（盗版举报）
网　　址	http://www.crup.com.cn	
经　　销	新华书店	
印　　刷	北京密兴印刷有限公司	
规　　格	787mm×1092mm　1/16	**版　　次**　2025 年 1 月第 1 版
印　　张	12	**印　　次**　2025 年 1 月第 1 次印刷
字　　数	240 000	**定　　价**　38.00 元

中国人民大学出版社　　理工出版分社

教师教学服务说明

中国人民大学出版社理工出版分社以出版经典、高品质的数学、统计学、心理学、物理学、化学、计算机、电子信息、人工智能、环境科学与工程、生物工程、智能制造等领域的各层次教材为宗旨。

为了更好地为一线教师服务，理工出版分社着力建设了一批数字化、立体化的网络教学资源。教师可以通过以下方式获得免费下载教学资源的权限：

★ 在中国人民大学出版社网站 www.crup.com.cn 进行注册，注册后进入"会员中心"，在左侧点击"我的教师认证"，填写相关信息，提交后等待审核。我们将在一个工作日内为您开通相关资源的下载权限。

★ 如您急需教学资源或需要其他帮助，请加入教师 QQ 群或在工作时间与我们联络。

中国人民大学出版社　　理工出版分社

♟ 教师 QQ 群：1063604091（数学2群）183680136（数学1群）664611337（新工科）
教师群仅限教师加入，入群请备注（学校＋姓名）

☎ 联系电话：010-62511967，62511076

✉ 电子邮箱：lgcbfs@crup.com.cn

◉ 通讯地址：北京市海淀区中关村大街 31 号中国人民大学出版社 802 室（100080）